海油陆采钻完井关键技术

秦永和　等编著

石油工业出版社

内 容 提 要

海油陆采技术主要用于滩海地区油气资源的开发，本书围绕着环渤海滩海地区的技术实际应用，系统地介绍了人工岛规划布局方法、钻井装备，归纳了海油陆采钻井设计方法、人工岛丛式井防碰绕障方法和工厂化管理方法，总结了海油陆采固完井的关键技术、井控管理要求和环境保护措施，并对海油陆采的发展趋势进行了展望。

本书可供从事人工岛海油陆采作业的相关技术人员和管理人员参考阅读，也可供石油高校相关专业师生学习参考。

图书在版编目（CIP）数据

海油陆采钻完井关键技术 / 秦永和等编著 . —北京：石油工业出版社，2024.8
ISBN 978-7-5183-6072-7

Ⅰ . ①海… Ⅱ . ①秦… Ⅲ . ①海上油气田 - 钻进 - 完井 Ⅳ . ① TE52

中国国家版本馆 CIP 数据核字（2023）第 161242 号

出版发行：石油工业出版社
（北京安定门外安华里 2 区 1 号楼　100011）
网　　址：www.petropub.com
编辑部：（010）64523829　图书营销中心：（010）64523633
经　　销：全国新华书店
印　　刷：北京中石油彩色印刷有限责任公司

2024 年 8 月第 1 版　2024 年 8 月第 1 次印刷
787 毫米 ×1092 毫米　开本：1/16　印张：13.25
字数：315 千字

定价：106.00 元
（如出现印装质量问题，我社图书营销中心负责调换）
版权所有，翻印必究

《海油陆采钻完井关键技术》编写组

主　编：秦永和

副主编：陈世春　于志强　王建龙　于　琛　李　萍

成　员：（按姓氏笔画排序）

丁柯宇　于慧超　王　涛　王海斌　王维良
王磊磊　白殿刚　冯冠雄　师朝光　刘　轩
刘权喜　刘会纺　刘学松　闫　伟　孙四维
杜　强　李　然　李轶明　李瑞明　杨　灿
杨　超　杨　振　杨文领　杨建永　杨贺卫
张连水　张现斌　张海滨　张婧茹　陈春来
尚子博　罗　洁　罗　硕　周胜鹏　郑　锋
赵　鹏　柳　鹤　姜晓辉　祝　琦　秦飞翔
秦诗涛　贾培娟　徐　芸　徐正贤　葛欣炜
韩国华　鲁　超

序
FOREWORD

滩海油气资源是我国油气资源的重要组成部分，而我国的滩海油气资源主要集中在环渤海地区，包括大港、冀东、辽河、胜利等油田。"海油陆采"是该地区油气资源高效绿色开发的先进工程模式，涉及人工岛规划与布局、人工岛钻井装备配套、钻完井工程、安全环保、应急救援等诸多工程环节，其地质、水文条件复杂，对钻采设备要求高，实施工程作业困难，面临不少技术挑战。

我国海油陆采技术的发展是一部艰苦创业史，也是一部科技创新史。1992 年，大港油田张巨河人工岛的建成，开创了我国通过人工岛方式开发滩海油田的先例。在短短几十年时间里，辽河月东、胜利埕岛、大港庄海、冀东南堡等油田先后建成。迄今，已建成数十座人工岛，建成数百口井。各相关油田结合自身的滩海自然条件，取得了许多生产方面的宝贵经验。梳理总结这些经验及其相关技术成果，对于我国后续滩海油田的高效开发具有很好的指导意义。

该书以海油陆采工程关键技术为主线，系统阐述了国内外海油陆采工程技术的发展历程，总结了渤海湾地区大港、冀东、辽河及胜利等油田的先进经验和技术成果，可为我国今后的海油陆采工程技术发展提供有益参考。海油陆采工程技术涉及的知识面广，包括建岛、钻采、储运及安全环保等诸多方面。在这个涨潮是海、退潮是滩的特殊海域，只能使用海油陆采工程模式进行开发。虽然工程实施困难重重，但是石油人没有放弃，通过建立人工岛方式，在岛上进行高效钻完井作业。将滩海油气资源高效采出的同时，引领环渤海地区油田开发向数字化、智能化及精细化发展，为该地区成为全国第一大原油生产基地作出了重要贡献。

  该书具有很强的针对性和实用性，是对滩海油气资源长期实践探索与理论相结合的良好总结提升，也是一本滩海油田开发领域具有实用参考价值的著作，期望书中的宝贵经验能够对我国后续的滩海油田开发有所帮助和启发，助力我国油气高效绿色发展。

中国科学院院士

前 言
PREFACE

近年来,我国石油的消费量和进口量进一步增长,截至 2022 年年底,我国原油对外依存度达到 71.2%,天然气对外依存度达到 40.2%。国际动荡局势进一步加剧了能源供给的不确定性。因此,加大我国各类油气资源开发力度,对于保障我国能源安全具有重要意义。

渤海湾地区,涨潮是海,陆地钻机下不去,退潮是滩,钻井船上不来,勘探开发困难大。人工岛海油陆采技术作为滩海油气资源的开发方式被广泛应用于大港、冀东、辽河、胜利等油田,多年来积累了大量实践经验。本书以中国石油在大港、冀东等油田人工岛海油陆采钻完井技术进步为主线,以指标井、重点井为关键案例,深入剖析、总结凝练,完整呈现中国石油在海油陆采钻完井技术方面的发展历程、技术水平,重点详述了钻完井关键技术的特点,并提出未来海油陆采技术的发展建议。

本书旨在全面总结人工岛海油陆采钻完井关键技术,为滩海油气资源的开发提供理论指导和实践借鉴。全书共 10 章,第一章介绍了海油陆采的基本概念、特点和发展现状;第二章介绍了人工岛所处的海洋环境特征、规划建设形式,以及地面井场和井口槽的布置等;第三章介绍了人工岛钻井过程中的几种关键钻井装备,包括钻机、顶驱系统、固控装置和自动化固井泵等;第四章介绍了海油陆采钻井设计的关键技术,包括井组整体设计技术、密集丛式井井眼轨道优化设计技术、大位移井井眼轨道优化设计技术和特殊井型井身结构设计等；第五章介绍了海油陆采丛式井组钻井技术，包括井眼轨迹控制技术、密集丛式井防碰及绕障技术和单筒双井钻井技术等；第六章介绍了海油陆采大位移井钻井技术，包括钻井液技术、防磨减扭技术、井眼清洁技术、钻井提速技术和复杂事故控制技术等；第七章介绍了海油陆采固井和完井关键技术；第八章介绍了海油陆采工厂化施工方法；第九章介绍了海油陆采井控管理与环境保护；第十章结合自动化和智能化技术发展，对海油陆采钻井技术进行了展望。

参与本书编写的作者主要来自中国石油大学（北京）、渤海钻探、大港油田、冀东油田和辽河油田等单位。由秦永和任主编，陈世春、于志强、王建龙、于琛和李萍任副主编。第一章由秦永和、陈世春、闫伟、徐芸、刘会纺等编写；第二章由李萍、周胜鹏、姜晓辉等编写；第三章由于志强、丁柯宇、徐正贤等编写；第四章由李轶明、罗洁、贾培娟等编写；第五章由于琛、葛欣炜、张海滨、王维良、张连水等编写；第六章由李瑞明、张婧茹、李然、王磊磊、张现斌等编写；第七章由陈世春、孙四维、韩国华、祝琦、郑锋等编写；第八章由王建龙、杨振、杨文领等编写；第九章由刘轩、孙四维、白殿刚、陈春来等编写；第十章由秦永和、秦飞翔、韩国华、王维良等编写。全书由秦永和统稿和审阅。在此，对本书所有作者、审稿人员，以及为本书出版提供帮助的同志表示衷心的感谢。

由于编者水平有限，书中难免有不妥之处，恳请广大读者批评指正。

目录 CONTENTS

第一章 概述 ··· 001
    第一节 海油陆采基本概念 ··· 001
    第二节 海油陆采发展现状 ··· 003
    第三节 国内海油陆采典型油田 ·· 005
    参考文献 ·· 012

第二章 人工岛规划与布局 ··· 013
    第一节 我国滩海海洋环境 ··· 013
    第二节 人工岛规划建设 ·· 017
    第三节 人工岛井场及井口布局 ·· 028
    参考文献 ·· 033

第三章 人工岛钻井装备 ·· 034
    第一节 钻机 ·· 034
    第二节 滩海地区网电应用技术 ·· 042
    第三节 自动化固井模块 ·· 045
    参考文献 ·· 048

第四章 钻井设计 ··· 049
    第一节 井组整体防碰设计 ··· 049
    第二节 特殊井型井身结构设计 ·· 056
    第三节 特殊井型井眼轨道设计 ·· 062
    参考文献 ·· 071

第五章 丛式井钻井技术 ·· 072
    第一节 井眼轨迹控制技术 ··· 072

第二节 密集丛式井防碰技术···077
第三节 单筒双井关键技术··087
参考文献···091

第六章 大位移井钻井技术···093

第一节 大位移井基本概念··093
第二节 大位移井钻井液技术···093
第三节 防磨减扭技术···102
第四节 井眼清洁技术···109
第五节 钻井提速技术···113
第六节 事故复杂预防及控制技术··119
参考文献···130

第七章 固完井关键技术··132

第一节 固井关键技术···132
第二节 完井关键技术···142
参考文献···147

第八章 工厂化施工···148

第一节 基本特征···148
第二节 施工流程···149
第三节 工厂化施工作业管理···156
参考文献···160

第九章 井控管理与环境保护··161

第一节 井控特点···161
第二节 井控装备···162
第三节 井控要求···171
第四节 钻完井安全管理···177
第五节 环境保护···185
参考文献···190

第十章 技术展望··192

第一节 滩海地区钻井装备··192
第二节 钻井信息化数字化与智能化钻井技术··193
参考文献···200

第一章 概 述

我国海洋资源油气丰富，在海洋开发中中国海油因涉入较早，无论是技术水平，还是勘探经验都较成熟，作业理念和作业技术也较为先进。近几年随着勘探开发的深入，中国石油、中国石化也陆续向海洋石油进军，旗下大港、冀东、辽河、胜利等油田在滩海勘探开发方面取得了丰硕的成果，在滩涂和浅海找油的方法技术和设备上都有了相当大的进步，有条件向毗邻的海区推进。

滩海是指大陆架上的浅海区域，具体来说，是指海水深度小于或等于20m的海域，而海油陆采技术作为滩海油气资源的重要开发方式被广泛应用于环渤海地区的各大油田，其发展和成功应用对我国滩海油气开采具有重要意义[1]。

第一节 海油陆采基本概念

一、海油陆采的由来

早在20世纪20年代，国外多家石油公司就已经开始了海上石油的开采，初期海上钻探技术不成熟，勘探范围有限，新发现的油田多处于近海岸地带，为了开发这些油气资源，当时的做法大多是采用木质平台或修建长堤，再使用陆上作业的方法进行钻井和采油。

随着海洋石油勘探开发技术的不断发展，深水海域油气资源的钻采技术和配套设备也在不断完善。但是，滩海区域处于沿岸潮汐带与深水域之间，潮汐带水文环境复杂，工作船很难靠近油井场地的目标位置，属于"陆上设备下不去、海上设备上不来"的高难度施工区域。因为海油陆采的成本和风险都要比海上作业低得多，而且对环境的适应程度也比较高，现今在开发滩海油气资源时，依旧会优先选择"海油陆采"[2]。

二、海油陆采的概念及特点

"海油陆采"是指通过陆上造堤、围海造堤、建设端岛或人工岛及导管架平台，并采用与陆地油气藏相似的钻井采油方式，实现对滩海油气资源的效益开发。其中，陆上造堤是指在海堤内建造平台，钻取距离较远的海底油气资源；围海造堤是指通过在沿海地区建设堤坝或其他围挡结构，以达到围闭一片海域，将其变为陆地的行为；端岛通常指的是通过人为手段在海洋、河流或湖泊中建造的岛屿结构，而这个结构通常与陆地相连，形似一个"端"或"尾部"；人工岛是指通过人为手段在海洋、河流或湖泊中建造的岛屿；导管架平台是一种常见的海上石油和天然气勘探和生产结构，它是由一系列交叉的钢管构建的框架结构，这个框架结构被安装在海底，并通过桩固定在地下。经过多年的发展，海油陆采技术已经相对成熟，是世界范围内针对滩海油气资源勘探开发的主要方法[3-5]。

海油陆采技术是一种针对性的油气开采技术，它采用建立人工岛的方法开采滩海油气资源，解决了陆采设备无法使用，以及海上平台在滩海区域建设困难的难题，所以利用海油陆采技术建立人工岛，在人工岛上再使用丛式井和大位移井技术，尽可能地扩大控制油藏面积，是滩海环境下的最优开采方式。海油陆采技术具有以下几个特点：

（1）建立人工岛来代替海上平台。

滩海地区离陆地较近，在滩海地区建立人工岛，能够规避一些海上平台作业的难点。人工岛中具有进海路结构的端岛技术，能够直接与陆地相连，规避了海上平台油气储运难的问题。

（2）使用陆采的钻井设备。

海油和陆油的开采设备已经有了较大的分化，与陆地上简单的井架钻井相比，海上钻井工程设备的结构要复杂得多，主要包括坐底式平台、小型自升式平台、大型自升式平台、钻井船和半潜式平台等。由于海洋自然地理环境的影响，海上钻井工程设计时除要考虑风浪、潮汐、海流、海冰、海啸、风暴潮和海岸泥沙运动的影响外，还要考虑海洋的水深和海上搬迁拖航等因素的影响。海洋钻井工程设备的结构设计更复杂，制造成本是陆地井架钻井工程的几倍甚至几十倍。而海油陆采技术中，通过对陆采设备进行简单的改造和使用升级，就满足了使用要求，从而大大降低钻井成本。

（3）使用特殊布井方式。

当今钻井技术的发展方向是"少井高效，少井高产"，在人工岛上为了达到这一目的，特殊工艺井已成为钻井设计和施工的首选，人工岛上常用的特殊井型有大位移井、单筒双井、分支井和丛式井等。大位移井以大井斜近水平钻进的形式沿产层钻进，可以扩大泄油面积、提高油井产量，将大位移井技术运用在海油陆采开发中，可大大减少前期投资和后期作业费用；单筒双井技术可以通过一个槽口钻两个甚至多个井眼，提高了人工岛上有限槽口的利用效率，从而增加了油田的开发效率；分支井可以钻达多个目标，极大地增加地层的裸露程度及驱油面积，一口井代替多口井，提高开采效率；丛式井技术是一种复合钻井技术，该技术在井场平台上打多口井，每口井都可以到达不同的目标储层，因此覆盖更大的储层面积，显著减少建造费用高昂的人工岛的数量，从而降低开发成本。

（4）使用工厂化钻井技术。

工厂化钻井具有系统化、集成化、流程化等特点，它将钻井施工的各项工序标准化和专业化，采用流水线的方式实现规模化作业，并使用生产数据来决定工厂化作业的模式。在人工岛作业中，钻机沿井口槽进行批量钻井作业，可以通过学习曲线法和作业程序规划来增加钻进效率，从而实现降本增效。

三、海油陆采的优势

海油陆采技术相比于常规的陆地、海洋采油技术具有以下优势：

（1）能够开采常规的陆地、海洋采油技术无法开采的滩海油气资源。通过建立人工岛，解决了滩海地区涨潮为海、退潮为滩，钻井平台与陆上钻机无法工作的问题，充分利用了能源开发潜力。

（2）能够边打井边投产。通过井组整体设计，使用了工厂化施工的方法，分批次、批量化钻完井，极大地缩短了工作周期，降低了钻进成本和采油成本，节省资金，提高了经济效益。

（3）采用了扇面打井的方式，增加了空间利用率，降低了碰撞风险。通过人工岛中心向各方向扇面式分布的钻井方式，可以有效利用有限的空间来达到钻探更大范围的油气资源，由于钻井是从岛的中心向外放射性进行，井的间距和预造斜位置可以被优化，从而减少井与井之间的碰撞风险。

（4）减少海床资源的占用。把井口集中在人工岛上，利用定向钻井技术钻探各个地质目标，能够减少生产设备与生产管线占用的海床面积。

（5）便于生产运行和安全管理。将井口集中在同一人工岛平台上，可实现统一规划生产运行和安全防护管理，采油系统和集输系统均可以实施数字化、智能化管理。

第二节　海油陆采发展现状

滩海区域油气资源开发经历了由木质栈桥到木质结构平台再到人工岛的发展过程。国外的海油陆采技术起步早、发展快，主要集中在中东、墨西哥湾、南美和西非等地区；国内海油陆采主要集中在大港、冀东、辽河、胜利等环渤海地区，通过多年的技术攻关，逐渐形成了适合我国滩海油气资源高效开发的海油陆采钻完井技术[6-8]。

一、国外海油陆采技术发展历程

1896年在美国加利福尼亚海岸萨姆兰德，通过搭建木质栈桥，钻成世界上第一口海上油井；1920年委内瑞拉在马拉开波湖，第一次使用了木结构平台进行钻井和采油，并通过管线输油；1930年，苏联在里海发现油田，采用人工岛的方式钻井和采油，并建造长堤用于输油；20世纪20年代，美国加州亨顿海滩首次通过大位移井实现了海油陆采。20世纪90年代以来，大位移井已经在油气勘探和开发中显示出巨大的潜力，美英等国家每年都钻成大量的大位移井；1994年，在加拿大波弗特海建造了Tarsiut人工岛，它是北极海上施工工艺的一大进步；1999年，英国石油公司（BP）在英国南部Wytch Farm油田M16井创造了新的大位移井纪录，这标志着滩海地区海油陆采技术的上限进一步提高；近年来，水平井发展的整体趋势是"水平位移"和"水垂比"越来越大，钻井风险减小，2017年古巴北部的Varadero区块，大位移井的垂向深度达到1700m左右，井斜角达到80°以上，水平位移达到3500~7000m。具体发展历程如图1-2-1所示。

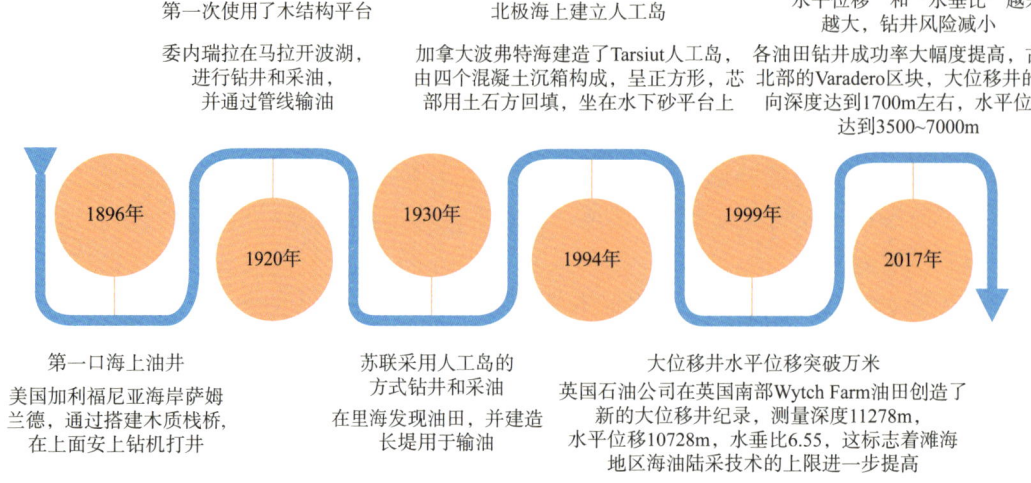

图 1-2-1 国外海油陆采技术发展历程

二、国内海油陆采技术发展历程

我国海洋石油工业于 20 世纪 50 年代末开始起步，但海油陆采技术于 20 世纪末才相继在大港、胜利、辽河和冀东等油田实施。20 世纪 70 年代后期，大港油田首次尝试滩海油田开发，在海 1 井和海 2 井以平台方式进行钻井勘探，由于缺乏滩海油田的开发经验，对于冰情的预测、冰负荷的计算，以及冰冻环境下的平台设计和建造等方面还不成熟，导致平台被冰情摧毁。

1986 年，胜利油田采用建"海堤""围海造陆"的方式建成孤东油田；1991 年，胜利油田通过"漫水路＋丛式井组平台"的方式，建成飞雁滩、老河口等油田；1992 年，我国第一座人工岛——大港油田张巨河人工岛建成；1996—2000 年，辽河月东油田采用了边修路堤、边建平台、边打井的滩海油田全陆式开采方式，建设海岸道路 6km，海滩海堤 1.6km 和 4 座人工岛平台；2003 年，大港油田的 CH1-1 人工岛建成，生产井口及油、气、水分离处理装置全部集中在人工岛上，处理后的原油、天然气利用沿进海路铺设的管道输送到陆岸油库；冀东南堡油田 2005 年主要利用海洋钻井平台和导管架平台分别进行钻井和试采，并优选建人工岛的开发模式完成了第一口先导试验井 G59X1 井；2006 年胜利油田采用"进海路＋人工岛"的方式建成 KD12 油田和桩西 168 油田；2007 年开始，冀东南堡油田利用吹砂造陆方式先后建立 5 座人工岛，逐步形成了以"密集丛式井井口分配与整体防碰设计技术＋低成本大位移井钻井技术"为主的海油陆采特色技术，扩大了人工岛的控制范围，实现了滩海油气藏的经济高效开发；截至 2020 年，大港埕海油田 3 座人工岛中，CH1-1 人工岛上建井 72 口、CH2-1 人工岛上建井 19 口、CH2-2 人工岛上建井 98 口；截至 2022 年，冀东南堡油田 5 座人工岛中，NP1-1 人工岛上建井 123 口、NP1-2 人工岛上建井 112 口、NP1-3 人工岛上建井 247 口、NP4-1 人工岛上建井 106 口、NP4-2 人工岛上建井 31 口。具体发展历程如图 1-2-2 所示。

第一章 概述

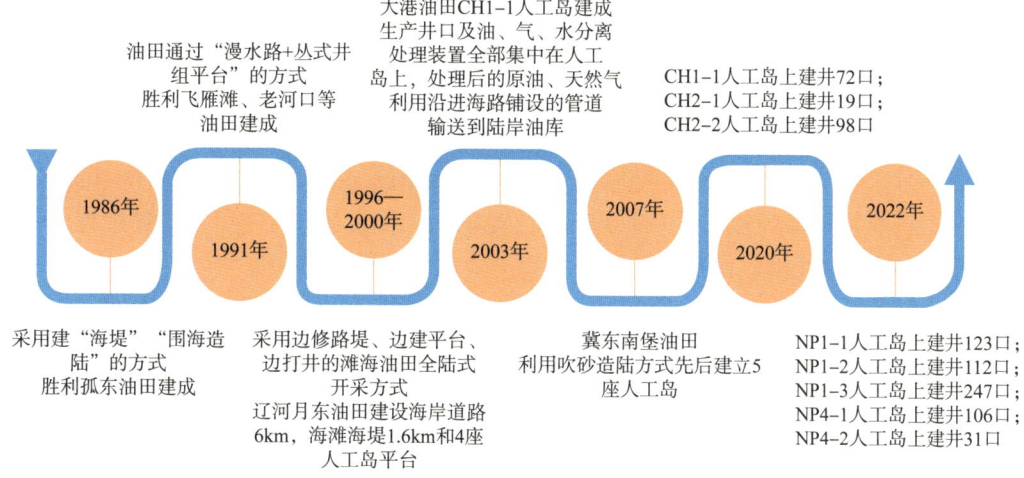

图 1-2-2 国内海油陆采技术发展历程

第三节 国内海油陆采典型油田

我国的近海油气资源主要集中在环渤海地区。渤海位于我国东部北端，海域面积 $7.7284 \times 10^4 km^2$，大陆海岸线长 2668km。地质勘探资料表明，这些地区有利勘探面积为 $14000 km^2$，其中海滩 $3490 km^2$，0~5m 水深的极浅海 $6190 km^2$。渤海海域石油和天然气资源丰富，已探明储量分别约为 $54 \times 10^8 t$ 及 $400 \times 10^8 m^3$。目前，我国环渤海滩海油气田的开发集中在大港、冀东、辽河和胜利等油田的滩海区域（图 1-3-1）。

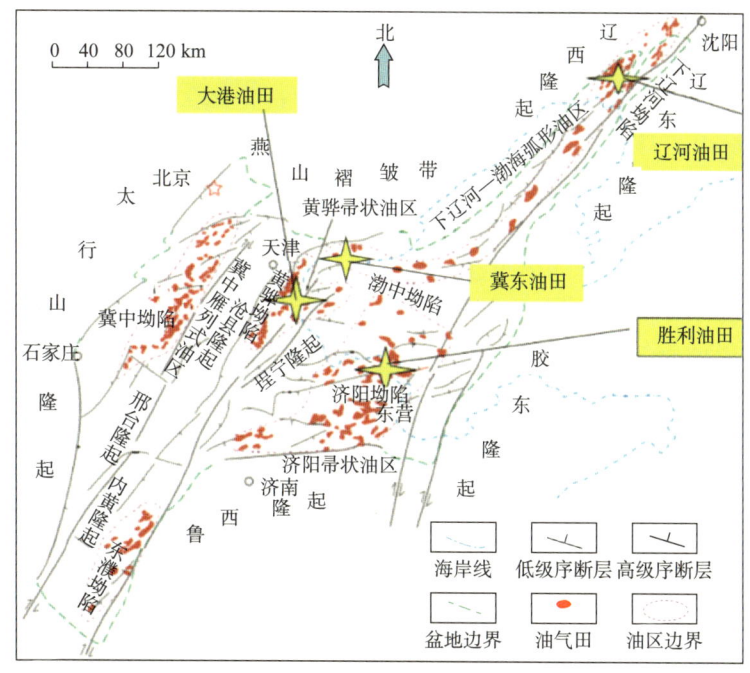

图 1-3-1 环渤海滩海地区油田分布图

一、大港油田滩海区域

大港滩海北自涧河口与冀东滩海相接，南至泗女寺河口与胜利滩海相连，海岸线总长 154km。西以海岸线为界与大港陆地分开，东至海图水深 5m 线附近的矿区登记界限，与中国海洋石油渤海探区相邻，总面积约为 2616km²。大港滩海油气田主要集中在滩海区的潮间带和 2m 水深线以内的极浅海域，如埕海、马东、张东、关家堡等油田，年最高气温 36.6℃，年最低气温 -15.4℃；10min 平均最大风速 32m/s，1min 平均最大风速 41.9m/s，强风向为北向。

（一）地质油藏概况

埕海油田位于大港油田滩海区南部埕北断阶区，位于河北省黄骅市关家堡村以东的滩涂，海域水深 4m，距大港油田中心区约 45km，距黄骅市约 20km。潮汐为不规则半日潮，最高潮位 3.31m，最低潮位 -2.14m，最大潮差 4.14m。区域风力一般 4~6 级，最高 8~9 级。地温梯度 3.44℃/100m。埕海一区探明石油地质储量 1736.83×10^4t，可采储量 452.9×10^4t。埕海二区位于河北省黄骅市张巨河村以东的滩涂—海域地区，水深 0~2m 的极浅海地区，探明资源储量 4720×10^4t。

埕海一区属埕北断阶带 zh4x1 断鼻，北起张巨河—海 4 井一线，南至埕宁隆起北缘，西到仙庄—扣村，东至埕海构造（5m 水深线附近矿区边界），勘探面积约 500km²。该区主要包括大港埕海一区和 zh8 两个开发区，利用 CH1-1 人工岛统一开发。主要目的层：馆陶组、沙一段；油层深度范围：1200~1500m；地温梯度：3.44℃/100m；地层压力（折算为当量钻井液密度）：0.93~1.02g/cm³。zh8 井区纵向有明化镇组、馆陶组、沙河街组三套含油层系，其中 zh8 明化镇组为曲流河沉积，油藏多为构造—岩性油藏；zh8 馆陶组为辫状河沉积，油藏类型为构造底水稠油油藏；zh8 沙一段、沙三段为湖相三角洲，油藏类型为构造—岩性油藏；zh4x1 单元主要含油层位为沙一上亚段及沙一下亚段，油藏类型为构造—岩性油藏。

埕海二区位于歧口生油凹陷向埕宁隆起过渡的斜坡区，是油气运移的主要通道，油源充沛，具有油气成藏的物质基础；埕海二区地层自下而上有中生界三叠系、中—下侏罗统，新生界古近系沙河街组沙三段、沙二段、沙一段、东营组，新近系馆陶组、明化镇组，第四系平原组。沙河街组的沙三段、沙二段、沙一段是该区的主要含油目的层。地质分层见表 1-3-1。经多年钻探证实：该区古近系沙河街组沙一段、沙二段、沙三段均有油层比较发育，油层分布比较稳定，具有较大油气资源规模。沙一段为低孔、低渗透储层，碳酸盐含量较高，平均 40.25%。沙二段为埕海二区的主力含油层系，为中孔、中低渗透储层，碳酸盐含量平均 9.03%~13.94%。沙三段为中低孔、特低渗透储层，碳酸盐含量较高，平均 5.29%。该区地温梯度平均为 3.24℃/100m，为正常温度系统。

表 1-3-1 埕海二区地质分层及岩性描述

地质年代及地层分层					分层数据		
界	系	统	组	段	岩性简介	地层深度 m	厚度 m
新生界	第四系	—	平原组		灰黄色黏土及散砂	350	350
	新近系	—	明化镇组		灰黄色、浅灰色泥岩与细砂岩不等厚互层	1743	1393
			馆陶组		厚层浅灰色砂砾岩、含砾不等粒砂岩、细砂岩与灰绿色泥岩互层	2131	388
	古近系	—	东营组	东一段	细砂岩、粉砂岩、泥质粉砂岩与泥岩互层	2337	206
				东二段	粉砂岩、泥质粉砂岩与灰绿色、灰色泥岩互层	2611	274
		—	沙河街组	沙一段	灰色泥灰岩、灰质泥岩及灰褐色泥岩白云岩与灰色、深灰色泥岩互层。底部主要为油斑泥岩白云岩和泥岩互层	2680	69
				沙二段	粉砂岩、灰质粉砂岩、油斑粉砂岩、荧光粉—细砂岩与灰色泥岩互层,顶部夹薄层油页岩	2875	195
		—		沙三段	粉砂岩、荧光粉—细砂岩与灰色泥岩互层	2920	45

(二)开发模式

目前大港油田采用了人工岛和导管架平台的开发模式,包括 3 座人工岛和 4 座导管架平台,其中,CH1-1 人工岛和 CH2-2 人工岛上共建井 160 余口,人工岛和平台分布如图 1-3-2 所示,CH1-1 人工岛全貌如图 1-3-3 所示,CH2-2 人工岛全貌如图 1-3-4 所示。zh17101 井井深达到了 5779m,垂深 3678m,水平位移 4278.57m,zh8Nm-H3 井水垂比达到了 3.92。

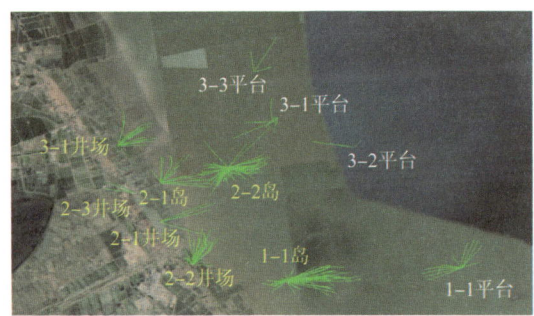

图 1-3-2 大港油田滩海人工井场、人工岛及平台分布

图 1-3-3 CH1-1 人工岛

图 1-3-4 CH2-2 人工岛高空俯瞰全貌

二、冀东南堡油田

冀东滩海位于河北省唐山市滦南县、唐海县和丰南区境内南堡外的浅水海域,处于曹妃甸港区两侧,滩海勘探面积约为1200km²。水深0~5m,为浅水海域。全线海岸为淤泥质,沿海地带十分平坦。海域内有大范围的滩涂存在,低潮时干出,高潮时淹没,滩涂上潮水沟纵横交错,地形复杂,滩涂边缘部分分布着众多沙岛。年平均气温12.6℃,月平均最高气温26.1℃(8月),月平均最低气温-2.5℃(1月)。风向、风力季节变化明显,冬春季节风力较大,以北、西北风为主,夏秋季节风力相对较弱,以南风为主。年平均降水量649.9mm,最大年降水量821.6mm,最小年降水量472.2mm,年降水量变化率11%~27%。南堡滩海的西部距塘沽港40km,东部距京唐港仅20km,沿岸修有沿海公路,区内有多条河流穿越入海,海陆交通十分便利。

(一)地质油藏概况

南堡滩海地区具有良好成藏条件,预测资源量4.46×10^8t,其可探明资源量2.72×10^8t。南堡滩海主要发育五个构造,即NP1号、NP2号、NP3号、NP4号、NP5号构造。总体构造形态为断背斜和断鼻,前古近—新近系为断块型潜山。储层发育,明化镇组、馆陶组为河流相砂体,高孔高渗;东营组、沙河街组为扇三角洲砂体,多为中孔中渗;前古近—新近系为奥陶系马家沟组石灰岩,为潜山裂缝储层,发育有四种主要油藏类型,新近系为构造油藏,古近系为构造—岩性油藏和地层油藏,前古近—新近系为潜山油藏。2004年南堡滩海预探井获得重大发现,五个构造中的NP1号构造、NP2号构造、NP3号构造均已获得高产工业油流。

(1)NP1号构造(NP1-1、NP1-2、NP1-3人工岛)位于南堡凹陷西南部,属古近—新近系发育在潜山背景上的背斜构造,有利勘探面积200km²,馆三段的较厚火成岩构成馆四段油藏和东一段油藏的区域性盖层,厚度350~400m,岩性为深灰色玄武质泥岩、玄武岩和灰白色安山岩,见表1-3-2。

表1-3-2 NP1号构造地质分层及岩性描述

地质时代	层位	垂深,m	主要岩性描述
第四系	平原组	300	以黄色散砂及棕黄色黏土不等厚互层为主
新近系	明化镇组	1760	以浅灰色细砂岩、粉砂岩、灰黄色棕黄色泥岩与浅灰色细砂岩呈不等厚互层夹浅灰色泥质砂岩为主
新近系	馆陶组	2300	上部浅灰色细砂岩、浅灰色含砾不等粒砂岩夹灰色泥岩,中部(厚度400m)深灰色玄武质泥岩、灰黑色玄武岩,底部以浅灰色含砾不等粒砂岩夹浅灰色泥质砂岩、杂色砂砾岩为主,夹薄层火成岩
古近系	东一段	2450	以浅灰色细砂岩、粉砂岩、含砾不等粒砂岩为主
古近系	东二段	2850	以浅灰色泥岩为主,夹浅灰色粉砂岩、泥质粉砂岩

(2)NP2号构造(NP4-1、NP4-2人工岛)位于南堡凹陷的南部,属于潜山披覆构造带,有利勘探面积350km²。古近系东营组及新近系表现为断鼻或断背斜构造。中浅层构造继承性发育,是油气聚集的有利场所。新近系明化镇组下部大套泥岩、馆陶组下部玄武岩为良好的盖层,见表1-3-3。

表 1-3-3　NP2 号构造地质分层及岩性描述

地质时代	层位	垂深, m	主要岩性描述
第四系	平原组	300	以黄色散砂及棕黄色黏土不等厚互层为主
新近系	明化镇组	1840	以浅灰色细砂岩、粉砂岩、灰黄色棕黄色泥岩与浅灰色细砂岩呈不等厚互层夹浅灰色泥质砂岩为主
新近系	馆陶组	2530	上部浅灰色细砂岩、浅灰色含砾不等粒砂岩夹灰色泥岩,中部(厚度50~100m)深灰色玄武质泥岩、灰黑色玄武岩,下部浅灰色含砾不等粒砂岩夹浅灰色泥质砂岩、杂色砂砾岩
古近系	东营组	3400	以浅灰色细砂岩、粉砂岩、含砾不等粒砂岩和浅灰色泥岩为主,夹浅灰色粉砂岩、泥质粉砂岩

(二)开发模式

冀东油田与大港油田滩海地区相邻,地质工程条件相似。2005 年冀东南堡油田进入海油陆采井的先期试验阶段,完成了第一口先导试验井 G59X1 井,冀东滩海油气田前期勘探评价过程中,主要利用海洋钻井平台和导管架平台分别进行钻井和试采;经后期开发论证,优选建人工岛的开发模式。

2007 年海油陆采工程正式实施以来,利用陆地钻机和大位移井等现代钻井技术,南堡相继修建了 NP1-1、NP1-2、NP1-3、NP4-1 和 NP4-2 人工岛,其中,NP1-1 人工岛(图 1-3-5)上建井 123 口,NP1-3 人工岛(图 1-3-6)上建井 247 口,NP4-1 人工岛(图 1-3-7)上建井 106 口,NP13-1706 井完钻井深达 6387m,水平位移 4941m。经过多年技术攻关与工艺优化挖潜,采用丛式井+常规钻机钻进,逐步形成了以"密集丛式井井口分配与整体防碰设计技术+低成本大位移井钻井技术"为主的海油陆采特色技术,扩大了人工岛的控制范围,实现了滩海油气藏的经济高效开发。

图 1-3-5　NP1-1 人工岛实景图

图 1-3-6　NP1-3 人工岛实景图

图 1-3-7　NP4-1 人工岛实景图

三、辽河月东油田

辽河滩海位于辽东湾北部，西起葫芦岛，东至鲅鱼圈连线以北，海图水深 5m 以内的矿产登记总面积约为 3500km²，实际有效勘探面积 2141km²。海岸线长约 340km，海域北部岸滩有大浚河、小浚河、双台子河和辽河等几大河流入海。

（一）地质油藏概况

辽河月东油田的月东稠油油藏是辽河油田首个海上稠油整体开发区块，该区的勘探工作始于 20 世纪 80 年代初，2007 年上报探明石油地质储量 8000×10^4t，面积 16km²。该区块地理上位于辽宁省盘锦市西南 40km 的浅海地区，油区水深 2.7~3m，构造上位于辽河盆地中央凸起南部倾没带向渤海方向的延伸。主要含油目的层为馆陶组和东营组。

地层自下而上依次为：太古宇（Ar）、古生界（Pz）、古近系东营组二段（Ed_2）、东营组一段（Ed_1）、新近系馆陶组（Ng）、明化镇组（Nm），以及第四系平原组（Qp），其中东二段、东一段和馆陶组为本区主要含油层系。含油层段划分为 5 个油层组 9 个砂岩组 21 个小层，其中将东营组 6 个含油小层细分为 13 个单砂体。

储层自下而上储层物性逐渐变好。$Ng\ II$ 和 $Ed_1\ III$ 为高孔、特高渗透储层，$Ed_1\ II_2$、$Ed_1\ III$ 和 Ed_2 为高孔、高渗透储层。平面上储层物性受沉积相带控制，其中水下分流河道、河口坝、分流河道和辫状河道分布区储层物性较好，其他地区储层物性较差。分布规律方面 $Ng\ II$ 和 $Ed_1\ II_1$ 储层全区连续分布。其他层储层分布不连续，整体减薄，但分布范围有所增加。

纵向上，自下而上依次发育 Ed_2、$Ed_1\ III$、$Ed_1\ II_2$、$Ed_1\ II_1$、$Ng\ II$ 和 $Ng\ I$，共 6 套主要含油目的层。平面上油层叠加连片，但厚度变化大，钻遇井最厚 83.9m，最薄 5.8m。总厚度由构造高部位向低部位逐渐变薄。月东油田整体上油藏类型多样，油气水关系复杂，$Ng\ I$ 仅分布在月东 301 井区，为边底水油藏；$Ng\ II$ 和 $Ed_1\ II_1$ 全区分布，单层厚度大，构造高部位发育气顶，为气顶边底水岩性—构造油藏，有统一的油气界面；$Ed_1\ II_2$、$Ed_1\ III$ 和 Ed_2 连续性差，为岩性—构造油藏或岩性油藏，具有单砂体成藏特征，其中 Ed_2 零星发育薄层气层。

（二）开发模式

辽河月东油田（图 1-3-8）采用人工岛和钢平台的开发模式进行海油陆采作业，2007 年以来共建立了 1 座钢平台和 4 座人工岛（A 岛、B 岛、C 岛和 D 岛），各岛之间相距 1~2km。辽河月东油田 A 人工岛已有一座砂石结构的岛体存在，岛上分布有 36 口井，其中 35 口油井，1 口水源井，采纳了初期油轮拉油外输、后期月东油田整体工程建成后通过海底管线外输至 B 岛的生产方案。为满足在月东人工岛 B 岛狭小空间内进行丛式钻井作业，以及钻机在作业

图 1-3-8　辽河月东油田

和移动时对安装在井槽内抽油机的无障碍安装及避让要求,研制了ZJ50/3150DB高钻台移动式人工岛钻机。该钻机主机模块和固控模块中振动筛罐安装在各自的滑轨上,采用液缸推动实现井间移位,其他模块设备固定在原位,通过管线排与主机区连接。创新设计了大跨距高钻台轨道滑移结构的底座,内部空间可满足钻机井口防喷器和11.0m高链条式抽油机安装要求。

四、胜利油田滩海区域

胜利滩海位于莱州湾地区,海岸线北起顺江沟河口,南至淄脉沟口,全长350.34km,海图水深10m以内的浅海面积4800km^2。胜利滩海油田位于渤海南部的极浅海海域、埕北低凸起的东南端,南界距海岸约3km,与陆上桩西油田、飞雁滩油田、五号桩油田相邻,西北距埕北油田约35km,油田海域最大水深约13m。该地区的勘探始于1975年,1988年5月钻探CB12井时发现埕岛油田。经过多年的勘探开发,已经形成飞雁滩、桩106、埕岛、新滩等油田,至2001年底,部署370口井,发现了明化镇组、馆陶组、东营组、沙河街组、中生界、古生界、太古宇含油层系,累计建产能$300×10^4$t。

(一)地质油藏概况

KD12区块构造形态较为简单,新近系构造形态继承了前古近—新近系潜山顶面南高北低的趋势,整体呈现南高北低的格局。受KD12断层控制,该区块为一反向屋脊式构造,地层向北逐渐向桩东凹陷倾伏,地层较平缓,地层倾角3°~6°。区块内的岩石类型以岩屑质长石砂岩为主,矿物颗粒磨圆度较差,多为次棱角状,分选中等,颗粒间以泥质胶结为主,胶结类型多为接触式。油藏类型为偏高温常压、高孔高渗、岩性—构造、常规稠油油藏。

QD凹陷位于渤海南部海域,东临潍北凸起,西北以青坨子凸起、垦东凸起与沾化凹陷相隔,西南与东营凹陷相望,两侧为郯庐断裂分支断裂所支持,凹陷内发育沙三段、沙四段两套重要烃源岩,主要目的层沙三下亚段、沙四上亚段主要发育扇三角洲、辫状河三角洲及滩坝等沉积砂体。钻遇地层层序自上而下依次为:第四系平原组(340m),新近系明化镇组(810m)、馆陶组(1115m),古近系沙三段(1450m)、沙四段(小于1840m)。主要含油气层系为沙四上亚段,地层厚度140~550m,沙三段之前以砂泥岩互层为主。

(二)开发模式

胜利油田主要采用建"海堤""围海造陆"的开发模式进行海油陆采,经过多年的勘探开发陆续建成了孤东、桩西、飞雁滩、垦东、大王北、新滩等20多个滩海陆采油田。其中,胜利油田QD5号(图1-3-9)是胜利油田最大人工岛,长150m,宽90m,有油井48口,建立了8.8km长的进海路与

图1-3-9 胜利油田QD5号海油陆采平台

采油平台，是中国石化产能最大的海油陆采平台。自 20 世纪 80 年代开始，共钻成海油陆采井近百口。随着钻井技术水平的提高，所钻井的水平位移不断增加，水垂比也逐步提高。2007 年以来 KD12 区块有人工平台 5 座，KD5 区块有陆岸平台 1 座。胜利油田 GD 采油厂近几年在国家级自然保护区取得的海油陆采经验，奠定了该厂在国内海油陆采技术领域的领先地位。截至 2021 年，胜利油田桩 139 平台管理油井 52 口，年产原油 5.1×10^4 t。形成了"树牢超前意识求先机、精准节点管控创转机、聚焦价值创造育生机"的生产模式提升"海油陆采"开发效益，根据地质、工程及管理因素形成每口井的生产动态管理。多次荣获"胜利油田工人先锋号"等荣誉称号，曾在 2017 年被评为胜利油田党建示范点；在 2020 年被评为"胜利油田行业品牌班站"。

参考文献

[1] 路继臣. 滩海石油工程技术 [M]. 北京：石油工业出版社，2006.
[2] 李海平，黄新生，贾映萱，等. 滩海油田开发海洋工程概论 [M]. 北京：石油工业出版社，2017.
[3] 王建富，刘天鹤，袁保清，等. 大港滩海域油田建设特色技术及应用成效 [J]. 录井工程，2018，29（3）：46-50，113-114.
[4] 富饶. 海油陆采开发模式应用于滩海油田 [J]. 油气田地面工程，2006（5）：17.
[5] 顾永强，王学忠，刘静. 海油陆采：浅海高效之路 [J]. 中国石油企业，2007（5）：46.
[6] BYBEE K. Field-Development Expansion By Use of Artificial Islands as Drilling and Production Centers[J]. Journal of Petroleum Technology，2009，61（10）：43-45.
[7] XU W H. Anti-collision Optimization Design Technology of Large Infill Cluster Well Group in Bohai Sea Artificial Island B[J]. Advances in Petroleum Exploration and Development，2019，18（1）.
[8] 周立宏，王文忠，万军，等. 渤海湾大港滩海区环境条件及工程技术思路 [J]. 中国海上油气，2000，12（1）：2-5.

第二章 人工岛规划与布局

人工岛是指为了在滩海区域进行海上油田开发，以砂、石、混凝土等为主要材料建成的岛式构筑物。人工岛建设的工程量一般较大，投资成本较高，因此，在建设前应该了解当地的滩海海洋环境，合理规划人工岛建设及井场井口布局。

第一节 我国滩海海洋环境

海油陆采技术的发展和应用依赖于滩海海洋环境的特殊性与海域环境法规的约束性，因此有必要了解我国滩海的海洋环境。滩海地区海洋环境特殊，尤其是水深由陆滩、潮间带、极浅海直至浅海的变化，复杂的海床工程地质条件、沿岸的海流变化、风暴潮、冰情等因素，对海油陆采工程的实施都有重要影响[1]。下面是一些关键性的滩海环境因素。

一、水 深

按水深对海洋工程的影响特性，可将滩海划分为以下4个区带：
（1）陆滩，指岸线（理论高潮线）以上的陆上滩涂地带。
（2）潮间带，指高潮线至低潮线之间的海域。本区带的特点为时陆时海，需要用两栖运载工具通行，或者用浅吃水运载工具趁潮通行。
（3）极浅海区，指海图水深（理论低潮面）0~2m的海域。本区特点是水深难以满足大型工程船舶和海工设施的吃水深度要求，必要时需借助两栖运移手段或开挖航道。
（4）浅海区，指海图水深2~5m的海域，属于一般浅水海域。

部分滩海油田探区按水深的分布情况见表2-1-1，其中，2m以内的极浅海区和陆滩区约占矿区面积的2/3，在这些区域内，一般的海洋工程船舶和移动式钻井平台都难以直接进入。

表2-1-1 部分滩海油田探区按水深分布情况

油田	矿区面积，km²			
	陆滩、潮间带	极浅海区	浅海区	合计
大港	450	750	930	2130
冀东	270	368	567	1205
辽河	732	1736	1038	3506
滩海地区合计（占比）	1452（21%）	2854（42%）	2535（37%）	6841（100%）

二、风与海流

风力和风向会对海上构筑物、作业装备和潮流的流动产生影响。例如，在滩海油田日常生产中，人员和物资运输多采用浅吃水轻型船舶，风力和风向会对油田的正常开发和海上交通产生影响。渤海湾属多风区，冀东南堡滩海全年以南风、西北风、西南风和东风为主，平均风速较小，为4.1m/s，东、东南向风速较大，最大风速19.4m/s。在100年重现期条件下，冀东南堡滩海最大波高可达4m；辽河滩海则以西南和东北风向为主，50年重现期1min内平均风速为31.7m/s；大港埕海滩海也属多风地区，对于采用井口平台和小型油驳拉油进行生产的油井，由于按安全规定6级风以上小型油驳禁止出海，故全年的生产时间只能保证180~200d。

海流的速度和方向会与海上构筑物相互影响。当海上构筑物的出现使原本的海流模式受到干扰时，海流流场的变化可在构筑物邻近造成局部的冲蚀，产生泥沙运移，造成淤积或冲淘，影响海工构筑物的基础，并对相关滩海的海床地貌和海洋生态环境产生影响。例如，CH1-1人工岛工程建成后，在路两侧海域出现了较大面积的淤积（图2-1-1），建成后一年内淤积速度较快，北侧淤积0.4m，南侧淤积0.3m，同时在人工岛外侧周边也产生不同程度的淤积，西侧路岛夹角处淤积最为严重，累计淤积量超过1.4m。海上浮冰随海流和潮汐而移动，并会在岸区形成堆冰。当海上构筑物对流场造成干扰或阻拦时，也会形成堆冰，并对构筑物形成威胁。

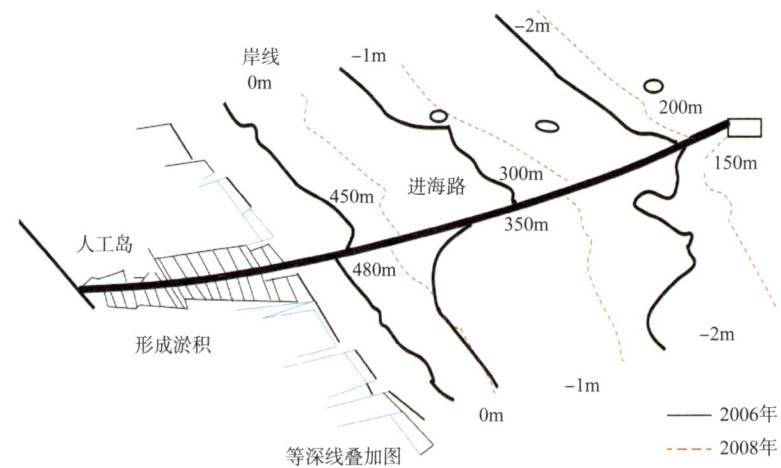

图2-1-1 CH1-1人工岛进海路两侧形成淤积

三、潮差和风暴潮

滩海区受潮汐和潮差影响明显，季节性的风暴潮对海上生产更具有破坏性的威胁。在正常天文潮的基础上，因地形、地貌和水深的差别和影响，即使在同一海域范围内，沿海岸线各处的潮汐和潮差也不相同，在局部地区还可能存在无潮区。在中国石油的滩海油田中，辽河滩海月东油田水深范围0.3~5m，平均潮差2.58m，最大潮差5.68m；大港滩海最大潮差可达 4.5m，无全天通行航道，对运输供应造成很大影响；冀东南堡滩海 NP1 号、NP2 号构造极浅海区水深分别为 0~8m 和 0~12m，为不正规半日潮，潮差在 3~5m 之间。在潮汐方向上，局部潮流会对海上构筑物产生一定的影响，海上工程和构筑物的设置除需遵循海洋生态保护的相关法规外，也需在设计中采取必要的应对措施，确保海上工程和构筑物的安全和平稳运行，图 2-1-2 为人工岛进海路对局部潮流产生阻拦并因之形成的潮水漫越和浮冰堆积。

（a）人工岛进海路

（b）潮水漫越

（c）浮冰堆积

图 2-1-2　人工岛进海路与潮汐相互影响

此外，风暴引起的增水和天文潮相结合，还会形成具有很大破坏力的风暴潮（图 2-1-3）。渤海湾地区风暴潮并不罕见，而且可以产生巨大的破坏。例如，大港滩海分别在 1992 年、1997 年、2003 年发生了三次特大风暴潮。特大风暴潮时，最大风速可达 33.5m/s，浪高达 5.6m。2007 年 3 月 4 日，渤海湾再次发生了 50 年以来最大的风暴潮，平均增水 3m，浪高 6m，烟台海水上岸，直抵烟台山下。风暴潮在滩海油田造成的人员伤亡和结构物破坏事故有多起。严重的风暴潮还可能造成大量的泥沙运移，在一定程度上改变海床地貌。

（a）冲击岸堤

（b）淹没陆岸设施

图 2-1-3　风暴潮冲击岸堤淹没陆岸设施

四、冰 情

滩海油田所在的海区冬季冰期长,塘沽海洋站的初冰日在12月初至1月初,终冰日在1月中旬至3月上旬。结冰情况根据水深和离岸距离而不同。远岸深水区为流冰,近岸浅水区为固定冰,而在极浅海和滩海区域则会形成堆积冰(冰脊)。堆积冰和各类海冰的离岸变化如图2-1-4所示。固定冰厚为30~40cm,大多由3层以上单层冰冻结而成,固定冰冰面覆盖高度可达1~2m。沿岸堆冰可高达2~4m。冰可影响海上交通,也可对海上构筑物和船舶形成威胁,是一项必须考虑的基本海洋环境制约因素。图2-1-5中分别为冰情对进海路和海上构筑物产生推挤的情况。

(a)堆积冰　　　　　　　　　　　(b)各类海冰的离岸变化

图2-1-4　堆积冰和各类海冰的离岸变化

(a)堆冰对进海路产生推挤　　　　　(b)堆冰对海上构筑物产生推挤

图2-1-5　堆冰对进海路和海上构筑物产生推挤

一般年份塘沽海洋站固定冰的宽度距岸2~5km,邻近河口的地区宽度更大。冰的厚度、强度和堆积高度等既与环境气温有关,同时也受海水盐度、潮流等的影响而有所差别,堆积冰还受风、潮流和地形、地貌等因素的影响。辽河滩海冰情较重,辽河、双台子河、大凌河口海域固定冰的宽度有5~10km,一般区域也有2~5km。冰期从11月中旬至次年3月中下旬,约为130d,50年重现期平均冰厚50cm,流冰最大速度为1.0~1.1m/s。冀东南堡油田冰期为12月中旬至次年2月中旬,冬季固定冰一般为2~5km,在河口附近最大外缘线距岸 15km 左右。浮冰厚度一般为 10~20cm，最大厚度为 30cm，主要流向为西北—东南向，最大流速 0.45m/s。

在 20 世纪，渤海曾发生过 4 次严重的冰情，即 1936 年 1—2 月渤海严重冰封、1947 年春渤海严重冰封、1966 年 2 月下旬渤海湾和莱州湾的严重冰冻，以及 1969 年春渤海严重冰封。1936 年 1 月下旬至 2 月上旬渤海除中央水域外，几乎全部被冰覆盖，辽东湾全部封冻，北部海域冰厚 30~150cm，最厚 250cm，五六千吨的海轮不能通行。渤海沿岸冰厚 30~45cm，海河口外结冰宽度达 130km，天津港被冻结，海上航运和生产受到严重影响。

五、海床地貌

滩海海床地貌总体趋势是由岸向海，水深逐渐加深，但具体的海床地貌因地而异，不同的变化会对相关水域形成特定的影响。大港滩海海床的特点之一是坡度非常平缓，一般为 0.5‰~1.2‰，受其影响，潮差和水深变化形成的过渡带和极浅水区宽度、堆积冰带的离岸范围等都随之大为扩延。大港油田滩海海床由黏土、粉土、粉砂、细砂及交互层构成，工程地质条件较差。海床淤泥厚 10~19m，表层有 3~4m 流塑性淤泥，承载力低（小于 1.2t）。此类海床对一般的海上构筑物和坐底式移动装备十分不利。采用重力式基础时，基础沉降量大，容易产生滑移。海上工程施工时，稳定性差，而且在潮流作用下，回淤很快（个别地区达 114mm/d）。冀东和辽河滩海的特点之一是海沟比较发育，不仅使水深发生陡然急剧变化，而且在其周围还可形成特定的流场，影响海流，冀东南堡和辽河月东等地区的工程地质条件相对较好，表 2-1-2 为冀东南堡油田的海床岩性。

表 2-1-2　冀东南堡油田的海床岩性

序号	井段，m	岩性描述
1	0~1.45	粉细砂：灰色，松散，饱和
2	1.45~2.10	粉质黏土：灰色，软塑状态，饱和，不均匀
3	2.10~12.20	粉土：灰色，松散，饱和
4	12.20~16.30	粉土：灰色，稍密状态，饱和，有粉质黏土夹层
5	16.30~22.10	粉质黏土：灰色，可塑状态，饱和
6	22.10~27.90	粉质黏土：黄色，可塑状态，饱和
7	27.90~33.20	粉土：黄色，中密状态，饱和
8	33.20~40.00	粉土：黄色，密实状态，饱和

第二节　人工岛规划建设

作为海上大型土工固定设施，人工岛一经建成，就难以做出改变。随着我国滩海油田由滩区和潮间带向浅海的延伸和油田规模的扩大，简易的砂石平台已不能满足较大的水深和更为复杂的海况条件，需要更高水平的人工岛技术加以适应。在此形势下，滩海油田开发中对人工岛规划建设要求也随之提高。

一、人工岛技术的早期应用

在早期阶段,由于经验不足及缺乏完善的标准规范,所建的进海路和小型人工岛(砂石平台)被风暴潮和严重冰情损坏的情况多有发生。例如大港 zh2-1 人工岛井场(图 2-2-1),在 2003 年 10 月 10 日的特大风暴潮中,进海路端的砂石人工岛东侧长 87m 的岛壁全部被风暴潮冲倒,岛壁外侧的钢筋混凝土压板被风暴潮移位或打翻,岛壁内侧底部的填土被淘空,岛上的两座值班房被风暴潮由东南侧冲移至南侧,井场全部被海水浸泡,遭到严重破坏;KD22 人工岛(图 2-2-2)遭到岛壁被冲刷;胜利老 292 人工岛(图 2-2-3)井场被冲毁;大港 25 井海堤在经历特大风暴潮后,东段海堤共有 13 段约 80m 防浪墙被推倒,50 余米护坡被破坏,护坡土工布被撕裂,土方流失,堤的内侧有 200~300m 被越浪冲成不同程度的深沟,最深达 3m,最宽达 7m(图 2-2-4)。

(a)损毁前　　　　　　　　　　　(b)损毁后

图 2-2-1　zh2-1 人工岛井场东侧岛壁全部被风暴潮冲倒

图 2-2-2　KD22 人工岛岛壁被冲刷　　图 2-2-3　老 292 人工岛井场被冲毁

(a)损毁前　　　　　　　　　　　(b)损毁后

图 2-2-4　大港 25 井海堤遭遇风暴潮损毁前后的井堤

通过不断的技术创新和经验积累，各油田根据海洋环境和工程特点，因地制宜地对人工岛和进海路技术进行了创新改进和完善，使滩海油田人工岛和进海路的建设水平不断提高。关键的技术性措施包括：增大人工岛护坡的坡度，在抛石护坡外增加路基平台和岛面平台，以缓解风浪对直立式岛墙的直接冲击力，解决海浪越墙从上冲刷岛内填土的问题；在岛体护坡上增设消浪桩、防浪格栅、扭工字体（图 2-2-5）等消浪设施，消解风浪对岛墙的冲击；将岛墙联体置于水下，浇筑钢筋混凝土防渗透墙基，防止海水从下冲刷岛内填土（图 2-2-6）；在 50 年重现期的基础上，充分考虑超强风暴潮，提高人工岛岛面标高，在迎水面加设防浪墙等。

图 2-2-5　岛墙外布放扭工字体　　　　图 2-2-6　KD22 人工岛水下不渗透混凝土墙

这些技术改进提高了人工岛和进海路的安全性和可靠性。随着滩海油田开发规模的不断扩大，各油田继续针对特殊的海洋环境和工程地质条件，进行了人工岛技术的深度攻关，成功地对软基处理、石笼网箱、对拉板桩，以及抛石斜坡堤围埝结构等多项人工岛建设的基础性海工技术进行了创新。在不断实践的基础上，人工岛建设的工程标准和规范逐步建立和完善，从本质上推动了滩海人工岛技术的发展。

二、人工岛位置和大小确定

当前的人工岛建设更加严谨，也更加成熟。在人工岛上进行大井丛的钻井有利于提高经济效益，也便于集中管理，但是人工岛的位置选取和大小确定须遵循相关计算方法，要满足人工岛设计的基本原则[2]。人工岛位置的选取和大小的确定是整装区块油田开发初期的重要决策项目之一。

（一）人工岛选址原则

根据自然资源部《关于加强海上人工岛建设用海管理意见》（国海管字〔2007〕91号），人工岛位置宜在海图水深 3m 以内。

（1）人工岛选址不宜占用自然保护区及水产基地，并应符合国家海洋管理的有关规定。确定人工岛位置时，应注意避开航道、冲淤严重区及地震断裂带。尽可能选在高滩、土质条件好、比较稳定的浅滩上。

（2）人工岛的选址工作应根据海上油气田总体规划设计进行。选址时，应对海洋环境、水深情况、工程地质等情况进行可靠的论证，并应结合油气藏开发井位确定人工岛的位置。

（3）确定人工岛的形状和方向时，应满足生产工艺总体布置要求；同时，考虑人工岛对海况条件的适应性，使人工岛与环境之间的相互影响达到最小。

（二）人工岛位置和大小优化方法

为了使油田开发各系统总投资之和最少，在制订井网布置方案时，需要考虑油藏状态、海底位置、地层地貌、岛上布局多少口井经济、井口和靶点如何对应合理等问题。在轨道设计中，造斜点垂深与井身剖面会影响设计轨道的形态和井身长度，而设计轨道的形态和井身长度都会对钻井难度产生影响，进而影响钻井成本[3]。因此在人工岛钻井平台位置和大小确定时要考虑以下三个方面：（1）人工岛选址和修建时应满足油藏开发方案和总进尺最少；（2）满足钻井难度和作业风险最低；（3）满足钻完井成本最低。

当油藏深度及靶点位置一定时，井口位移（注：以靶点为基准，人工岛位置称为井口位移；以人工岛为基准，靶点位置称为靶点水平位移；二者的基准点不同，但是数值上相等）随人工岛位置而变化；而井口位移直接影响钻井工作量（总井深）及钻井风险，最终影响钻井周期及钻井成本。从某种程度上可以说，控制井口位移就是控制总井深、钻井周期，以及钻井成本。因此，考虑对地质和钻井资料的依赖程度，以及使用数学求解的难易程度，将人工岛位置和大小确定指标及优选方法分为以下三个层次。

1. 控制井口位移之和最小方法

以待选人工岛位置为井口，控制井口位移之和最小为目标来确定人工岛位置和大小，称为"井口位移法"。如果没有预先给定待选人工岛位置，可以对给定的钻井平台选址区域划分网格，以网格节点为待选人工岛位置。井口位移法可以不进行井眼轨道设计、钻井周期及钻井成本预测，直接确定人工岛位置和大小。对于单靶点定向井来说，该方法优选出的钻井平台位置基本上能够满足井眼轨道设计要求。但是对于多靶点定向井或水平井来说，井眼轨道设计的约束条件比较多，该方法不进行井眼轨道设计就直接选择人工岛位置，可能有时根本无法满足井眼轨道设计要求。尽管该方法存在上述缺点，但是该方法考虑问题最简单，最容易求解，优选结果对钻井现场来说仍然具有一定的实用价值，也可以作为其他优选方法的初始解。

2. 控制总井深之和最小方法

以待选人工岛位置为井口，各待钻井均设计出满足地质工程要求的设计轨道，控制各待钻井的设计轨道的总井深之和最小为目标来确定人工岛位置和大小，称为"总井深法"。与井口位移法相比，无论是单靶点定向井，还是多靶点定向井或水平井，该方法的优选结果均能满足井眼轨道设计要求。与此同时，该方法控制总井深最小基本上就是控制钻井工作量最小，也更接近于控制钻井总成本最小这个最终目标，不必进行复杂的钻井周期及钻井成本预测工作，所以该方法相对较容易求解，也最有实用价值。

3. 控制钻井总成本之和最小方法

以待选人工岛位置为井口，各待钻井均设计出满足地质工程要求的设计轨道，再进行钻井周期及钻井成本预测（含平台建设费用），控制各待钻井的钻井总成本之和最小为目标

第二章 人工岛规划与布局

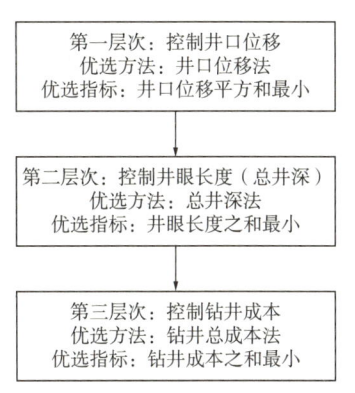

图 2-2-7 确定人工岛位置和大小的指标及层次

来确定人工岛位置和大小，称为"钻井总成本法"。与上述两种方法相比，该方法为人工岛位置和大小确定的最终目标。该方法的缺点是需要进行井眼轨道设计、钻井周期及钻井成本预测等工作，数据处理工作量大，现场应用有一定难度。

由上述分析可以看出，三种优选指标及优选方法各有优缺点，实际应用时可以以上述三个层次为顺序逐步确定人工岛位置和大小，如图 2-2-7 所示。

三、人工岛的建设形式

目前，我国环渤海滩海海域已建成投入油气开发使用的人工岛，主要形式有抛石斜坡式人工岛、袋装砂斜坡式人工岛、沉箱式人工岛和对拉板桩结构人工岛。

（一）抛石斜坡式人工岛

抛石斜坡式人工岛岛体采用砂石料堆筑而成，一般在人工岛周边建抛石围埝，中心进行土砂填芯（图 2-2-8）。其结构形式简单，设计和施工技术成熟，施工难度小，施工质量易于控制。但由于石料用量大，所以对于石料资源匮乏的区域经济性较差。另外，由于围埝内坡向岛内延伸，因此围埝区域对打桩或打井均有影响。

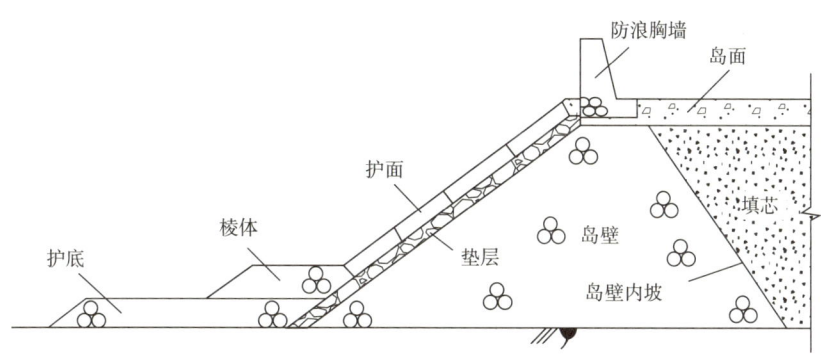

图 2-2-8 抛石斜坡式人工岛结构

大港 CH2-2 人工岛（图 2-2-9）采用了抛石斜坡式人工岛的建岛方案，围埝和引堤为抛石体结构，岛内回填砂石料和土，顶面为碎石面层。人工岛的围埝结构由砂垫层、塑料排水板、堤心石、外侧护底石、垫层块石、护面块体、内层混合倒滤层、上部挡浪墙、排水盲沟和混凝体面板组成。北侧、东侧和南侧挡浪墙较高，其上设有踏步和栏杆。根据人工岛各侧围埝所受到的波浪载荷和冰载荷不同的特点，围埝结构采用了不等

图 2-2-9 大港 CH 2-2 人工岛

强度设计方法。东侧和北侧、南侧、西侧的围埝堤分别采用了三种断面尺寸，堤顶上的挡浪墙高度和截面宽度、人工护面块体的重量、护底结构的形式和宽度等均各不相同。北侧和东侧围埝结构受波浪作用最大，断面尺度也最大，护面扭王字块重3t，网箱石笼护底宽50m，挡浪墙最高、最大，顶高程达7.0m、底宽5.5m。南侧围堰结构受波浪作用较大，断面尺度小于北侧和东侧围堰，扭王字块重2t，网箱石笼护底宽30m，挡浪墙高程6m、底宽4m。西侧围堰朝向陆地，受波浪作用最小，断面尺度最小，护面采用1t四脚空心方块，毛石护底宽10m，挡浪墙顶高程5.5m、底宽1.5m。

船舶应急停靠点结构位于人工岛的西南角，采用2组箱筒型基础结构，结构断面分为箱筒型基础结构、钢筋混凝土空心方块、管线沟、面层、附属设施、回填块石。箱筒型基础结构由4个呈正方形排列的钢筒和混凝土顶盖板组成，每个钢筒直径9.5m、高8.5m，顶板边长22.8m。在2组箱筒型基础结构的顶板上放置钢筋混凝土空心方块，其内回填块石，然后浇筑面层。

人工岛井场陆域设计顶标高为+4.50m，平均泥面标高-2.80m。井场内回填分两层，第一层水下回填中粗砂，厚度为5.30m；第二层陆上回填土，厚度为2.70m。井场顶面铺设石碴，厚度为0.8m，回填量总计厚度为8.80m。从泥面标高-2.80m至设计顶标高+4.50m，高度为7.3m，总计预留竖向沉降量1.50m。

（二）袋装砂斜坡式人工岛

袋装砂结构的土工膜袋是一种新型土工合成材料的土工织物袋，具有抗拉强度高、透水性和反滤性好、耐腐蚀性和抗微生物侵蚀性好、质地柔软、重量轻、不缩水、价格便宜、易于加工和储运等优点，广泛应用于我国水运和水利行业的护岸、围堤造地、防坡堤及堤坝工程。袋装砂斜坡堤能因地制宜，就地取材，特别适合石料资源匮乏、自然砂源较为丰富、能就近采取、取砂费用较为低廉的地区。它利用土工织物的加强作用，使得堤身整体性较好，适应软基变形，适用于潮间带、水下低滩的堤坝工程，施工作业面大，施工速度快、周期短，并能与岛心吹填砂紧密结合，相互依托。

冀东NP1-1人工岛采用了袋装砂斜坡式人工岛的建岛方案，岛壁采用内外侧袋装砂双棱体，中间吹填堤心砂（图2-2-10）。人工岛根据使用要求确定，浅水段（滩面高程0m以上）采用一级斜坡，深水段（滩面高程0m以下）采用二级斜坡，中间设宽4.0m的消浪平台，外坡坡度为1∶2~1∶2.5，内坡为1∶1。堤身棱体分为两级：第一级棱体由滩面填筑至设计高水位以上，棱体顶标高+3.5m；第二级棱体填筑在第一级棱体及吹填砂上，填筑至防浪墙及垫层下。浅水段（滩面高程0m以上）采用袋装砂斜坡堤，深水段（滩面高程0m以下）采用袋装砂斜坡堤与袋装碎石、袋装砂混合堤两种方案。袋装砂斜坡堤：一级和二级采用内外袋装砂棱体，中间为吹填砂填芯。袋装碎石、袋装砂混合堤：+1.0m以下一级外棱体采用袋装碎石棱体，其余采用袋装砂棱体。护面结构如下：靠近现有海塘的高滩段，波浪较小，具备陆上施工条件，采用灌彻块石护面；浅滩波高不大的进海路，采用栅栏板护面；东线进海路的东侧和北侧护面，采用四脚空心方块；深水坡高较大时，平台坡面以下采用扭王字块体，平台以上坡面采用四脚空心方块。

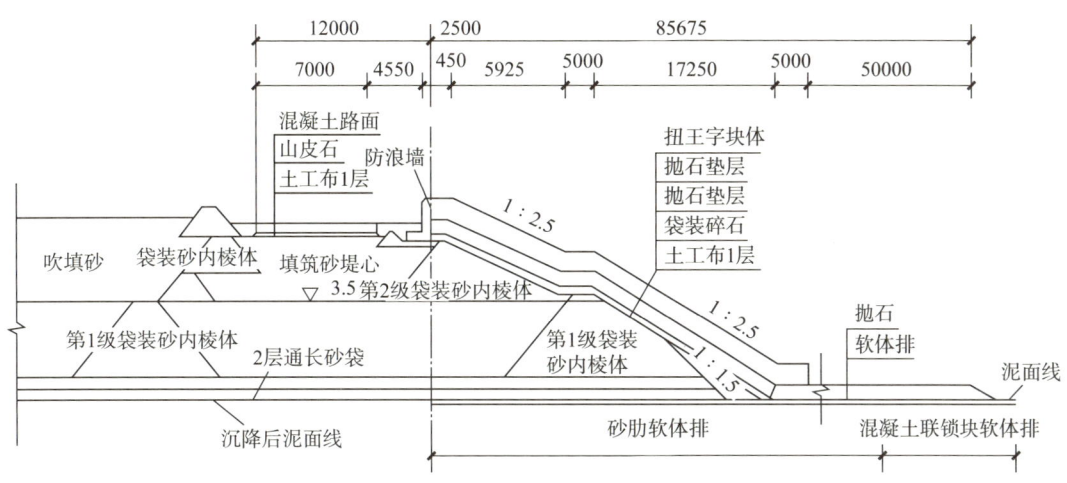

图 2-2-10 冀东 NP1-1 人工岛断面结构示意图

（三）沉箱式人工岛

沉箱式人工岛有混凝土结构和金属结构两种类型，由于可以陆上预制、海上安装，因而具有建设期短、施工方便、使用寿命长、填土量小和投资相对较低的特点[4-5]。

"中华第一人工岛"——张巨河人工岛（图 2-2-11）采用了沉箱式人工岛的建岛方案，形式结构为圆形，岛壁为钢筋混凝土结构，其模板由薄钢板预制成双壁环形沉箱式结构，采用桩基础。岛壁外径为 63.6m，内壁最小直径为 60m（下部）。该岛沉箱式钢模，采取在岸边预制，应用气垫技术，气垫整体垫升，用绞盘和两栖牵引车通过滩、海牵航至岛址就位，于 1992 年 5 月 21 日一次牵航就位成功。

图 2-2-11 张巨河人工岛

张巨河人工岛的岛壁为混凝土结构，由 36 根 $\phi 1.3m$ 的灌注桩支撑整个岛壁的重量；岛心为回填山坡土，在岛心打基础桩支撑岛内全部工艺设备载荷和生活楼；岛面由岛心基础支撑岛面承重梁，在梁上铺设混凝土面板，并布置钻井工艺设备和两台吊机及生活楼，岛面下层为灌区、通风系统、排涝系统等；在岛壁外侧采用了抛石护坡，防止冲刷和淘空。

（四）对拉板桩结构人工岛

对拉板桩结构人工岛是从"构件+毛石"修筑进海路和人工岛的方法发展来的。具有成本低、效率高、适应广、不需要大型作业船舶和设备的优点，较好地解决了滩海地区"海上设备上不来、陆上设备下不去"的施工建设问题。

对拉板桩结构可以概括为"构件陆上预制，海上组装，先筑墙，后填充，桩深扎，梁定位，板挡毛石，将桩、板、梁和毛石四者有机结合成一整体，形成钢筋混凝体构件护面的毛石坝，在坝上加高，即成进海路和人工围堰"（图 2-2-12 至图 2-2-15）。具体讲即为陆地提前预制桩板联体、定位桩板联体、定位梁、板板联体、挡浪墙板、挡浪墙顶板、铺路板等钢筋混凝土构件。施工时，首先向海底打入深度为 5~8m 的两排桩板联体构件，在两排桩板联体之间扣上定位梁，将构件互相扒住，组成开口沉箱，中间充填毛石，露出水面形成岛壁的基础，其上再安装板板联体，在板板联体内布设钢筋、现浇混凝土，板板联体两边再抛石，在板板联体中间安放挡浪墙预制板加高岛壁，在内侧填砂外侧抛填毛石和护面块体即成人工岛。

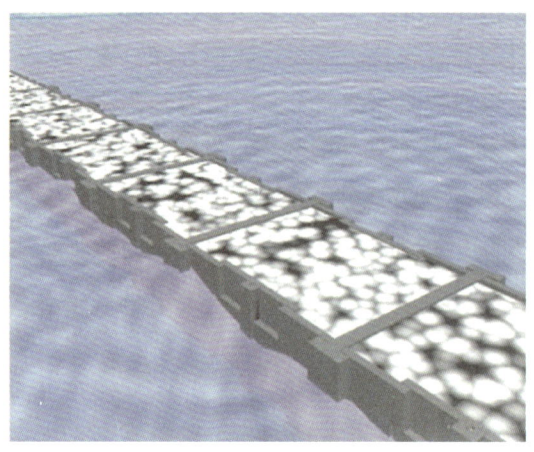

图 2-2-12 对拉板桩结构示意图

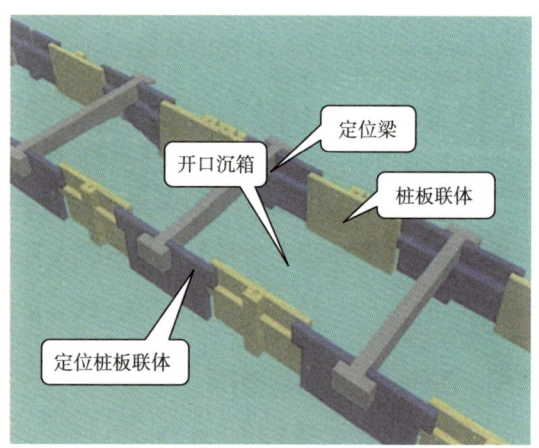

图 2-2-13 填充毛石形成基础

图 2-2-14 板板联体安装

图 2-2-15 安装挡浪墙顶板

大港 CH1-1 人工岛采用了对拉板桩结构人工岛的建岛方案，陆域岛心分三层回填。底层使用中粗砂，从泥面回填至标高 +1.0m 处，经一段时间固结后，上层用土回填至标高 +3.7m，岛体顶面场地再铺设碎石至设计标高。CH1-1 人工岛的东侧和北侧为强浪向，围埝采用桩基抛石斜坡堤组合结构。其结构由砂垫层、塑料排水板、堤心石、外侧护底块石、垫层块石、扭王字块护面体、内侧混合倒滤层、灌注桩承台和防浪墙组成（图 2-2-16）。

北侧围埝长183.5m，东侧围埝长167m，北侧和东侧围埝之间用90°的弧线连接。东侧和北侧内侧挡浪墙位于灌注桩台上，顶标高+9.0m，外侧防浪墙顶标高+5.2m，两侧防浪墙之间为6.3m宽的通道。南侧围埝长163.5m，采用桶形基础，上部结构由H形空心方块、盖板和胸墙、面层、附属设施、回填块石、抛石棱体混合倒滤层和防浪墙组成，后侧防浪墙顶标高+7.0m。西侧围埝长145m，采用传统的抛石斜坡堤人工护面块体结构，其结构由砂垫层、塑料排水板、堤心石、外侧护底块石、垫层块石、四脚空心方块护面块体、内侧混合倒滤层和路面结构组成（图2-2-17）。

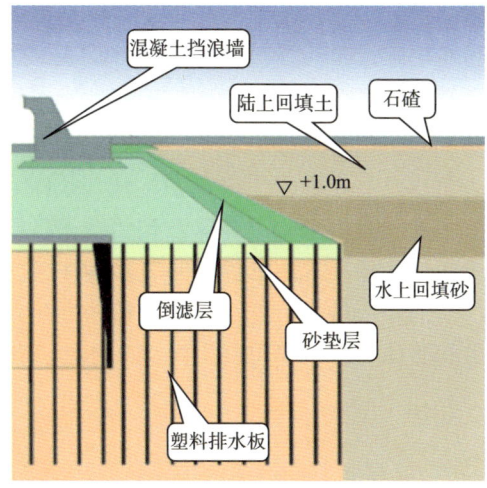

图2-2-16 CH1-1人工岛岛体

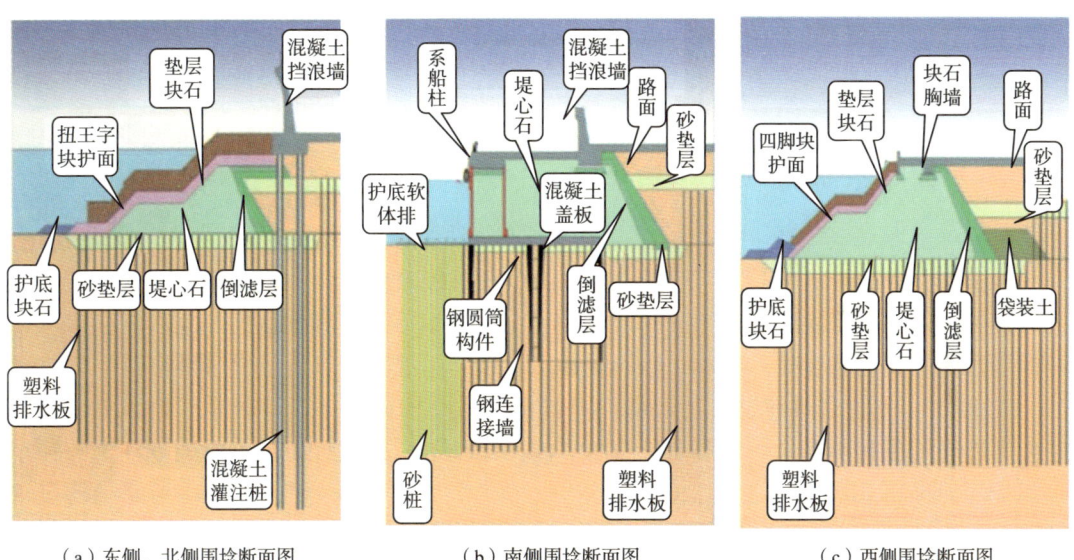

（a）东侧、北侧围埝断面图　　（b）南侧围埝断面图　　（c）西侧围埝断面图

图2-2-17 CH1-1人工岛的岛体基础、围埝和岛心结构

四、进海路建设

进海路是人工岛连接陆岸的配套工程，除作为车辆通道外，还具有铺设管道和各类电缆的功能。渤海滩海的进海路需要在风暴潮、严重冰情、海床软基础，以及地震等极端环境条件下保持结构的安全、稳定和基本功能的运行。同时，为减少对滩海海洋环境的干扰，国家有关法规要求在一定条件下进海路需设置如栈桥等透流措施。经过多年的不断创新和工程实践，进海路技术得到不断发展，创新了多种形式，并在各种滩海环境条件下得到成功应用。

（一）对拉板桩结构进海路

在人工岛建设的早期，进海路多采用土石结构的海堤路形式。这种形式的结构虽然简单易行，但建筑土方量大，对极端环境的承受力差，维护工作量大，建设和运行成本高。为解决这一矛盾，大港油田在建设 CH1-1 人工岛和 CH2-2 人工岛工程中，不仅研发和完善了对拉板桩结构进海路及相关技术，同时，还研发了石基础和混凝土预制构件组合结构进海路和插入式箱形进海路等多种技术，以适应不同的条件和需求。

对拉板桩进海路采用双排板桩通过拉杆对拉，中间填以块石的结构形式。结构主要由桩板联体和定位梁组成（图 2-2-18）。

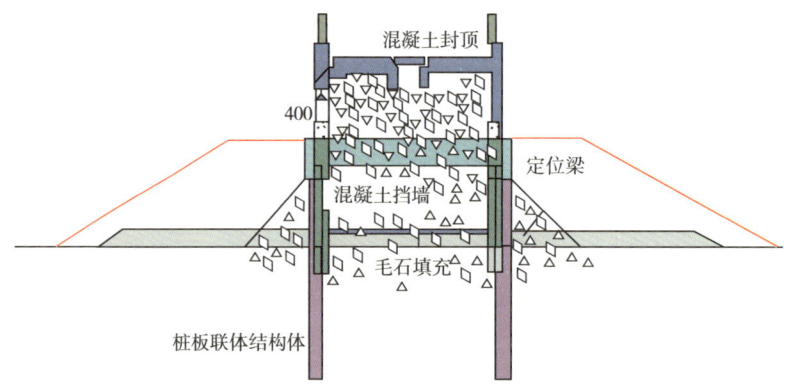

图 2-2-18　对拉板桩进海路结构

施工时，首先向海底打入深度为 3~5m 的两排桩板联体构件，在两排桩板联体之间扣上定位梁，将构件互相固定，组成开口沉箱，中间充填毛石。露出水面一定高度后，再在两侧构件上浇筑钢筋混凝土挡墙，达到设计标高后，用混凝土封顶成进海路路面。

在 CH1-1 人工岛进海路工程经验的基础上，对结构机理、设计计算理论、工程适用条件等进行了深入研究，完善了对拉板桩进海路结构的工程设计方法，由大港油田与冀东油田、辽河油田共同编制完成了 Q/SY 1144—2008《滩海对拉板桩及袋装砂道路结构设计规定》企业标准。

依据这一标准，对 CH2-2 人工岛进海路进行了设计和施工（图 2-2-19）。CH2-2 人工岛进海路对拉板桩段全长 3868m，路基宽 7.0m，高程 1.8m。路面南侧预留管线沟，北侧预留电缆沟，路两侧设置了护轮坎和安全警示桩，每隔 500m 左右设置 6.6m×40m 错车台一个。工程投产后，经长期运行并经历了多次风暴潮和重冰考验，证明了工程的良好耐受能力和适用性。

（a）进海路管线

（b）进海路路面

图 2-2-19　CH2-2 人工岛对拉板桩进海路

（二）透流结构进海路

进海路会对潮汐、海流和海冰的流动产生阻拦和干扰，从而影响海洋环境，同时，海洋环境作用也会对进海路的结构安全和稳定产生破坏，影响正常的生产作业。为控制对海洋环境的影响，自然资源部在2007年发布的《关于加强海上人工岛建设用海管理的意见》中规定："建设连陆人工岛，在海图水深1m以深海域应当采用岛桥方式连接。"按照规定，当进海路位于海图水深1m以深的海域时，需要设置类同栈桥的透流结构。

具有透流结构的进海路一般包括两种，分别是箱桶形基础透流结构和箱涵基础透流结构。

1. 箱桶形基础透流结构

作为典型的路岛透流结构，海上栈桥基本上都是由桩基栈桥和两端的引桥部分组成，但此类结构施工工程量大，对滩海浅水软土地基海域的海洋环境会造成较大影响，而且建设成本较高。

在箱桶形基础成功应用于软土海床防波堤、围埝及码头的基础上，大港油田创新研发了适用于滩海淤泥质海底的新型箱桶形基础透流栈桥结构，并在进海路工程中得到成功验证和应用。箱桶形基础栈桥结构由下部箱桶形基础、桥墩柱、横梁、路面板，以及上部路面结构组成。

CH2-2人工岛进海路箱桶形基础栈桥结构共采用8组箱桶形基础结构。每组箱桶形基础结构由4个直径8.0m、高8.5m的钢圆筒连接而成，组成的箱桶形基础栈桥结构总长158m，其中透流段15跨，每跨10.0m。栈桥路面南侧预留管线沟，北侧设置电缆沟，路面板为预应力空心板，在路面板上铺设路面层。路面板两侧分别为管线沟箱梁和电缆沟箱梁，管线沟箱梁和电缆沟箱梁外侧为防冰斜面空心板。

施工时，箱桶形基础结构在陆上预制，气浮运输至安装现场定位后，对基础抽气负压下沉入泥，至设定深度后再浇筑桶基顶部混凝土顶板、桶间连接墙，以及桥墩柱等，然后将箱桶形基础结构继续下沉到位。路面板、管沟箱梁和抗冰斜面空心板置于横梁上，并与横梁焊接以抵抗波浪浮托力和冰作用力。基础结构沉降稳定后，浇筑混凝土路面。施工中的箱桶形基础透流结构和筑成的栈桥如图2-2-20所示。

（a）箱桶形基础透流结构　　　　　　　　（b）筑成的栈桥

图2-2-20　施工中的箱桶形基础透流结构和筑成的栈桥

箱桶形基础栈桥结构沉降量小，稳定性好，适用于软土地基。与传统的栈桥结构相比，施工便捷，无须大型海上工程设备，对水深的变化适应性强，工程造价相对较低。

2. 箱涵基础透流结构

箱涵基础透流结构由下部箱涵基础和上部路面结构组成。箱涵基础结构由钢筋混凝土顶板、底板、竖肋板和裙板构成，沿路轴线的横断面为矩形，垂直于路轴线的纵截面为梯形，底板下侧外周带垂直裙板。箱涵透流栈桥结构断面如图 2-2-21 所示。

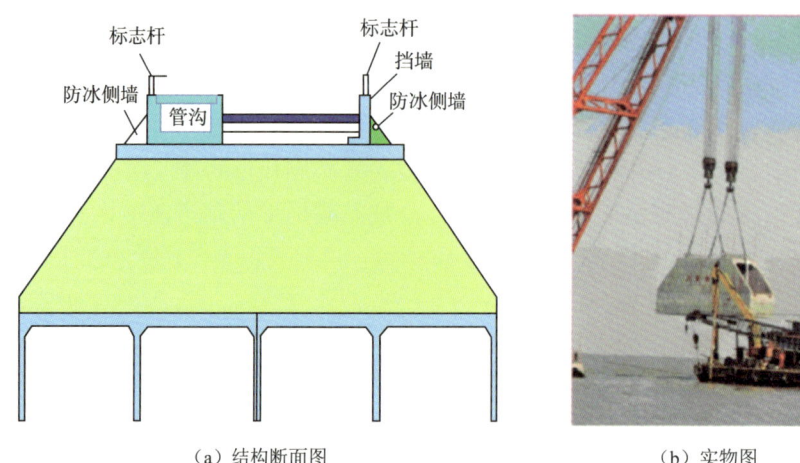

图 2-2-21　箱涵基础透流结构

透流箱涵结构为大体积刚性空腔体结构，结构件自重较小，路基的承载力较高，过流量大，对水深、波浪和潮流的适应性较强，沉降量小，施工简便，工程造价较低。

施工时箱涵基础透流结构在陆上预制，采用起吊拖运或者气浮拖运至海上预定工位，现场定位安装后，进行上部混凝土路面施工。小规模建造，起吊拖运方案采用拖轮和浮驳运输；大规模建造可以采取气浮拖运方案，用拖轮拖航，气囊和浮筒助浮，由于辅具可多次重复使用，故可降低运输费用。

上部行车路面结构由碎石垫层、水泥稳定碎石路基、混凝土路面层和磨耗层组成。行车路面两侧的管沟、电缆沟、挡墙、标志杆、防冰侧墙均为现浇混凝土结构。管沟盖板为预制构件。箱涵基础透流栈桥如图 2-2-22 所示。

图 2-2-22　筑成的箱涵基础透流栈桥

第三节　人工岛井场及井口布局

一、井场布局

人工岛建设成本较高、难度较大，每增加 1m³ 都需要很大的投入，可以称得上是寸土寸金。对滩海人工岛钻井井场布局的研究主要是为了解决在有限的面积上实现钻井井场的安全、合理布局问题。人工岛井场必须设计钻机工作区、钻井液循环系统工作区、动力系统工作区、材料存放区、现场办公区、辅助作业区及井场通道等（图 2-3-1），以满足钻井过程中各部分功能正常实现的要求，保证安全可靠生产。

（1）钻机工作区。

钻机工作区指钻机安装、工作所占有的区域。该区域包括以井口为中心钻机自身所占领的区域、钻机安装时所需要的区域、钻机工作时管柱处理所需要的区域及钻机工作时周边配套设施所需要的区域。以 ZJ70D 钻机为例，在钻机安装时，其前方应有宽 20m、从井口中心外延不小于 50m 的工作空间，以满足钻机安装作业要求；钻机正常工作时，有从井口中心外延不小于 35m 的工作空间，以满足钻机管柱处理要求。

（2）钻井液循环系统工作区。

钻井液循环系统工作区主要安装钻井液循环罐、工业水罐、污水罐、岩屑收集装置、钻井液处理设备、钻井泵及高压管线等设备。此工作区的功能是完成钻井液的供给和净化处理及钻井液的循环。

（3）动力系统工作区。

动力系统工作区由发电机组及气源房组成，主要功能是为钻机提供动力。动力系统工作区与钻机之间通过电缆连接，与材料供应区的燃油罐通过管线连接，保证燃料供应。

（4）材料存放区。

材料存放区主要用于存放钻井作业所需的各种材料和燃料等，可根据材料的不同属性和使用特点等分成多个子区域。

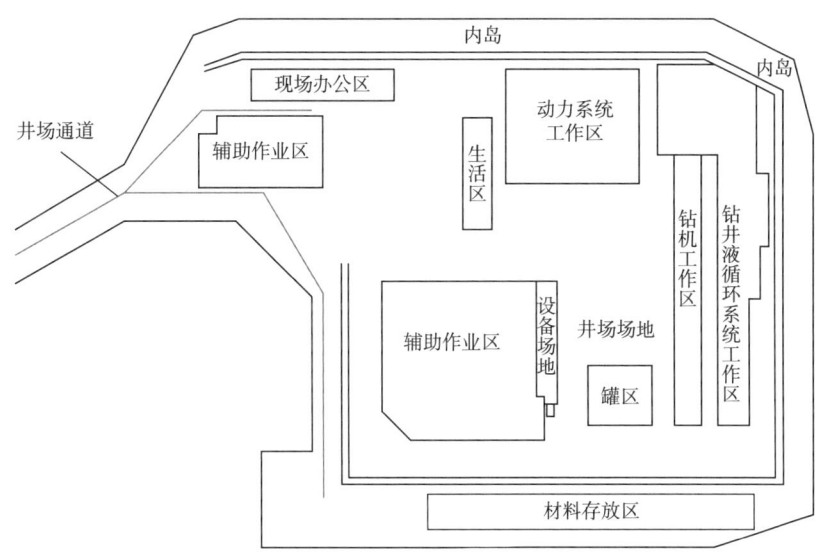

图 2-3-1　CH2-2 人工岛井场布局

（5）现场办公区。

现场办公区由一系列办公营房组成，主要满足钻井作业时现场办公的需要。现场办公区应设在距离井口较远、道路畅通、安全、有利于防火、便于逃生的区域，以保证办公人员的安全。

（6）辅助作业区。

在辅助作业区内主要安装辅助作业设备（如固井设备），辅助作业区的位置根据现场工况而定，可分为多个工作区域。

（7）井场通道。

在人工岛井场内必须设有井场通道，主要用于运送钻井材料、钻井岩屑及井场逃生。井场通道的宽度必须满足运输车辆的行驶要求，同时井场通道应能够到达每个装卸点。

二、井口布局

地层储量和钻井工艺允许的情况下，在人工岛有限的面积上应尽量多布井，以提高综合经济效益。同时，井口的布局模式直接影响到钻机的选型及配套。早期的人工岛中一般采用常规地面井口布局模式进行人工岛作业，后期建立的人工岛则多采用井口槽式井口布局模式来提高布井及钻采效率[6-7]。

（一）布局类型

人工岛开发的主要特点是在有限空间内实现尽可能多钻一些井。因此，对人工岛井场的布局要求十分严格，不但要满足防碰、边钻边采的原则，而且要为后续井口的调整和更新留出空间。因此，目前环渤海滩海海域主要采用的井口布局有单排井和双排井两种类型。

1. 单排井口布局

单排布井的特点是人工岛上的每个井口槽为单排井口布局。如图2-3-2所示，人工岛设计2个井口槽，但每个井口槽为单排井口布局，在使用1台钻机进行施工时，完成1个井口槽的钻井作业，需要进行钻机的搬迁。

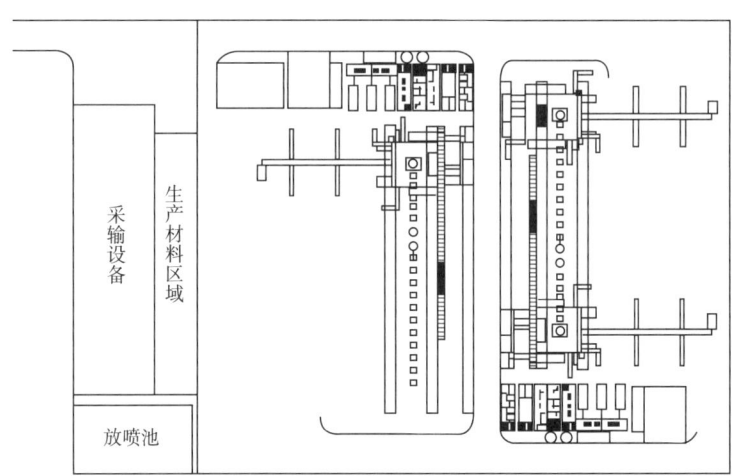

图 2-3-2　单排井口布局模式的井场布局图

2. 双排井口布局

双排井口布局与单排井口布局的区别在于两排井口布局在一个井口槽里，钻机能在两排井之间横向移动，因此井场设计的空间需要满足钻机横向移动要求。目前针对井口的布局，国内多采用双排布井。

大港油田CH1-1人工岛（图2-3-3）使用了双排井口布局。该岛占地$2\times10^4\text{m}^2$，拥有76个槽口、$50\times10^4\text{t/a}$油气处理能力。井口槽采用纵横2.5m排布，井眼密集。

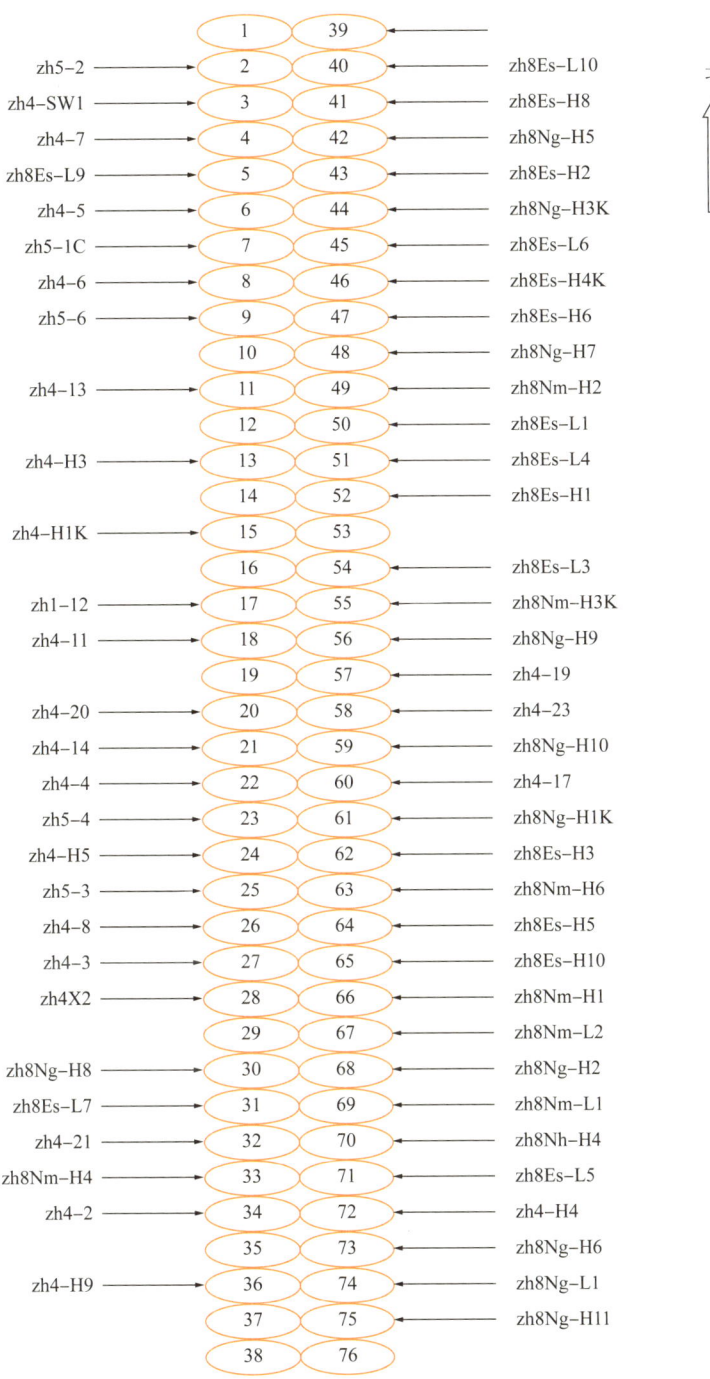

图 2-3-3　CH1-1 人工岛槽口与井号图（双排布井）

（二）布局模式

1. 井口槽式井口布局模式

井口槽式井口布局模式是在地面开挖一定深度和宽度的井口槽，井口布置在槽底，采油树不高于地面，与各类管线都布置在井口槽内。钻机沿井口槽两侧的轨道移动。井口槽式井口布局模式的特点是：井场表面整洁，钻机移动配套相对简单；但井口槽建设成本较高，有害气体不易扩散，井口槽内需加装排风、排水系统。

在渤海湾地区，大港油田CH人工岛、冀东南堡油田先导试验井场、冀东NP1-1人工岛全部采用井口槽式布局模式。此种模式井口槽深度2m以上，所有井口及井口设施、管线全部安装在井口槽内，井口槽设有排风、排水系统。井口槽宽度根据配套钻机特点设计。

大港油田CH人工岛井口槽位于2条纵向轨道中间，井口槽深度为3m，长度106m，宽度8.8m。井口槽内两侧设有污油回收槽，宽度0.3m，深度0.3m。每隔一定距离设有污油回收井，污油井深度为1m，面积为$0.5m^2$。井口槽内设排风装置，可保证槽内空气流通，避免有害气体聚集。

2. 常规地面井口布局

在人工岛上也能够使用常规地面井口布局模式。在辽河月东A岛人工岛开发中，选用了该模式，双排井口布局，共布井38口，排距2.5m，井距2.7m。两侧用轨道支撑梁支撑轨道，相当于在地面上建了1个凸出的井口槽。钻机移动平台安装在轨道上，钻机安装在钻机移动平台上，这样就构成了钻机移动系统。

三、典型案例

冀东油田为了滩海的开发，2007年开始，利用吹砂造地方式先后建立5座人工岛，包括NP1-1人工岛、NP1-2人工岛、NP1-3人工岛、NP4-1人工岛及NP4-2人工岛。采用井口槽式井口布局模式，进行双排井口布局。由于井口间距小，井眼分布密集，在密集钻井时，其防碰问题凸显，因此需要进行整体布井设计。整体布井是油田区块整体开发、降低综合成本、保证钻井顺利施工的有效技术措施，其目的是有规划地使用井口，使井眼轨道合理分布，确定合理的钻井方案，防止无序钻井，减少井眼之间相互影响或碰撞的概率，避免造成井口资源的浪费。

在NP1-1人工岛上建有12条井口槽，采用双排井口布局，排距为2.5m，井间距为4m，共建有123个井口，属于密集型井口，其布井模拟如图2-3-4所示。井口槽深度为3.2m，宽度为9m。井口两侧设有污油回收槽，宽度和深度均为0.3m。每隔一定距离设有污油回收井，污油井深度为1m，面积$0.5m^2$。井口槽两侧地面2条轨道中心线之间的距离为12m。平移轨道为焊接工字钢结构，与地基采用地脚螺栓固定，与液压移动装置采用夹持式固定。轨道宽度为580mm，轨道高出岛的地面198mm。轨道中心线距离外围路内侧边线38m。

图2-3-4 NP1-1人工岛布井模型图

NP1-3人工岛位于唐山市南堡海域、曹妃甸岛西北侧，水深5m左右，共完成陆域吹填面积$26.6km^2$，长495m，宽298m。在NP1-3人工岛上采用15组丛式井口，每组有12~28个井口，其布井模拟如图2-3-5所示。截至2022年，NP1-3人工岛累计完成各类定向井、水平井 247 口，一举创造了中国大井丛井数最多纪录，井数位居同等面积人工岛世界第一。

图 2-3-5　NP1-3 人工岛布井模型图

参考文献

[1] 苏春梅，沙秋，李冰. 滩海油田人工岛工程技术与管理 [M]. 北京：石油工业出版社，2019.

[2] 李文飞，朱宽亮，管志川，等. 大型丛式井组平台位置优化方法 [J]. 石油学报，2007，32（1）：162-166.

[3] 史玉才，管志川，陈秋炎，等. 钻井平台位置优选方法研究 [J]. 中国石油大学学报（自然科学版），2007，31（5）：44-47.

[4] 李健，董诚，谢燕春，等. 一种插入式箱型进海路结构件及其建造进海路的方法：201210016423.3[P]. 2013-07-24.

[5] 邵文静. 插入式箱型进海路结构技术探索 [J]. 石油仪器，2015，1（2）：37-40.

[6] 王昶，毕思永，杨安金，等. 人工岛井口方式对比分析 [J]. 科技信息，2011（35）：705-707.

[7] 粘兴旺. 浅谈人工岛井口槽设计 [J]. 油气田地面工程，2008（6）：38-39.

第三章　人工岛钻井装备

在滩海地区建立人工岛的主要目的是在岛上进行钻完井作业。滩海地区存在着表层定向易产生磁干扰、浅层大尺寸井眼定向困难、井网密集防碰绕障难度大等钻井难点，因此在人工岛上进行钻井作业对钻井装备要求较高。在海油陆采钻进中使用的钻井装备均为同类产品中综合性能先进的设备，包括 ZJ70/4500DB 钻机、F-2200HL 钻井泵、DQ70/4500DB 顶驱等[1]。

第一节　钻　机

根据开发规划，在人工岛上钻进要求钻机具有较大的钻井扭矩和提升能力，能满足水平井、大位移定向井的需求；要求钻机便于运输、安装，能在人工岛井场上滑动、平移，对丛式井进行快速钻井作业。为了满足上述要求，在我国环渤海滩海地区的海油陆采作业中，常用钻机为 ZJ70/4500DB 钻机[2]。

一、ZJ70/4500DB 钻机性能及特点

ZJ70/4500DB 钻机是在冀东滩海地区使用的钻机，它是一种满足油气田深井勘探开发钻井作业要求的交流变频电驱动钻机，能够满足 7000m 钻深（使用 $4\frac{1}{2}$in 钻杆）的要求。钻机的参数是反映其工作性能的主要技术规范和指标，它是设计、制造和使用钻机的基本依据[3]。ZJ70/4500DB 钻机的技术参数见表 3-1-1。

其技术和结构特点主要有：

（1）采用一对一全数控电传动动力系统，绞车、转盘和钻井泵可实现无级调速，获得良好的钻井特性。启动平稳、传动效率高、负荷能自动均衡分配。

（2）采用国内外成熟的先进技术和结构，钻机设计、制造符合相关标准的要求，钻机的先进性、可靠性和标准化程度高。

（3）钻机采用模块化设计，便于井队现场搬家运输。由于将绞车设置在钻台高位，有效减小了钻机主体的脚印面积，节省现场基础施工工作量，整体移运性能好。

（4）绞车主刹车采用交流变频电动机能耗制动，辅助刹车采用风冷液压盘式刹车，起下钻平稳、可靠。绞车配 45kW 交流变频电动机自动送钻装置，既可实现自动送钻功能，又能在主电动机出现故障时进行应急操作，起到处理紧急事故的作用。

（5）转盘采用电动机独立驱动方式，转盘及其驱动装置为独立模块，拆装、运输方便。采用大扭矩气胎离合器作为惯性刹车，刹车扭矩大。

表 3-1-1　ZJ70/4500DB 钻机的技术参数

名称		技术参数
名义钻深		ϕ114mm（4$\frac{1}{2}$in）钻杆：7000m ϕ127mm（5in）钻杆：6000m
最大钩载		4500kN
立根盒额定载荷		2600kN
绞车额定功率		1470kW
最大快绳拉力		485kN
绞车挡数		2+2R，无级调速
主刹车		能耗制动
辅助刹车		液压盘式刹车
提升系统最大绳系（顺穿）		6×7
钻井钢丝绳直径		ϕ38mm
提升系统滑轮外径		ϕ1524mm
转盘开口直径		ϕ952.5mm
转盘挡数		2+2R，无级调速
钻井泵型号×台数		F-1600HL×2+FA-2200HL×1
最高工作压力		51.7MPa
井架型式及有效高度		"K"形；45.46m
底部跨距		10m
二层台容量（ϕ127mm 钻杆、28m 立根）		7000m
井架、底座起升方式		旋升式（一次穿绳连续起升）
钻台高度		10.5m
钻台面积（长×宽）		13.9m×12.67m
净空高度		9m
柴油发电机组		1200kW×4
辅助发电机组		500kW×1
传动方式		AC-VFD-AC
交流变频电动机	绞车主电动机	800kW×2
	自动送钻电动机	45kW×1
	F-1600HL 钻井泵电动机	600kW×2×2
	FA-2200HL 钻井泵电动机	900kW×2×1
	转盘电动机	600kW×1
电传动系统	逆变调速柜	一对一控制
	输入电压	600V AC
	额定输出电压、频率	0~600V AC，0~200Hz
	额定效率	97%
	井场防爆电路	380V/220V（三相五线制）
	钻井液管汇	ϕ102mm×70MPa；双立管、双地面

（6）钻机配 1 台 2200hp❶ 及 2 台 1600hp 高压钻井泵，每台钻井泵配 75kW 灌注泵装置，可满足高泵压、大排量钻井需要。钻井泵装置所有部件全部置于一个底座上，节省安装就位工作量。

---

❶ 1hp ≈ 0.746kW。

（7）井架、底座采用一次穿绳、利用绞车动力连续起升的旋升式结构，井架改造，加高，可沿着轨道进行前后左右移动，所有台面设备（含钻台偏房）均随底座一次起升到位。起升、下放效率高，工作稳定性好，安装拆卸方便。井架满足安装顶部驱动装置的要求。

（8）钻机可配备轨道式平移装置（高度400mm），钻机结构设计满足打丛式井及平移时过井口采油树的需求，所有钻台梯子满足两种状态（加或不加平移导轨）时的使用要求。

（9）司钻控制房集电、气、液控制及显示、监视、通信、人机界面于一体，可实现司钻对钻机的全面监控。采用集成司钻座椅，座椅左右两侧均为操作扶手箱，司钻左前、右前方设置可旋转双触摸屏，司钻操作舒适方便、视野开阔。

（10）钻机满足在环境温度 −20~50℃，湿度不大于90%（20℃时）情况下及其他恶劣情况下均可正常工作。

二、FA-2200HL 钻井泵性能参数及技术规范

钻井泵是石油钻机的重要设备，其作用是通过循环系统中的高压管汇向井底输送钻井液，用于冷却钻头、清洁井底、破碎岩石、携带岩屑和平衡地层压力等[4]。随着钻井深度的不断加深，对钻井泵的要求也不断增加。在人工岛上，需要进行大量水平井和大位移井的钻进，优质钻井泵能够提供足够水功率、提高钻井速度、节约钻井成本。目前在人工岛上使用最先进的是宝鸡石油机械厂研制的 FA-2200HL 钻井泵，其技术规范见表3-1-2。

表 3-1-2　FA-2200HL 钻井泵技术规范

型式	卧式三缸单作用活塞泵
额定输入功率，kW	1640
额定冲次，r/min	105
活塞冲程，mm	356
最大缸套孔径，mm	230
齿轮型式	人字齿
齿轮传动比	3.5122：1
最高工作压力，MPa	51.7
液缸试验压力，MPa	77.5
阀规格	API 8#
小齿轮轴轴伸长度，mm	410
联组窄 V 带规格	6 × 5ZV25J-9000
最大运输尺寸（长 × 宽 × 高），mm × mm × mm	10470 × 3555 × 3115
最大质量，kg	62000

在 FA-2200HL 钻井泵的使用过程中，必须严禁超负荷运行，如果超负荷10%，其轴承的使用寿命将会比设计寿命降低27%；如果超负荷20%，将会降低46%；如果超负荷100%，将会降低90%。推荐在80%负荷下长期使用，其轴承的使用寿命将提高110%。其性能参数见表3-1-3。

表 3-1-3 FA-2200HL 钻井泵性能参数

缸套孔径 mm	额定压力 MPa	不同冲次和额定功率下的排量, L/s					
		*105r/min	90r/min	80r/min	70r/min	60r/min	1r/min
		*1640kW	1406kW	1250kW	1094kW	937kW	
230	19.0	77.65	66.56	59.16	51.76	44.37	0.7395
220	20.8	71.05	60.90	54.13	47.36	40.60	0.6766
210	22.8	64.73	55.49	49.32	43.16	36.99	0.6165
200	25.2	58.72	50.33	44.74	39.14	33.55	0.5592
190	27.9	52.99	45.42	40.37	35.33	30.28	0.5047
180	31.1	47.56	40.77	36.24	31.71	27.18	0.4530
170	34.8	42.42	36.36	32.32	28.28	24.24	0.4040
160	39.3	37.58	32.21	28.63	25.05	21.47	0.3579
150	44.7	33.03	28.31	25.16	22.02	18.87	0.3146
140	51.3	28.77	24.66	21.92	19.18	16.44	0.2740
130	51.7	24.81	21.26	18.90	16.54	14.18	0.2363

注：*为推荐的额定冲次和额定输入功率。

三、顶驱设备与扭摆减阻系统

顶驱设备位于大钩之下，为钻柱提供转动力矩，它可以替代转盘和方钻杆，直接旋转钻柱向下钻进。顶驱设备能够完成钻柱旋转钻进、循环钻井液、接立柱、倒划眼等钻井操作。它的出现改变了传统的转盘只能接单根不能接立柱钻井的模式，是石油钻井设备发展的重大突破。滩海人工岛作业中，使用顶驱设备+扭摆减阻系统来提高钻进效率。

（一）顶驱设备的技术参数及性能特点

1. 技术参数

为了适应多种复杂钻井要求，我国进行了顶驱设备的研发，目前已经能够独立自主地制造顶部驱动钻井装置。以宝鸡石油机械厂的 DQ70/4500DB 和 HDQ70/4500DB 顶驱为例，其主要技术参数见表 3-1-4。

表 3-1-4 宝鸡石油机械厂顶驱设备的主要技术参数

型号	DQ70/4500DB	HDQ70/4500DB
名义钻深范围（ϕ114mm 钻杆），m	4500~7000	4500~7000
额定载荷，kN	4500	4500
最大连续钻井扭矩，N·m	52600	58000
最大卸扣扭矩，N·m	78900	87000
刹车扭矩，N·m	53000	80000

续表

型号		DQ70/4500DB	HDQ70/4500DB
主轴转速范围，r/min		0~227	0~227
保护接头与钻杆连接螺纹		Nc50	Nc50
背钳夹持钻杆范围，mm		$\phi 79.4 \sim \phi 203.2$	$\phi 79.4 \sim \phi 203.2$
背钳最大通径，mm		$\phi 216$	$\phi 216$
钻井液通道、压力，mm，MPa		$\phi 76$，35	$\phi 76$，35
主电动机额定功率，kW		315	350
主体工作高度，m	挂大钩时	5.52	5.52
	挂游车时	5.985	5.985

2. 性能特点

顶部驱动系统可以提高钻进效率，减少井下安全事故发生，是当今石油钻井的前沿技术装备，DQ70/4500DB 和 HDQ70/4500DB 顶驱具有以下特点：

（1）通常采用一台或两台交流变频电动机作为动力，经齿轮减速箱减速后驱动中心管带动钻杆旋转钻井。

（2）当使用两台主电动机作为动力时采用一对一控制，可选择单电动机工作或双电动机工作。

（3）提升系统采用自有专利技术的双负荷通道结构，钻井和起下钻采用不同的负荷通道，起下钻时钻具负荷不通过主承载轴承，有效延长主承载轴承使用寿命。

（4）自有专利技术的侧挂式对开夹紧背钳，采用四点浮动钳牙夹持钻具接头，夹紧可靠。钳体可整体上移，现场更换保护接头和 IBOP 方便快捷。

（5）配有液压盘式刹车装置，可在定向造斜钻井作业中辅助钻柱定向。

（6）采用单导轨形式，导轨采用双销连接并由锁销锁住的机构，拆装简便。

（7）液压泵、液控阀组、密封件、轴承等关键元件采用进口件，确保工作可靠。

（8）采用集中供电系统，只需给顶驱电控房输入 600V 50Hz/60Hz 的交流电，即可满足顶驱的所有用电要求。

（9）控制回路采用两套可编程控制器（PLC）的冷冗余方式，PLC 通过现场总线技术组成 Profibus-DP 网络，具有安全互锁、监控、报警、自诊断等多项功能，保证系统工作安全可靠。

（10）设有二层台防爆控制盒，使井架工可在二层台控制旋转头旋转和吊环倾斜，方便井架工作业。二层台防爆控制盒可由司钻在司钻操作台上关闭。

（11）电缆和液压管线均采用快速连接，现场装拆方便。

（12）采用模块化设计和包装，运移和现场安装方便快捷。

（13）拥有用于海洋钻井工况的特殊设计。

这些突出的特点使得顶驱设备具有节省接单根时间、倒划眼防止卡钻、下钻划眼、节省定向钻进时间的优势，并且能够保证人员安全、井下安全、设备安全、井控安全，便于维修和拆卸方便，维修保养费用低。

(二)顶驱扭摆减阻系统

随着国内外非常规油气逐步进入规模化开发,长水平井、大位移井、三维复杂轨道井被大量采用,钻进过程中摩阻大、钻具屈曲自锁、滑动导向困难等问题愈益突出,迫切需要一种经济有效的减阻钻进工艺。

为解决上述问题,在滑动钻井模式下,通过增加一套控制系统,利用顶驱在安全的扭矩范围内来回摆动钻柱,使得从井口以下到某一井深的上部钻柱变滑动为往复周向运动,降低滑动钻进钻柱轴向摩阻,提高滑动钻进效率,延长水平井水平段长度,降低钻头上脱压问题的发生。其具体实现方式是,以顶驱定角度旋转为基础,对顶驱进行连续正反向旋转定位。该方法在我国滩海人工岛上得到了广泛的应用,目前主流的 70D 系列钻机上都已配套了顶驱扭摆减阻系统。

1. 顶驱扭摆减阻系统的工作原理

在定向井钻井过程中一般会存在以下几点问题:调整工具面困难、稳定工具面困难、井下摩阻大导致托压严重、井眼轨迹不佳,其问题在于钻进过程中管柱与井壁是静摩擦,摩阻扭矩较大,如图 3-1-1 所示。

针对这些问题,顶驱扭摆减阻系统采用"纳鞋底"技术,将静摩擦转化为动摩擦,从而减小摩阻、减小托压、快速调整工具面,提升机械钻速,增加水平段长度,扭摆减阻系统技术原理如图 3-1-2 所示。

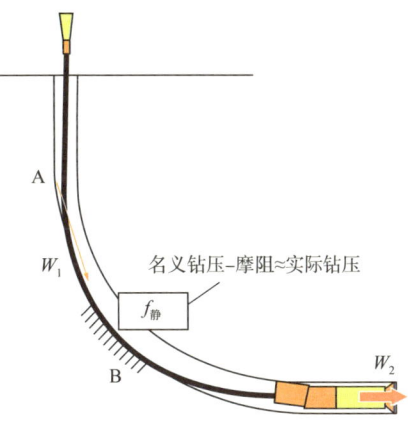

图 3-1-1 定向井钻进过程中的问题

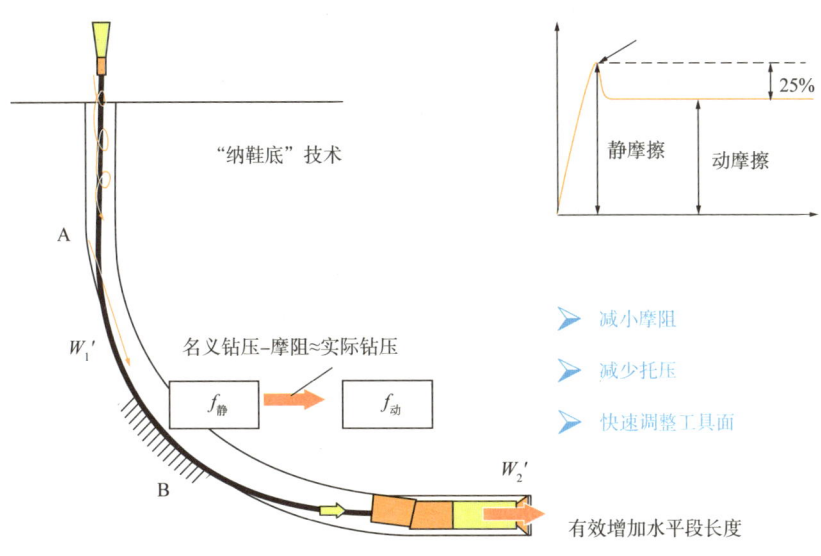

图 3-1-2 扭摆减阻系统技术原理图

2. 扭摆减阻系统组成

扭摆减阻系统的具体组成如图 3-1-3 所示,具体包括扭摆减阻系统操作面板、扭摆减阻控制系统和顶驱司钻台。

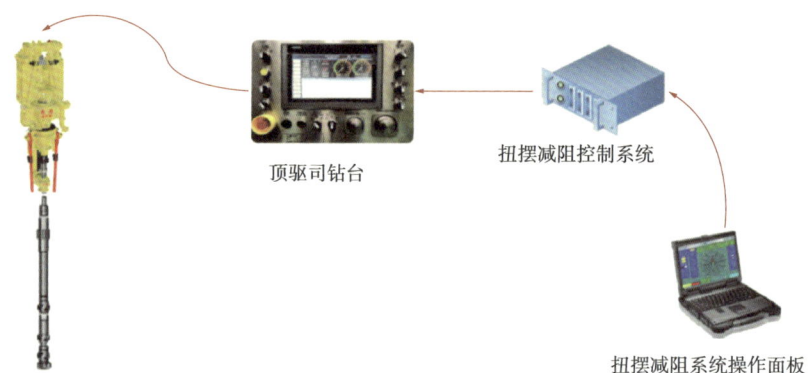

图 3-1-3 扭摆减阻系统的具体组成

该系统主要应用在定向钻井过程中,通过正、反向往复摆动钻具,减小钻具与井壁间的摩阻,使钻头施加到地层的钻压更加稳定。在顶驱硬件方面需要配置本体旋转编码器,配备人机交互系统。通过操作触摸屏,输入所需要的相应信息,完成顶驱正、反向往复操作。

3. 顶驱扭摆控制系统

目前国内有多家公司都制作了顶驱扭摆控制系统,下面对北石顶驱扭摆控制系统的使用方法进行介绍,图 3-1-4 为北石顶驱扭摆控制系统界面。

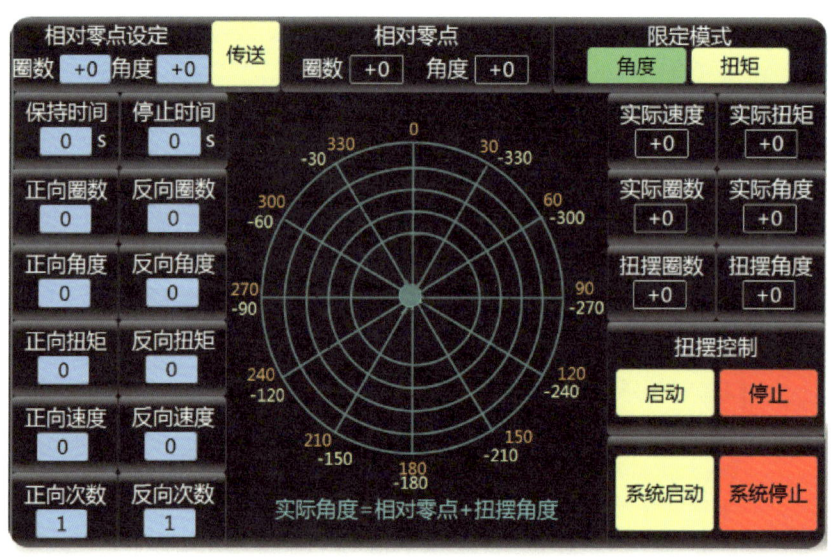

图 3-1-4 北石顶驱扭摆控制系统界面

1) 基本信息

黄色和红色部分为控制按钮;黑色部分为显示界面;蓝色部分为设置界面。

"绝对零点"指雷达图的零点,为点击系统启动时的顶驱主轴位置;"相对零点"(也叫"基准点"),指按下系统停止按钮时主轴进行扭摆正向和反向旋转的中心位置。

2) 区域设定

基准点设定表示相对于上一个基准点位置的变化值,即当前基准点与前次基准点的差值（而非累加值），数值带符号。单击传送按钮，设定值有效。例如，启动系统，并假设初始"基准点"即位于"绝对零点"。首次输入"+45"度并点击传送后，顶驱主轴正向旋转45°并保持；再次点击传送后，顶驱主轴继续旋转45°并保持；如此时输入"+90"度并点击传送后，顶驱主轴将再次正向旋转90°并保持。此时主轴相对于启动系统后，共正向旋转180°，即当前顶驱主轴的"相对零点"位于180°（相对于"绝对零点"）。

正向圈数、正向角度、反向圈数、反向角度表示主轴以"相对零点"为中心正向和反向摆动的幅度。点击启动按钮时扭摆开始，数据自动刷新，设定后即时生效，点击停止按钮时扭摆回到基准点后停止；正向扭矩、反向扭矩表示主轴往复摆动时的正向、反向扭矩限幅；正向速度、反向速度表示主轴往复摆动时的正向、反向转速设定值，允许设置的转速范围为15~20r/min；正向次数、反向次数表示主轴往复摆动过程中，正向循环次数和反向循环次数（系统启动开始都是从正向开始）；保持时间表示主轴旋转到最大设定值时保持"保持时间"设定值后再进行下一个动作，停止时间表示主轴旋转到基准点时保持"停止时间"设定值后再进行下一个动作。

限定模式表示主轴往复摆动时的限制模式。扭矩模式表示主轴旋转以扭矩设定值为限幅，达到扭矩设定值后主轴停止继续旋转；角度模式表示主轴旋转以角度设定值为限幅，达到角度设定值表示主轴旋转到位。限定模式初始为角度模式，无论是扭矩模式还是角度模式，扭矩限定值均优先有效。扭矩模式下，角度输入窗口自动隐藏或者虚化，功能无效。设定区域界面如图3-1-5所示。

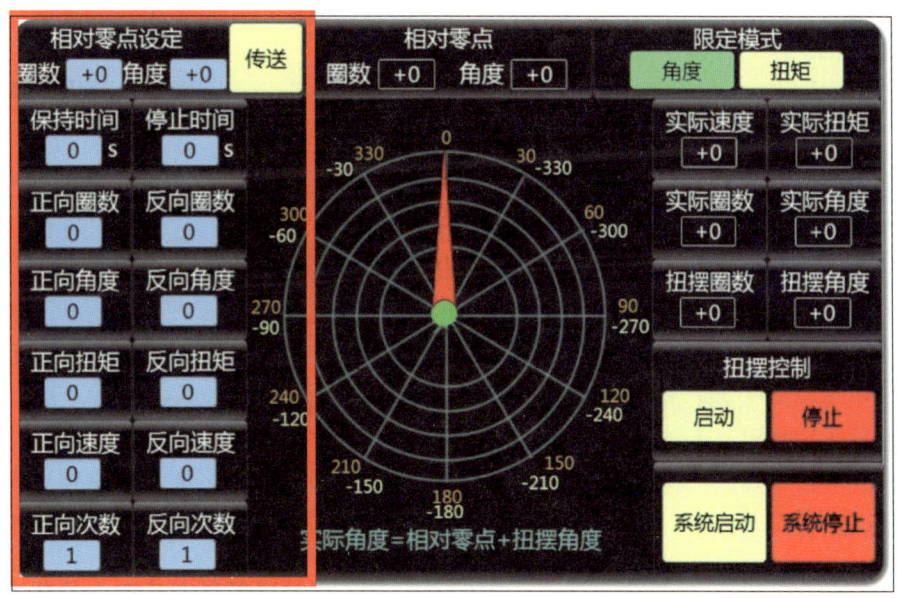

图3-1-5 北石顶驱扭摆控制系统区域设定操作

3）监视区域

在雷达图中，绿色圆点表示主轴的正向和反向的角度设定值，红色圆点表示主轴旋转的基准点位置；实际速度表示系统的实际主轴转速，实际转矩表示系统的实际扭矩输出；旋转圈数、角度表示主轴相对于基准点的实时旋转角度；实际圈数、实际角度表示主轴相对于雷达图零点（即绝对零点）的实时旋转角度，监视区域界面如图3-1-6所示。

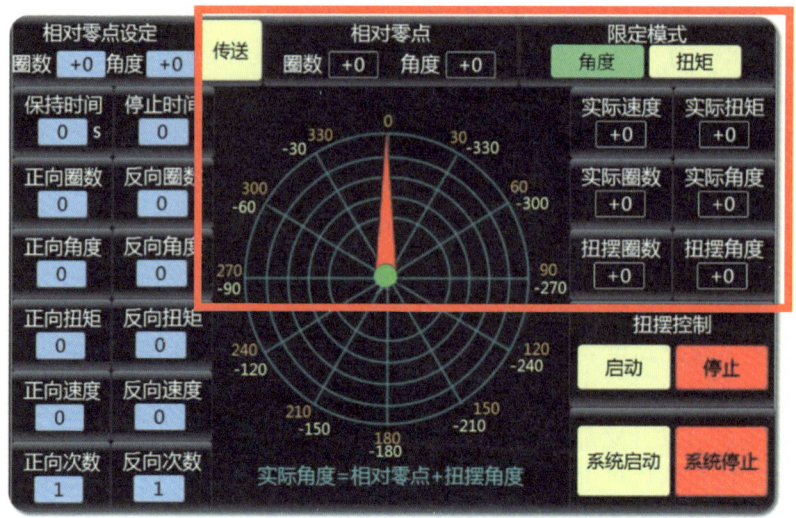

图 3-1-6　北石顶驱扭摆控制系统监视区域界面

使用扭摆减阻系统时，应注意以下情况：顶驱扭摆减阻启动时，顶驱司钻台应处于初始位置，如司钻台旋钮未在初始位置，扭摆系统不能正常启动；顶驱扭摆减阻系统停止时，主轴会旋转至初始位置后停止，按下停止按钮后，主轴可能会旋转，应确保安全后，再按下系统停止按钮；系统在进行扭摆作业时，主轴会带动钻具进行正反向旋转，正向旋转时，扭矩设定值应低于上扣扭矩的 2/3；反向旋转时，扭矩设定值应低于上扣扭矩的 1/2；系统进行扭摆作业时，正反向次数均应设置为 1 次，以使钻具正、反向交替转动，以保证扭摆的良好效果；禁止将正向次数或反向次数设置为 0 次，使钻具长时间运行在同一方向，以免发生井下异常情况。

以埕海 2-2 人工岛某井为例，该井 3200.00m 稳斜稳方位及后续降斜至 0° 的轨迹调整中，摩阻高达 200kN，定向调整轨迹时，工具面摆放困难，托压明显，随后启动钻柱双向扭转控制系统，设定扭转角度为 360°~540°，扭转速度为 10~20rpm，扭转定向进尺 166.34m，摩阻从 200kN 降至 30kN 左右，降幅 80% 以上，托压现象明显减轻，工具面控制难度降低，定向速度从 0.9m/h 提高到 2.3m/h，减阻提速效果明显。

现场测试结果表明：该系统应用起到明显地将摩阻解托压效果，提高了滑动定向效率。但当托压、摩阻、旋转扭矩大到一定程度时，添加系统的使用效果会大打折扣，依旧需要钻井液润滑和其他工程措施来维持定向作业。至于使用规律，需要依靠现场大量数据及软件计算作支撑。

第二节　滩海地区网电应用技术

柴油机作为传统的钻井机械动力源具有过载能力强的特点，可以在恶劣的环境中工作，但由于其噪声大，耗油成本高，经常面临跑冒滴漏的问题，造成了环境污染[5]。为了充分利用人工岛集中钻井的特点，达到节能环保的目的，滩海地区主要研究应用了电代油技术，引入工业网电驱动设备，减少钻井现场柴油的消耗。

2008年以来，随着大港、冀东油田端岛丛式井组的实施，为工厂化钻完井网电节能环保技术实施提供了有利条件。"油改电"的应用，一方面能够提高钻井设备工效，简化生产程序和工艺，使得设备动力性能更加可靠；另一方面也能避免废气污染，特别是消除柴油机较大的噪声污染，使井场变得宁静，有利于钻井工作者身心健康，使"绿色钻井"成为可能。

一、网电设备组成

网电设备由干式变压器、高压开关柜和无功补偿单元组成（图3-2-1），可将10kV电压转为600V。在人工岛上将10kV电网通过真空断路器和地面敷设电缆与网电设备相连，降压后通过与井队配电室连接，实现为钻机供电。

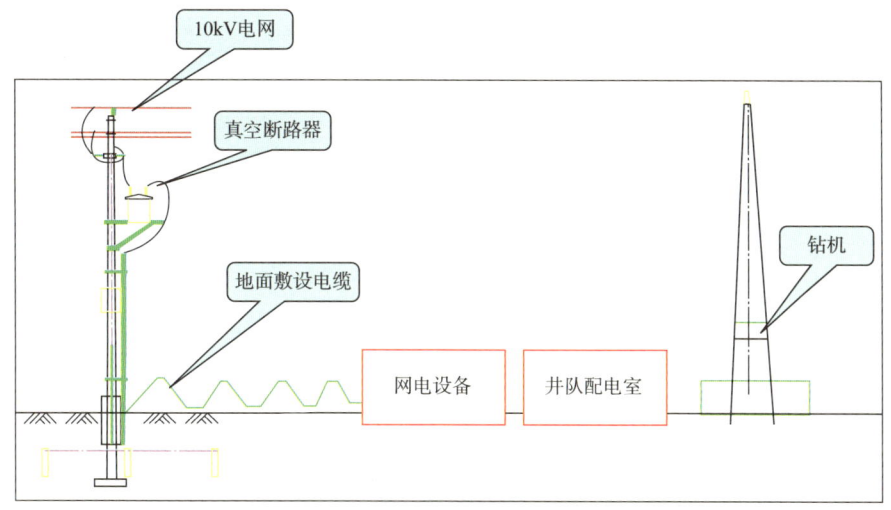

图3-2-1 网电设备组成

二、适用条件及适用区域

在人工岛上使用网电钻井技术需要配备变电站并架设线路，为保障钻机及电网的安全稳定运行，使用网电钻井必须满足以下几个条件：

（1）钻机可使用网电驱动。

在大港CH1-1人工岛，保留部分柴油发电机、SCR/MCC电控房滤波补偿装置，但在大港CH2-2、NP1-3等人工岛上钻机均已使用网电驱动。

（2）人工岛周边具有10kV线路。

冀东油田NP1-1人工岛、NP1-2人工岛、NP1-3人工岛均已具有10kV线路，具备网电钻井条件。

（3）线路的容量满足要求。

网电钻井使用前，需报供电公司核准，确保线路的容量满足要求。1条10kV线路一般能确保1部50型或70型钻机使用网电。

三、应用效果

（1）大港 CH2-2 人工岛。

CH2-2 人工岛上的网电技术应用实现了电动钻机匹配网电技术，如图 3-2-2 所示，使用电动钻机高压配电站及部分动力电缆，高压配电站与钻机动力源相互独立，输出与钻机的动力源采用软电缆连接，输入与外部工业 10kV 高压电网采用高压屏蔽电缆连接。井场 10kV 电源线路引自季家堡 35kV 变电所，变电所有 2 台 6300kVA 主变电容，满足 2 部钻机网电应用。

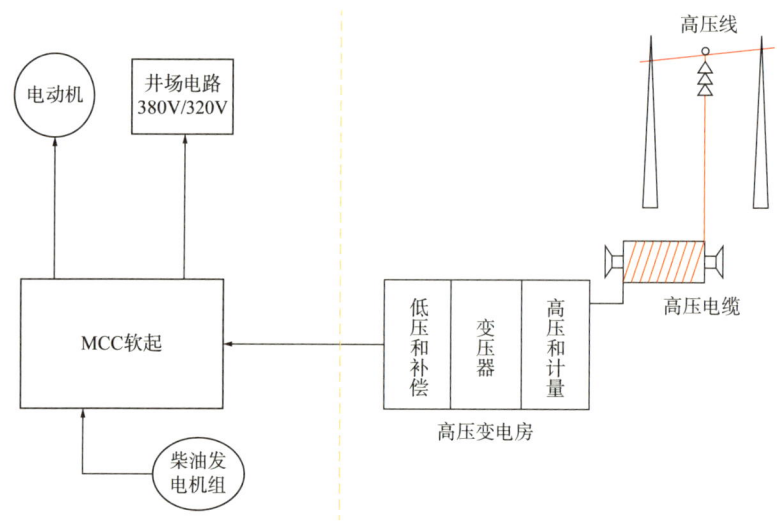

图 3-2-2　CH2-2 人工岛井场网电应用图

网电技术的应用大幅降低了钻机的能耗成本，电进尺单耗 0.035t 标准煤 /m，同比下降 54%，在 2013 年创造了 ZJ70 型钻机年进尺柴油单耗和电耗最低指标，实现了"低耗能、低排放、低噪声、低成本"的网电绿色钻井。截至 2013 年，CH2-2 人工岛应用网电驱动钻机技术，进尺 10.5×10^4m，用电 1723×10^4kW·h，节省柴油 4246t，节约能源成本 1303 万元，节省燃料成本 54%，减少 CO_2 排放 2780t。

（2）冀东南堡油田。

2019—2021 年，冀东油区累计使用网电钻井 108 井次，累计节约 4316 万元，累计减少碳排放量 5.4 万余吨。其中 NP1-1 人工岛使用网电钻井 8 井次，累计节约 319.81 万元，累计减少碳排放量 4000 余吨；NP1-2 人工岛使用网电钻井 1 井次，节约 40 余万元，累计减少碳排放量 500 余吨；NP1-3 人工岛使用网电钻井 11 井次，累计节约 439.8 万元，累计减少碳排放量 5508.58t，见表 3-2-1。

表 3-2-1　2019—2021 年冀东油田网电效益表

平台	网电井数	减少碳排放量，t	节约金额，万元
NP1-1 人工岛	8	4005.75	319.81
NP1-2 人工岛	1	502.75	40.14
NP1-3 人工岛	11	5508.58	439.8

第三节　自动化固井模块

固井是石油工程技术的重要组成部分，是油气井建井工程的"临门一脚"，固井质量直接关系到安全优质高效建井、长期高效安全生产及井区生态环境保护。传统固井存在参与施工人员多、井场设备多、作业成本高、施工工序衔接紧密性不足、劳动强度大、高压区作业风险高等问题。自动化固井可减少高压区人工操作，降低勘探开发施工风险，提升作业精准度和施工的连续性，提高固井施工质量，与滩海人工岛作业十分契合。近年来，随着计算机网络通信技术及自动控制技术的发展，国内外固井公司、相关高校在自动控制混浆系统、实时采集监测系统等方面取得了一些研究成果，研发了系列自动混浆固井水泥车和固井实时监测系统，初步形成了水泥浆密度的自动控制。

一、自动化固井模块的施工原则与作业流程

自动化固井模块的基本配置要求为：固井泵有一套自动化程序控制系统，可提前将固井水灰比、药水比例和灰量等数据输入电脑中，电脑控制整个固井过程，配有固井灰流量表，固井时保持固井灰流量在一定范围内，保证均匀的固井水泥浆密度，保证固井质量。

（一）自动化固井模块的施工准备原则

固井设备到达施工现场后的准备工作，需要遵循一系列原则，具体包括：
（1）自动化固井指挥车需摆放在高压区域外；
（2）在井口安装自动化固井水泥头时，应采取合理的吊装方式，避免磕碰；
（3）从自动化固井水泥头、自动化稳定供灰系统连接至自动监控固井水泥车的管线应短且直；
（4）连接好设备管线与相关电缆后，为相关设备供电，并打开供电开关，本地或远程启动自动监控固井水泥车底盘车，并挂上底盘取力器，确保所有PLC或其他控制硬件模块处于开启状态，将控制模式切换至远程状态。

（二）自动化固井模块的作业流程与作业参数

（1）在自动监控固井水泥车计量罐内预装 1.5~2.0m³ 清水，将自动化固井成套装备摆放在施工现场指定位置，安放隔离带。自动化固井作业流程及监控的作业参数见表3-3-1。

表 3-3-1　自动化固井作业流程及监控的作业参数

序号	固井流程	监控的作业参数
1	循环	排量
2	管汇试压	试压压力、稳压时间
3	注前置液	上水流程、用量、排量
4	预混水泥浆	预混液位、预混密度、预混水阀开度、预混灰阀开度

续表

序号	固井流程	监控的作业参数
5	注水泥浆	上水流程、用量、排量、密度
6	投胶塞	
7	注顶替液	上水流程、用量、排量
8	胶塞碰压	

（2）连接设备线缆，测试软件与相关设备的通信状态，成功建立通信后，进行设备阀门动作执行测试，通过软件对设备的阀门逐一进行开启/关闭远程控制，确认阀门动作执行正常。

（3）进行固井作业前，技术员在软件上设置循环、试压、注前置液、水泥浆预混、注水泥浆、投胶塞、注顶替液等流程作业参数。

（4）开始固井作业后，技术人员在固井指挥车内由软件自动启动各作业流程，实时查看现场作业视频、数据及相关曲线，确保自动化作业各阶段的控制指令均能正确实施。

二、自动化固井模块的组成

自动化固井模块平台主要由三个模块组成，分别是固井设计模拟模块、自动化固井施工作业实时监控模块和固井数据管理模块[6]。

（1）固井设计模拟模块。

在分析固井技术难点的基础上，综合考虑井下复杂情况，构建了套管强度校核、居中设计、下套管、冲洗顶替、浆柱结构设计、平衡压力固井及施工参数的优化设计模型，并开发了相应的模拟软件模块。该模拟软件模块，主要包括基础数据、固井设计、固井模拟模块。

基础数据包含井的基本数据、地质数据、井身结构数据、测斜数据、井径数据、钻井液数据等。基础数据模块的相关数据，可自动传值于后续套管柱设计、注水泥设计等固井设计模块，以及套管下入模拟、注水泥过程动态模拟、顶替效率模拟等固井模拟模块。基础数据模块可辅助完成各类固井设计，实现设计、仿真模拟、科研分析功能。

固井设计数据包含套管数据、居中分析结果、施工流体用量、流体返深、流体流变参数、流变学设计相关结果等。这些数据可自动传值于注水泥过程中的动态模拟、顶替效率模拟等固井模拟模块，辅助实现仿真模拟功能。

固井模拟模块中的施工流体密度、用量、泵入排量等设计数据，可自动传值于自动化固井施工作业实时监控模块。通过将密度、排量、用量等设计值自动传输至固井自动监控水泥车等自动化固井装备，实时对比设计值与从固井自动监控水泥车及自动化水泥头远程采集的监测值，根据对比结果，向自动化固井装备发送控制指令，实现软硬件一体化协同自动化固井作业。

（2）自动化固井施工作业实时监控模块。

为了更好地满足固井施工作业要求，确保固井高质量，开发了自动化固井施工作业实时监控功能模块。

该模块解决了水泥浆密度快速、精确自动控制计算，多装备、多参数、全流程自动控制等技术难题，全面设计了固井水泥车自动上水、预混、泵注浆体、阶段自动切换、停泵、泄压、停止泄压等功能，实现了水泥浆快速、精准、自动混配与泵注；设计了稳定供灰系统进气口、出灰口阀门比例控制功能，实现了施工过程中灰量与气量压力全程稳定控制，保障了固井施工灰量供应稳定；设计了固井胶塞自动控制、闸阀流道自动切换等功能，实现了对井口压力、泵注排量、流体密度等施工参数的精准连续监测与采集，结合现场实际工况，通过实时对比、优化调整设计值，实现了对固井施工全流程各阶段的自动化控制；设计了视频信号采集与存储功能，实现了对固井施工关键位置（如施工现场、循环出口、计量罐、混浆罐等）的实时视频监视与远程传输，可进行事故预警。

该模块可搭载于施工现场自动化固井指挥车，基于施工现场网络通信设备，实现施工参数采集与传输，并与设计值进行对比分析，根据现场施工情况实时控制固井作业，实现试压—泵注—胶塞释放—替浆—碰压等固井全流程多工序自动化作业。也可通过"启动服务"，采用连接服务的方式，实现固井远程监控指挥总部对现场作业的远程监测与高效指导。

（3）固井数据管理模块。

固井数据管理模块，针对固井施工区域广、工作量大，固井技术人员在获取施工参数、固井施工设计、固井质量分析、固井工作液实验报告等资料时存在搜集资料烦琐、耗时长、人工成本高、数据缺失或不全等问题而开发。具体而言，设计了固井设计模拟、固井自动监控、固井测井解释及分析、固井试验数据自动采集与管理等功能，主要用于固井施工前、施工中和施工后，分析与管理固井全过程数据。固井施工前，综合多因素进行设计分析、模拟；固井施工中，采用自动控制方式作业，减少人为因素影响，有效保证固井质量。

固井设计模拟结果、自动化固井施工数据及视频、固井质量解释、试验数据等原始资料可自动存储于该模块，实现单井固井全过程资料信息的数据存储与管理功能；同时，根据关键词分类，可快速筛选不同作业时间、不同作业区块、不同井型井别、不同套管固井类型、不同项目部等条件的已固井全过程数据信息，为后续同区块、同类型井的固井设计与高质量施工提供优化方案。

三、滩海地区自动化固井模块应用

自动化固井技术已经在大港油田、冀东油田、辽河油田得到了广泛应用。应用范围涵盖表层套管、技术套管及生产套管、尾管回接固井，涉及直井、定向井和水平井等井型。自动化固井模块包括自动节流管汇系统（图3-3-1）、中央控制系统（图3-3-2）及固井井筒压力控制硬件与软件系统（图3-3-3）。自动化固井模块的应用，大幅提升了固井作业的连续性和施工质量，降低了现场劳动强度及高压区作业风险。

图 3-3-1　自动化固井模块自动节流管汇系统

图 3-3-2　自动化固井模块中央控制系统

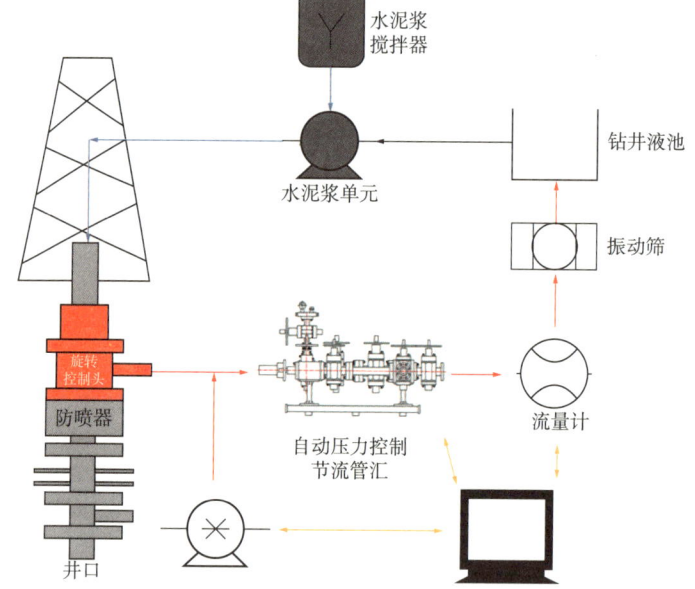

图 3-3-3　固井井筒压力控制硬件与软件系统

参考文献

[1] 赵贤正，周立宏，刘文钰，等. 大港沿海滩涂区油田建设配套技术与应用 [J]. 石油学报，2019，40（3）：350-356.

[2] 王颖，梁茵. 完成冀东人工岛钻机设计 [N]. 中国石油报，2007-06-14（002）.

[3] 石油工业安全标准化技术委员会. 钻井井场、设备、作业安全技术规程：SY 5974—2007[S]. 北京：石油工业出版社，2007：10.

[4] 马振国，张新桥，唐晓庆. 钻机泥浆泵工作原理及日常维护 [J]. 设备管理与维修，2022（1）：58-59.

[5] 何东升，范强. 钻井机械 [M]. 北京：石油工业出版社，2019.

[6] 中国石油集团工程技术研究院有限公司. AnyCem 自动化固井技术与装备——国际首创自动化固井工艺技术 [J]. 石油化工应用，2021，40（11）：124.

第四章　钻井设计

滩海的自然条件和陆地不同，在选择钻完井方案时要使钻井工艺适应这些条件。钻井工程方案的选择应在满足采油工艺要求的前提下进行优化，以能够保护好油气层、平台数量最少、建设投资最低的钻井方案为最优方案[1]。在滩海地区采用海油陆采技术时经常面临井组防碰难度大、浅地层大井眼造斜困难、井斜角大、裸眼段长等施工难点，因此在实际钻井作业前应该进行合理的轨道设计和井身结构设计[2]。

第一节　井组整体防碰设计

在海油陆采作业时，针对建设的人工岛，需要进行井组整体设计，包括对区块内目标进行确定，对靶点的分布特征进行分析，对槽口进行分配。因此，如何进行靶点和井口的合理对应与规划，如何进行防碰绕障的设计和井眼轨道优化设计就十分重要。

一、人工岛井口—靶点总体布局规划

在井组整体设计时，为了保证丛式井单井轨道设计最短，避免钻井成本过高并防止丛式井间轨道相碰，需要进行人工岛井口—靶点总体布局规划[3]。以渤海地区为例，首先对目的层进行确定，对区块的靶点分布特征进行了解，进而对井口与靶点相对位置关系进行研究。

（一）靶点分布特征

滩海人工岛上的靶点分布是根据滩海地区地质油藏特征进行规划的，需要注意的是，滩海地区的特点是造斜点浅，上部地层松软，以大港 CH1-1 人工岛的靶点特征（图 4-1-1）为例进行介绍，可以发现其地下靶点分布密集，因此一定会面临严重的防碰问题。为了尽量避免各井在钻进过程中于平面上交叉，前边的槽口钻位移较大的井，后边的槽口钻位移较小的井。对于不能避免平面交叉、方位相近的井，应该将位移小的井安排在位移大的井下部，即位移小的井深造斜，位移大的井浅造斜，空间有序交错，防止井与井相碰。

（二）人工岛井口—靶点优选分配原则

井口优选分配时，首要的原则是井口与靶点的连线在平面上投影不相交并使其水平位移之和最短，从而选取最佳的井口与靶点的对应关系，既可以减少钻具磨损，又可以减少钻井路径。同时，钻井的顺序和是否进行预造斜也要作为井口分配优选的指标，由于人工岛靶点相对于岛体总是在一个扇面上，为了满足防碰需求一般情况下前排井预造斜以远靶点为目标，后排井则以近靶点为目标[4-5]。

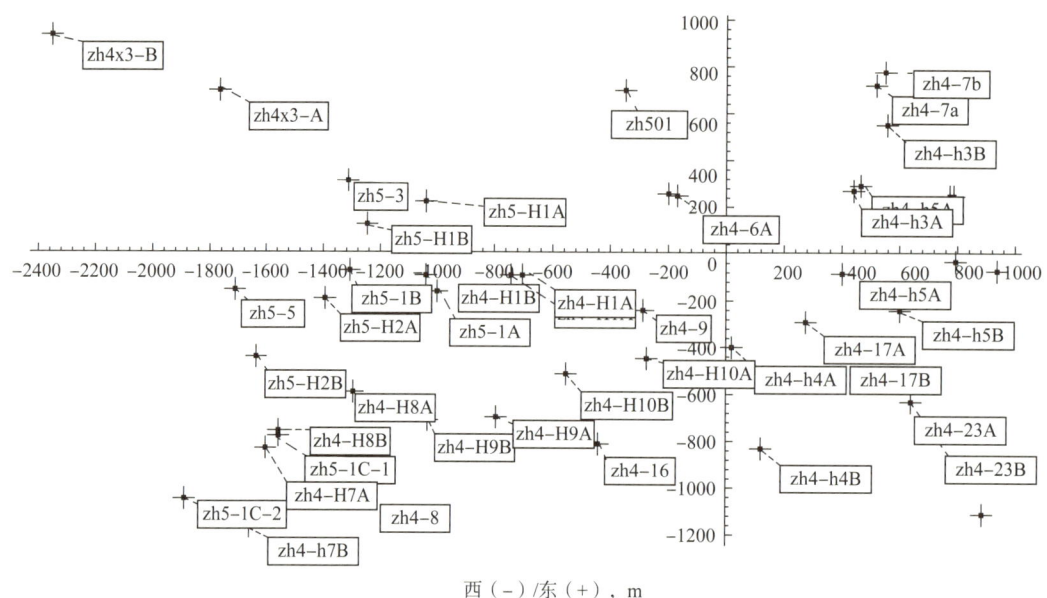

图 4-1-1　大港 CH1-1 人工岛井区 28 口井靶点位置

当井口与靶点较多时，先利用直线和同心圆将井口及靶点划分为若干区域，每个区域内再应用全排列进行井口分配，从而完成所有井口的分配。将井口与靶点进行初始划分的方法有两种：一种是直线划分；另一种是同心圆划分。由于点分布的不可预测性，井口与靶点的划分有时只需要一种方法，有时则需同时应用两种方法。

1. 直线划分

当井口分布为两排多列时，可用直线将井口划分为两个部分，如图 4-1-2 所示。

靶点在钻井平台周围大致呈均匀分布，但很难保证直线两侧的井口与靶点数一定相等，可能会相差几个靶点。此时，需将直线两端向靶点较多的一侧旋转，将多出的靶点划分给另一侧。由于要使井口与井底连线在水平面上的投影图不相交，且呈放射状分布，故只需将直线附近的多余靶点划分到另一侧即可，如图 4-1-3 所示。

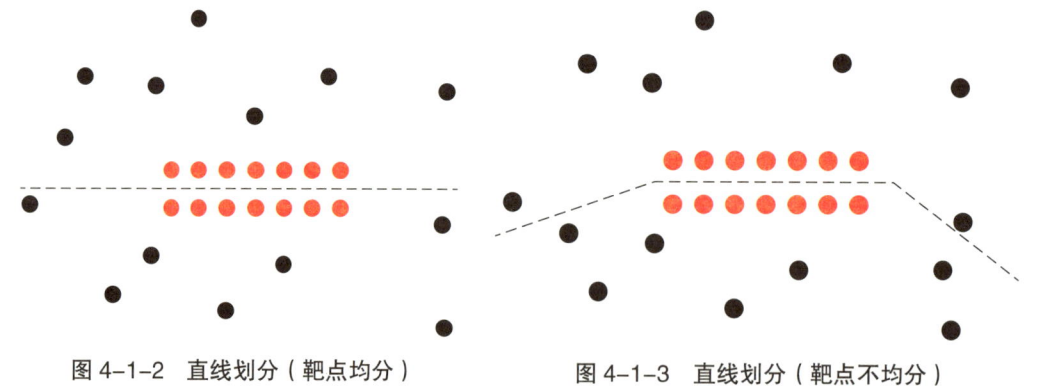

图 4-1-2　直线划分（靶点均分）　　图 4-1-3　直线划分（靶点不均分）

2. 同心圆划分

当井口分布为多排多列时，可将井口由外向里划分为若干环，靶点则按以平台中心为圆心的若干个同心圆划分，不断调整同心圆的半径，使两个同心圆之间的圆环所包含的靶点数与对应井口环的井口数相等，如图 4-1-4 所示。

由于最外围的井口数较多，同样不能满足要求，需要进一步用直线划分，划分时保证井口与靶点为同一方向，用一条直线将井口与靶点同时划分。若一次划分不能满足要求可进行多次划分，直到井口数与靶点数可应用全排列进行井口分配为止。具体划分如图 4-1-5 所示。

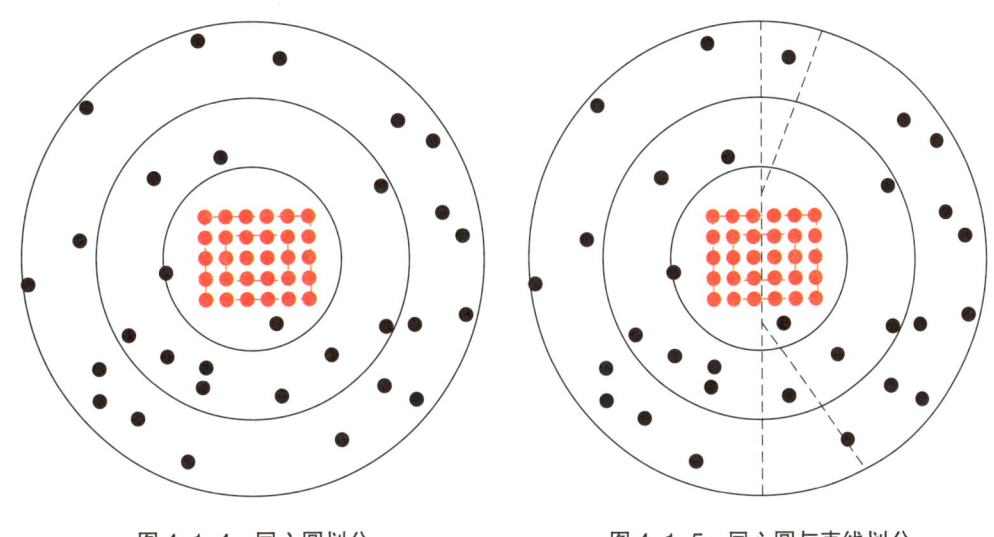

图 4-1-4　同心圆划分　　　　　　图 4-1-5　同心圆与直线划分

值得注意的是点分布的实际情况很复杂，划分时不可避免会出现个别特殊的现象，此时的划分要灵活一些。例如，划分一般是由外向内进行，最外层井口与靶点数目较多，又要保证井口数与靶点数相等，一定会存在个别井不是最优方案，当对较内层井口与靶点划分时，不一定要保证数目严格对应相等，可以留有一个调整的余地。另外考虑到井口分配的放射状特征，从钻井平台中心向外辐射，若某靶点外围再无其他点，即使该靶点距离钻井平台很近，也可考虑划分为最外层。

（三）典型实例

NP1-3 人工岛利用同心圆划分方法划分井口—靶点位置并进行丛式布井，最终得到的井口布局如图 4-1-6 所示，实钻井眼轨迹分布如图 4-1-7 所示；NP4-1 人工岛利用同心圆划分方法划分井口—靶点位置并进行丛式布井，最终得到的井口布局如图 4-1-8 所示，实钻井眼轨迹分布如图 4-1-9 所示。

根据两座人工岛的井口示意图和实钻分布图可以发现，南堡油田的油井数量众多，实钻井眼轨迹分布呈现出簇状分布的特点，即在人工岛平台上形成若干个小簇，每个簇内油井数量相对较多，簇与簇之间油井数量相对较少。这种簇状分布的特点，既满足工厂化钻井的特点，保证了油井的密集开采，降低了钻井成本，又避免了油井之间的过度干扰，有利于油井的长期稳产；同时，采用丛式布井技术，能够在同一块地表上钻穿两个或多个储层，减少了钻井的开销和地表占用面积，从而降低了钻井成本；丛式布井采用并排钻孔技术，可以减少井眼的扰动、提高钻井的效率、降低钻井事故的发生率、提高钻井作业的安全性，是适用于滩海地区油田的高效、节能、安全、环保的钻井技术。

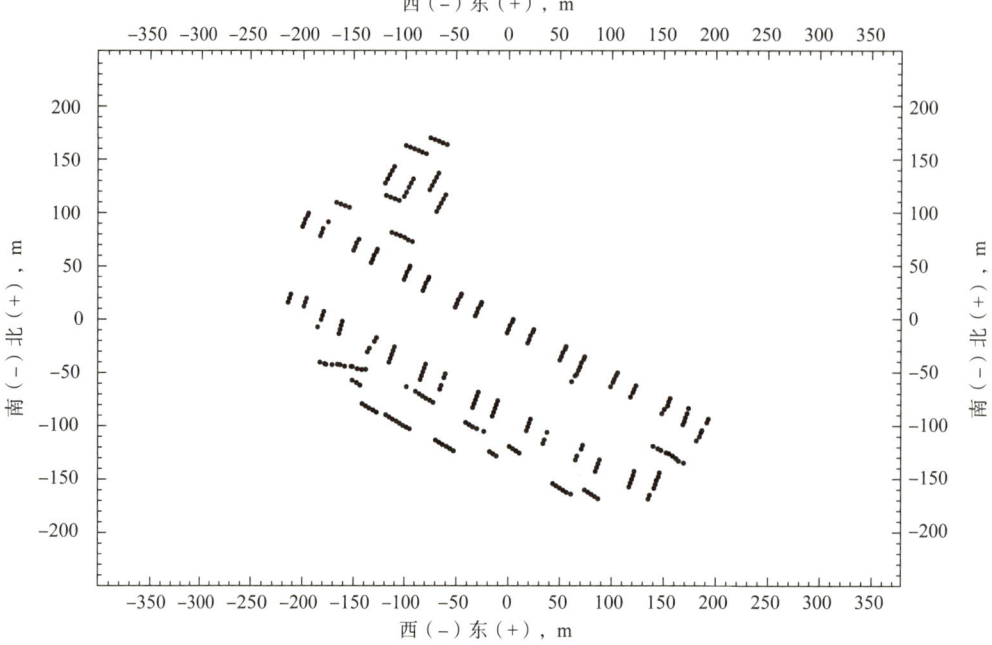

图 4-1-6 NP1-3 人工岛井口示意图

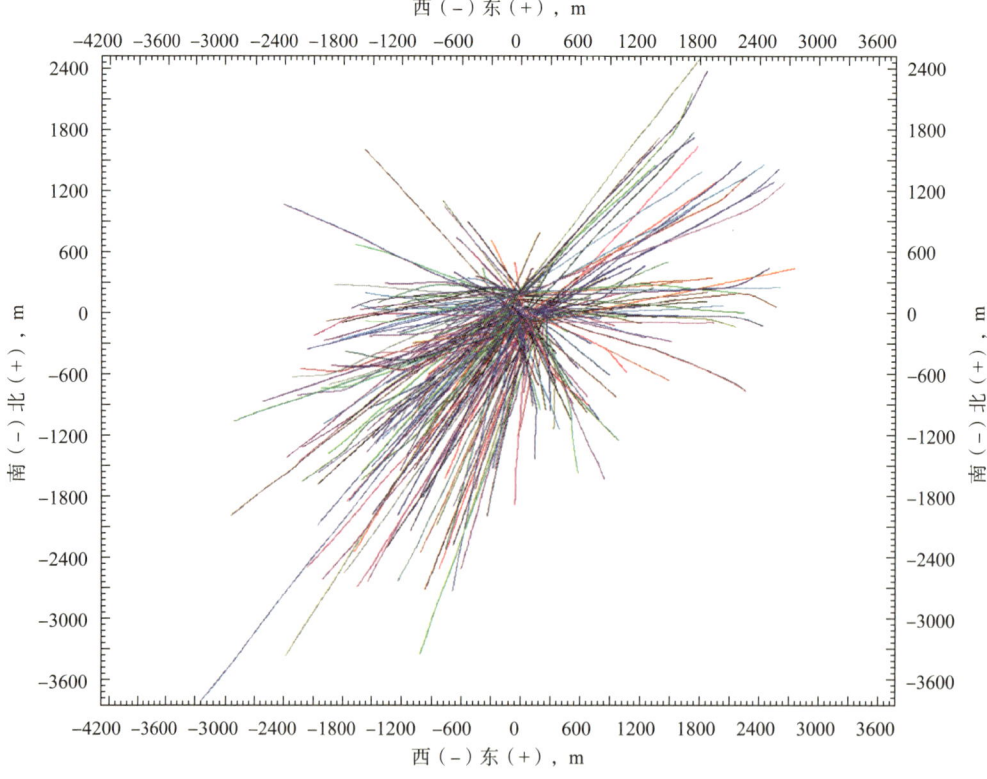

图 4-1-7 NP1-3 人工岛实钻井眼轨迹分布图

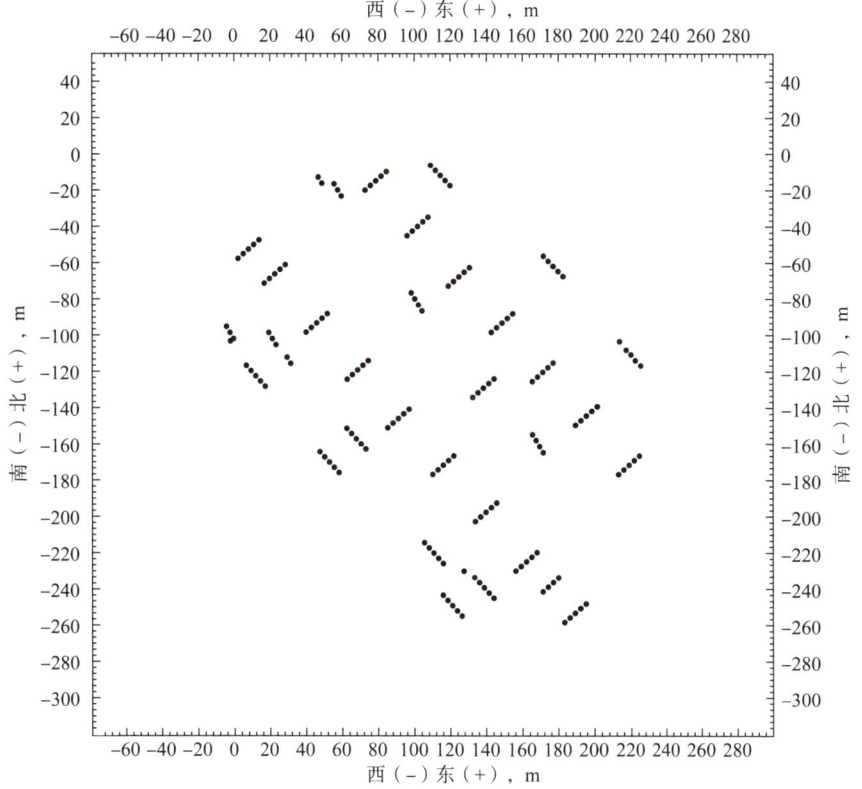

图 4-1-8　NP4-1 人工岛井口示意图

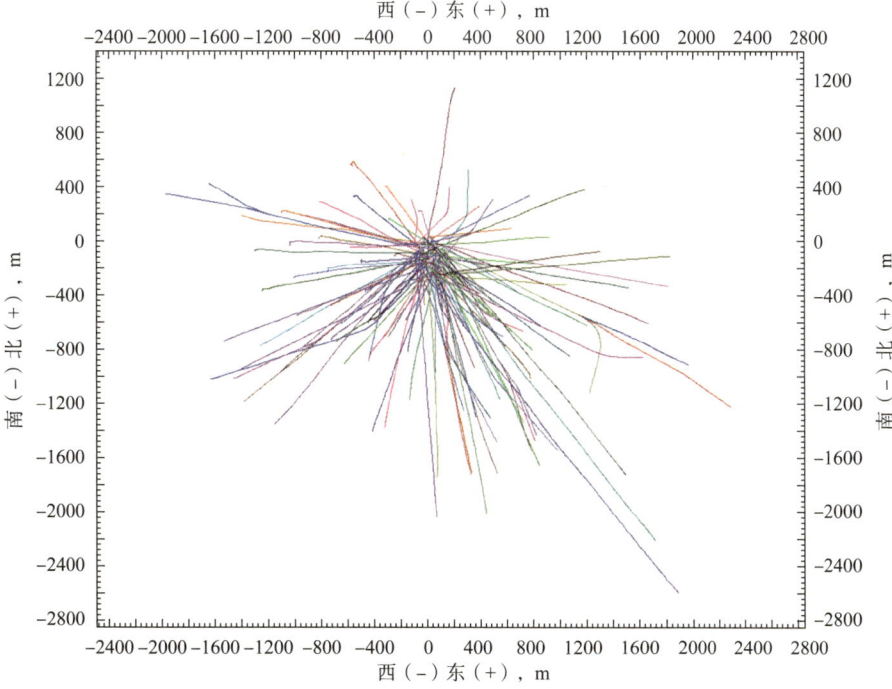

图 4-1-9　NP4-1 人工岛实钻井眼轨迹分布图

二、井组整体防碰设计

海油陆采技术中需要在有限的人工岛平台上钻大量的水平井、大位移井、分支井等，井眼防碰是最大的难点之一。一旦发生井眼碰撞，将有可能造成钻穿套管、油田停产，甚至井喷等恶性事故[6]。因此，进行井组整体防碰设计对保证作业安全和提高油田生产效益都有重要意义。

在许多人工岛上还存在老井加密的问题，钻加密井就是在原本已十分密集的丛式井网中再插入一张井网，这两张网在空间不能碰撞，难度极大。轨迹互相穿插，井眼碰撞风险和轨迹控制难度极大。其中，井眼轨迹的精确控制与防碰是工程实施过程中的最大挑战。通过多年的探索与实践，海油陆采技术中已经形成了包含精确测量、高效控制、防碰监测，以及碰后应急处理等一套整体加密钻井防碰技术，在多个人工岛中成功应用，实现了防碰率100%。

（一）防碰设计原则

滩海地区防碰设计根据井口槽内井口多（每个井口槽内上百口井）、井口间距小（2~5m）的特点，一般需满足以下条件：

（1）如果邻井为二开井，防碰距离大于或等于（设计井深/100）×1.2m；

（2）如果邻井为三开井，防碰距离大于或等于（设计井深/100）×1.0m；

（3）设计井深500~1500m范围内同一防碰井段（30m以内）防碰中心距离小于15m的井不能多于3口。

对于不能满足以上条件的井，重新优化设计，达到以上条件要求；经优化后无法达到条件要求的井，放弃施工；使用软件进行数据处理和防碰扫描及分离系数计算，复核设计数据和施工情况，及时反映发现的问题，对于不能满足安全实施条件的井，放弃施工。

（二）加密井设计方法

环渤海地区部分人工岛开发时间较早，当时所采用的坐标系统和测量方式等均与现在不同，而且受当时技术发展水平的限制，数据精度难以保证。因此，在加密调整井进行井眼轨道设计之前，需要对存在碰撞风险的老井轨迹数据进行复测和再处理。具体处理方法如下：

（1）坐标系统转换。老油田开发时期，定向井轨迹数据使用的是WGS72坐标系统和真北方位，而目前使用的则是WGS84坐标系统和网格北方位。因此，首先要对所有老井的坐标系统进行转换，在此基础上，才能进行精确的防碰扫描计算。

（2）老井陀螺复测。老井轨迹数据测点间距大，轨迹描述不准确。另外，当时采用的电子多点测斜仪方位角精度低，增加了轨迹数据的不准确性。因此，必须对风险井进行陀螺复测，测点间距为10m。

（3）风险井筛选。对老井轨迹的复测并不是针对所有老井，而是只复测存在风险的井，否则不仅工作量巨大，而且成本高。因此，风险井的筛选也是一项极其重要的工作。

（4）复测深度。首先要根据防碰扫描计算结果，确定防碰风险点深度，最深的一个风险点再附加200m，即为复测深度。如果受井斜、井况等条件影响，陀螺无法下入至上述复测深度，则复测至能够下入的最大深度。

（三）相关实例

NP1号构造目前采用平行开发模式，不能一次性完成整体井眼规划，因此有必要采用三段制设计程序（图4-1-10）。

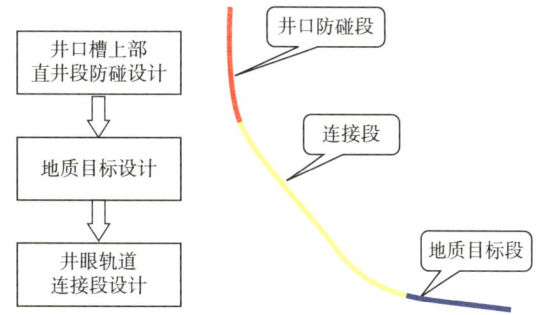

图4-1-10　井眼轨道三段制设计程序图

由于人工岛井口均处于高危险防碰区域内（表4-1-1），因此，在井眼的上部有必要设置预造斜井段，将井眼间距从2.5~4m增加到5~15m，使井眼尽快脱离高危险区域，进入可控制区域，满足防碰要求。图4-1-11是NP1-1人工岛的三维邻井关系示意图。

表4-1-1　防碰区域划分表（井深小于500m）

防碰区域	井眼间距，m	控制难度
高危区	≤5	很难控制
危险区	5~15	精确控制
相对安全区	15~30	较好控制
安全区	>30	一般控制

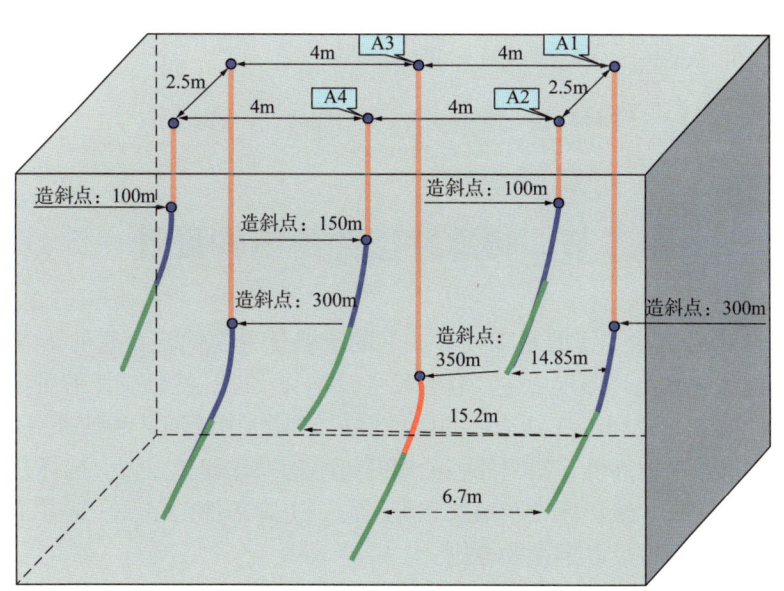

图4-1-11　NP1-1人工岛三维邻井关系示意图

NP1-1人工岛的密集井口井眼轨迹控制及防碰技术措施：

（1）要校正井口，防止井口不正，造成上直段的偏斜。

（2）施工前采取先对邻井防碰井段进行陀螺测量，并进行防碰扫描计算，再制订出本井的施工方案。

（3）严格制定打井顺序，按设计井组序号施工。

（4）在钻井过程中如遇钻柱蹩跳，测斜仪器有磁干扰现象，应立即停止钻进，防止钻穿邻井套管，待查明钻柱蹩跳、磁干扰原因后，再根据下步施工措施进行施工。

（5）在确保技术兼容性、统一岛上设备、可靠供应链和施工人员培训经验的前提下，同一人工岛应采用同一厂家的定向仪器进行井眼轨迹控制，并使用该厂家的陀螺测斜仪器进行监测。这样可以精确控制密集井口的井眼轨迹，减少碰撞事故的发生，并提高施工效率和安全性。

据此得出的 NP1-1 人工岛的井水平投影图如图 4-1-12 所示。

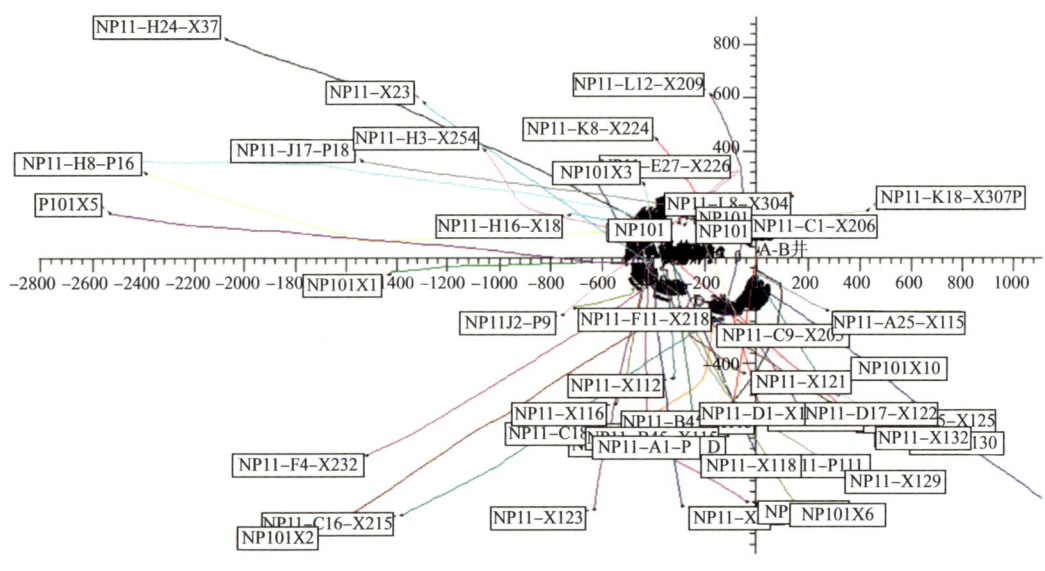

图 4-1-12　NP1-1 人工岛已完井水平投影图

第二节　特殊井型井身结构设计

井身结构设计是钻井工程的基础设计。它的主要任务是确定套管的下入层次、下入深度、水泥浆返深、水泥环厚度、生产套管尺寸及钻头尺寸。基础设计的质量关系到油气井能否安全、优质、高速和经济钻达目的层及保护储层。由于地区和钻探目的层的不同，以及钻井工艺技术水平的高低，国内外各油田井身结构设计变化较大。选择井身结构的客观依据是地层岩性特征、地层压力和地层破裂压力，主观条件是钻头、钻井工艺技术水平等[7]。井身结构设计应满足以下主要原则：

（1）以产能预测确定的生产套管尺寸为原则；

（2）满足开发要求和全井安全施工；

（3）有效保护油气层，使不同压力梯度的油气层不受污染损害；

（4）分隔不同压力体系地层，避免用较高密度钻井液钻下部地层时，压裂上部薄弱地层；

（5）避免漏、喷、塌、卡等复杂情况产生，为全井顺利钻进创造条件；

（6）下套管时，避免发生压差卡钻。

在海油陆采技术中使用了类似于大位移井、分支井、单筒双井等各种特殊井型来增加人工岛平台的控制范围,下面进行特殊井型的井身结构设计介绍。

一、井身结构设计原则与依据

(一)设计原则

井身结构设计的基本原则是:

(1)符合当地法律、法规,满足安全、环境、健康体系管理的要求,特别是表层套管一定要封固可能动用的淡水层和近地表疏松地层。

(2)能有利于发现、认识和有效保护油气层,使不同压力梯度的油气层尽可能不受钻井液的污染伤害。

(3)应减少漏、喷、塌、卡、阻等复杂事故产生,为全井顺利钻井创造条件,确保钻井成功率,并尽可能降低钻井成本。

(4)应具有相应的井控能力,使钻进下部高压地层时所用的较高密度钻井液或井涌关井后产生的液柱压力不致压裂裸眼井段薄弱的裸露地层。

(5)下套管及钻进过程中,井内钻井液液柱压力和地层压力之间的压差不致产生压差卡钻和压差卡套管等问题。

(6)探井设计时还要考虑到可能加深和增下中间套管的需要。

(二)设计依据

井身结构设计是钻井工程中非常重要的一项任务,它决定了钻井过程中钻井井身的尺寸和构造,井身结构设计的依据如下:

(1)钻井液技术条件下的地层孔隙压力、地层破裂压力(漏失压力)及坍塌压力剖面:通过地质勘探数据和实验室测试获得的参数,如地层孔隙压力、地层破裂压力和坍塌压力,对井身结构设计起着至关重要的作用。井身必须能够承受地层压力,并避免因压力变化而发生坍塌。

(2)地层岩性剖面,特别是复杂地层的情况:滩海地区油藏地质条件复杂,地层岩性剖面提供了关于地下岩石类型和性质的详细信息,不同岩石类型具有不同的力学特性和稳定性,因此在井身结构设计时必须充分考虑这些因素以确保井身的稳定性。

(3)相邻区块参考井、同区块邻井实钻资料:参考相邻区块的钻井资料及同一区块的邻井实钻资料为井身结构设计提供了重要的参考依据,通过研究相邻区块和邻井的实际钻井情况,可以获取有关地层稳定性、井身设计参数和施工经验等方面的宝贵信息。

(4)钻井装备及工艺技术水平:钻井装备的性能和工艺技术的水平对井身结构设计产生直接影响。钻井装备的能力和限制,以及工艺技术的可行性必须纳入考虑,以确保井身结构设计在实际施工中的可操作性和可靠性。

(5)钻井技术规范:钻井技术规范提供了钻井工程的标准和规定,包括有关井身结构设计的指导原则。依据钻井技术规范,确保井身结构设计符合工程安全要求和合理的施工标准,以提高钻井工程的效率和质量。

二、大位移井的井身结构设计

以大港 CH1-1 人工岛为例,对滩海区域大位移井的井身结构设计方法进行介绍。CH1-1 人工岛位于埕海一区,该区块大位移水平井存在着以下难点:垂深浅,地层岩性疏松;地层造浆性严重,全井都贯穿着钻井液难以维护现象;成岩性差,井壁稳定性难以维护,形成的井眼容易冲刷。因此,考虑埕海一区的地质条件和钻进中套管磨损问题,为了降低摩阻扭矩,zh8Ng-H11 井的设计水垂比为 2.53,井身结构为三开井身结构:一开采用 ϕ444.5mm 钻头钻至井深 1142.5m 处,ϕ339.7mm 表层套管下至井深 1142m 处;二开采用 ϕ311.1mm 钻头钻至井深 3461.5m 处,ϕ244.5mm 中间套管下至井深 3461m 处;三开采用 ϕ215.9mm 钻头钻至井深 3812m 处,挂 ϕ139.7mm 筛管至入窗点。其井身结构数据见表 4-2-1,井身结构示意图如图 4-2-1 所示。

表 4-2-1 zh8Ng-H11 井井身结构数据表

开钻次序	井深,m	钻头尺寸,mm	套管尺寸,mm	套管下入地层层位	套管下入深度,m
下导管	—	—	660.4	平原组	47.56
一开	1142.5	444.5	339.7	明上段	1142.00
二开	3461.5	311.1	244.5	明下段	3461.00
三开	3812.0	215.9	挂 139.7mm 筛管	馆陶组	3811.50

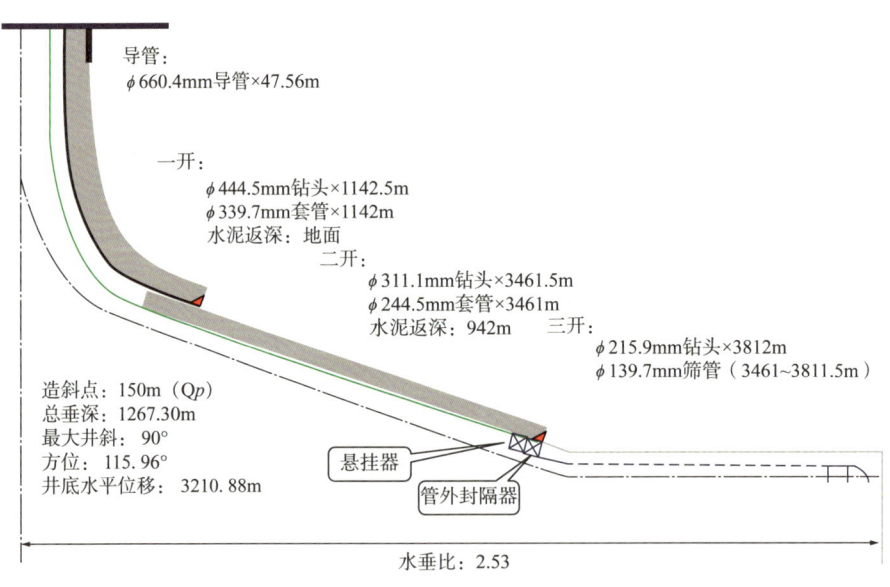

图 4-2-1 zh8Ng-H11 井井身结构示意图

三、单筒双井井身结构设计

以 CH1-1 人工岛为例,对滩海区域单筒双井的井身结构设计方法和实例进行介绍。截至目前,在 CH1-1 岛利用 14# 槽口实施了 zh5-4 井、zh5-7 井两口井,利用 48# 槽口实施了 zh4-1 井、zh4-10 井两口井，提高了槽口利用率，有效解决了布井需求，提升了开发效果。图 4-2-2 至图 4-2-4 分别为 zh5-4 井、zh5-7 井井眼轨迹垂直投影图、井眼轨迹水平投影图与井眼轨迹立体图。

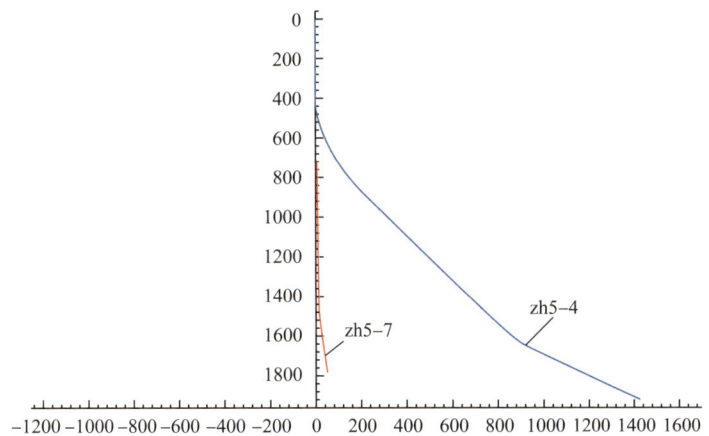

图 4-2-2　zh5-4 井、zh5-7 井井眼轨迹垂直投影图

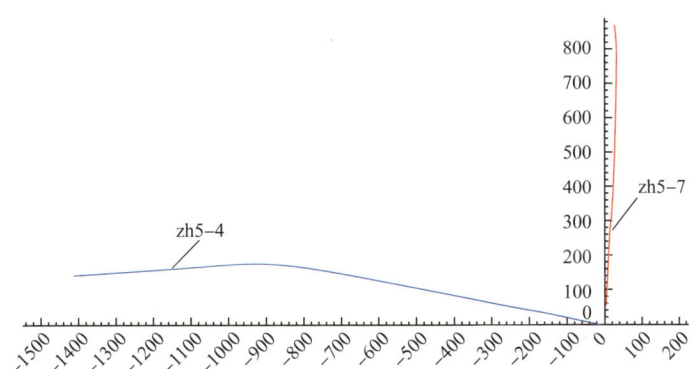

图 4-2-3　zh5-4 井、zh5-7 井井眼轨迹水平投影图

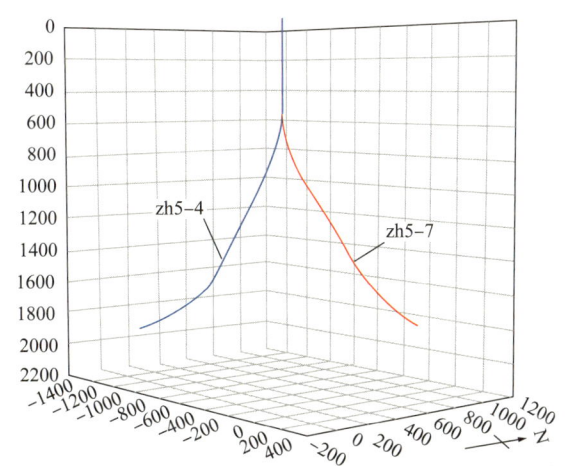

图 4-2-4　zh5-4 井、zh5-7 井井眼轨迹立体图

在后续作业中，zh5-4井、zh5-7井井身结构数据见表4-2-2。

表4-2-2 zh5-4井、zh5-7井井身结构数据表

zh5-4						
开钻次序	井深 m	钻头尺寸 mm	套管尺寸 mm	套管下入地层层位	套管下入深度 m	环空水泥浆返深 m
下导管	47.0	—	660.4	平原组	47	—
一开	350.5	444.5+558扩眼器	244.5	明上段	348	地面
二开	2560.0	203.2	139.7	沙河街组	2556	150
zh5-7						
开钻次序	井深 m	钻头尺寸 mm	套管尺寸 mm	套管下入地层层位	套管下入深度 m	环空水泥浆返深 m
二开	2094.0	203.2	139.7	沙河街组	2090	150

zh5-4井、zh5-7井单筒双井井身结构图如图4-2-5所示。

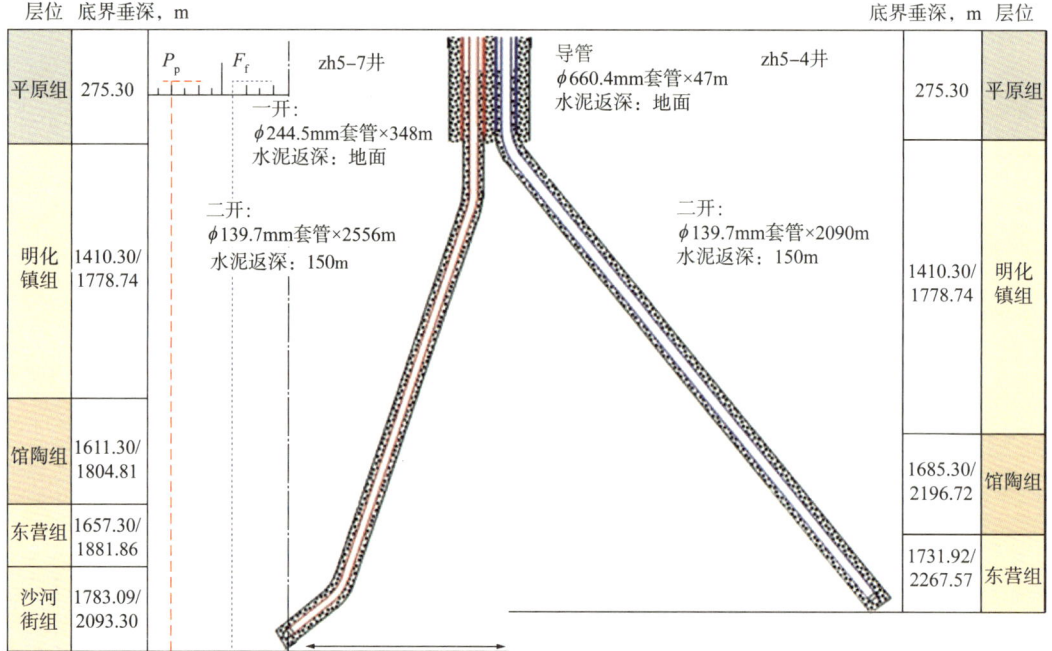

图4-2-5 单筒双井井身结构图

四、分支井井身结构设计

多分支井井身结构取决于滩海地区的储层条件，包括储层深度、厚度、渗透率、含气量、含气饱和度、储层压力和含水性。在满足了地质条件的情况下，其井身结构设计原则为：

（1）满足产能预测确定的生产套管尺寸；

（2）满足开发要求和全井安全施工；

（3）有效保护油气层，使不同压力梯度的油气层不受污染损害；

（4）分隔不同压力体系地层，避免用较高密度钻井液钻下部地层时，压裂上部薄弱地层；

（5）下套管时，避免发生压差卡钻。

基于此原则，以 zh39-39Z6 井为例，zh39-39Z6 井井身结构数据见表 4-2-3，设计说明见表 4-2-4，井身结构如图 4-2-6 所示。

表 4-2-3　zh39-39Z6 井井身结构数据表

井眼	开钻次序	井深 m	钻头尺寸 mm	套管尺寸 mm	套管下入深度 m	环空水泥浆返深 m	备注
主井眼	下导管	—	—	914.4	48	—	
	一开	600.5	406.4	339.7	600	地面	
	二开	3200.5	311.1	244.5	3200	400	
	三开	4169.0	215.9	139.7（尾管）	3000~4167	3000	口袋小于2m
分支井眼		2950.0~4937.0	215.9	139.7（尾管）	2950~4935	2950	口袋小于2m

表 4-2-4　zh39-39Z6 井设计说明表

套管次序	套管尺寸，mm	设计说明
下导管	914.4	建立循环井口，稳固井口，为一开施工和安全钻井提供条件
表层套管	339.7	封固平原组及部分明化镇组，安装井口装置，为二开钻进提供安全保障
生产套管	244.5	封固沙一段，为三开井段悬挂完井及分支井眼安全作业提供有利条件
生产尾管	139.7	主井眼及分支井眼生产尾管按设计深度下入

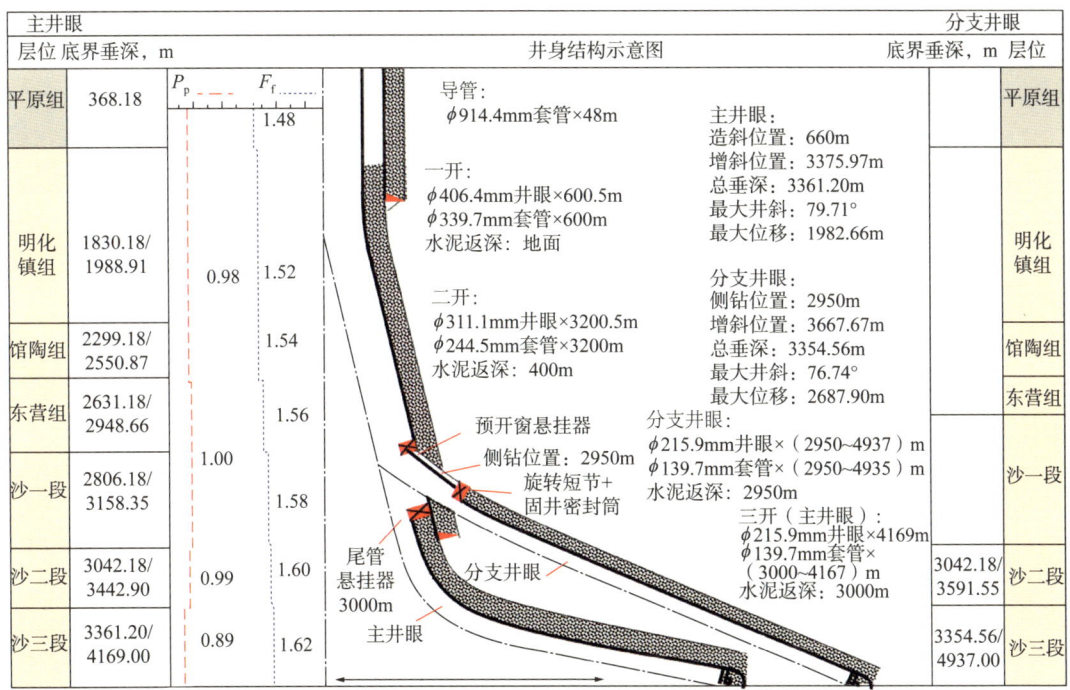

图 4-2-6　zh39-39Z6 井井身结构图

第三节　特殊井型井眼轨道设计

在本节中着重介绍单井的设计技术，介绍在槽口中分配的各种井型，包括其自身特点与对应的井眼轨道设计方法。在渤海地区钻完井中存在摩阻扭矩大、浅层造斜率高、侧钻开窗难度大等难点，滩海人工岛上使用的特殊井型主要包括水平井、大位移井和分支井，合理的轨道设计方法能够降低实钻中轨迹控制难度，是精准中靶的关键。

一、水平井井眼轨道优化设计

水平井是最大井斜角达到或接近90°（一般不小于86°），并在目的层中维持一定长度水平井段的特殊井。

对水平井的井眼轨道进行优化设计，就要了解井眼轨道优化设计的技术难点。为此，首先需要区分两个概念：井眼轨道是指一口井开钻之前预先设计的井眼轴线形状；与之相近的概念是井眼轨迹，井眼轨迹是指一口井实际钻成后的井眼轴线的形状，井眼轨迹的三个基本参数是井深、井斜角、方位角，井眼轨道和井眼轨迹都是连续光滑的空间曲线[8-9]。简而言之，井眼轨道是钻前设计轨道，井眼轨迹是钻后实际轨迹。

在滩海地区使用水平井技术，很重要的一点是要考虑滩海地区的地质条件。因此，在轨道设计中需要考虑地应力的影响。

（一）水平井井眼轨道优化设计难点

水平井井眼轨道优化设计是一项复杂且关键的任务，需要细致地考虑多个因素以确保最终的效果和安全性。以下是一些主要的设计难点：

（1）设计时需要控制造斜率在适当的范围内。过高的造斜率可能导致大的狗腿度，这对后期完井作业不利。而造斜率过低，将增加斜井段的长度，从而延长钻井周期。建议平均造斜率控制在（15°~22°）/100m之间。

（2）水平井需要穿越各种地层，因此设计过程中需要充分考虑地层的硬度、裂缝、水平压力和其他因素，以确保井眼的稳定性。

（3）由于水平井的特殊性，钻具的选择和使用策略需要与垂直井和斜井有所不同。设计时需要考虑钻具的类型、规格、使用条件等因素，以确保在实际钻井过程中能够达到预期的效果。

通过充分考虑这些因素，水平井的井眼轨道优化设计可以实现预期的钻井效果，确保钻井过程的安全和效率，以及提高油气的采收率。

（二）水平井井眼轨道优化设计方法

在水平井井眼轨迹控制的过程中，具有较大的难度，因此需要井眼轨道设计尽量合理以规避钻井过程中的问题，具体方法如下：

（1）对造斜点进行合理的选择。造斜点在井眼轨迹的控制中具有较大的影响，对井段的选择应该以成岩性好且地层稳定为标准,确保造斜过程中井眼的稳定性。

(2)造斜的类型选择以圆弧形为主,有助于造斜段在钻井中摩擦阻力的减小,避免套管发生磨损。

(3)对钻具组合的使用进行合理的选择,有助于造斜的稳定性,实现对井眼轨迹的有效控制。

(三)典型实例

以大港油田的 zh8Es-L8 井、zh8Nm-H1 井为例,下文是其井身剖面的数据表和垂直、水平投影图。

(1)zh8Es-L8 井的剖面数据见表 4-3-1,其垂直、水平投影图如图 4-3-1 所示。

表 4-3-1　zh8Es-L8 井剖面数据表

关键点	测深 m	井斜角 (°)	方位角 (°)	垂深 m	视平移 m	全角变化率 (°)/30m
预造斜点	75.00	0	0	75.00	0	0
第一稳斜点	120.00	2.50	320.00	119.99	-0.42	1.667
造斜点	300.00	2.50	320.00	299.81	-3.76	0
第二稳斜点	1661.42	80.58	76.16	1259.71	795.17	1.800
靶点	3307.95	80.58	76.16	1529.30	2419.25	0
油层底界	3430.10	80.58	76.16	1549.30	2539.73	0
井底点	3470.00	80.58	76.16	1555.83	2579.09	0

注:剖面设计中的井深为地质设计中的海拔深度 + 转盘面高程 17.3m。

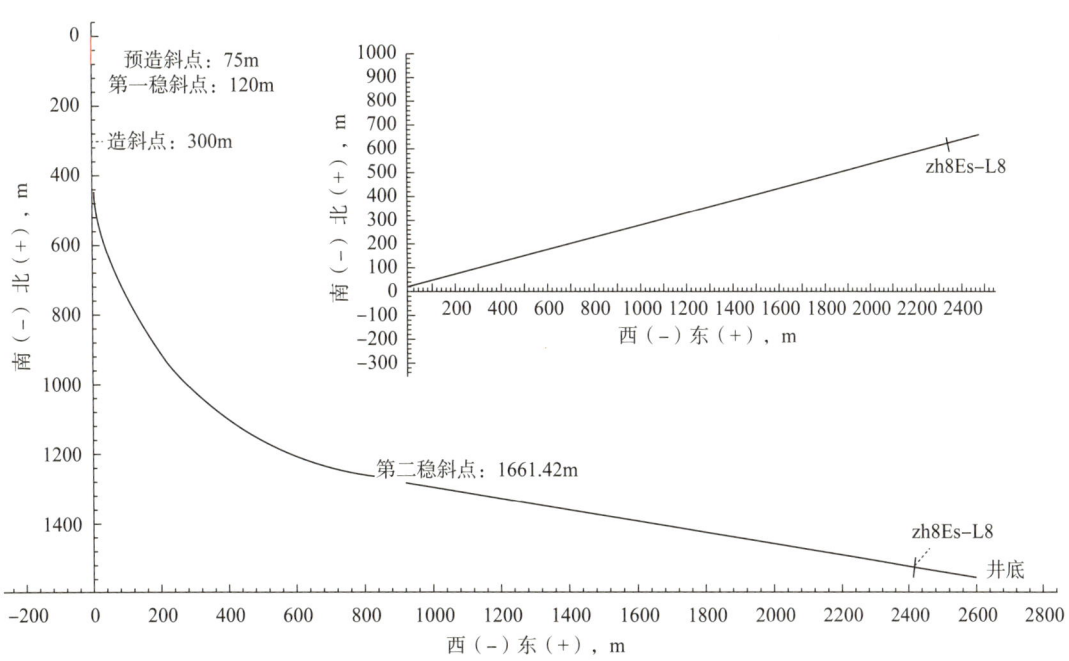

图 4-3-1　zh8Es-L8 井垂直、水平投影图

（2）zh8Nm-H1 井的剖面数据见表 4-3-2，其垂直、水平投影图如图 4-3-2 所示。

表 4-3-2 zh8Nm-H1 井剖面数据表

井段	测深 m	井斜角 (°)	方位角 (°)	垂深 m	视平移 m	全角变化率 (°)/30m
第一造斜始点	100.00	0	0	100.00	0	0
第一造斜终点	200.00	8.00	100.00	199.68	6.94	2.400
第二造斜始点	300.00	8.00	100.00	298.70	20.79	0
第二造斜终点	1170.56	77.65	99.96	898.64	574.21	2.400
调整点	1799.41	77.65	99.96	1033.19	1185.66	0
靶点 A	2123.59	89.78	76.86	1069.10	1503.21	2.400
靶点 B	2387.51	89.78	76.86	1070.10	1754.77	0
井底点	2398.00	89.78	76.86	1070.14	1764.77	0

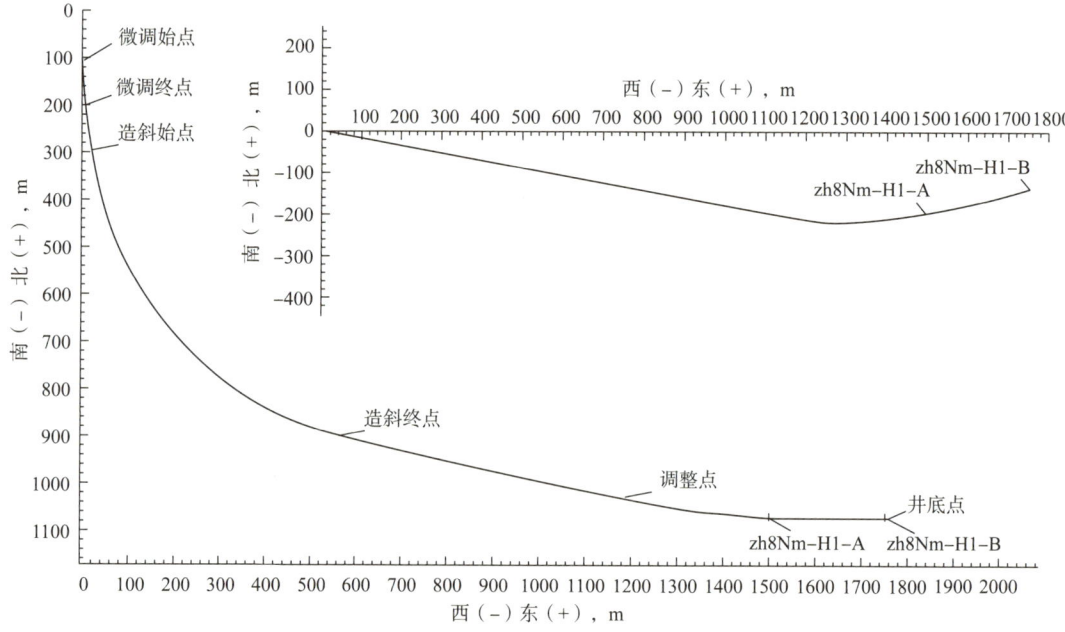

图 4-3-2 zh8Nm-H1 井垂直、水平投影图

根据表 4-3-2 和图 4-3-2 可知，在契合设计原则的水平井轨道设计下，实钻轨迹能够精准中靶、合理平滑，能够满足滩海地区的基本要求。

二、大位移井井眼轨道优化设计

大位移井是指水平位移与垂深之比等于或大于 2 的井，始于 20 世纪 20 年代，自 20 世纪 90 年代开始得到迅速发展。将大位移井技术应用于海上或浅海（从陆上开发）油田的开发，可减少所需的平台及油井数量，缩小平台面积，扩大储层裸露面积，从而增加油井产量和采收率。

（一）大位移井井眼轨道优化设计难点

在设计井眼轨道时，需要按照油田勘探开发的总体部署和要求，依据油藏地质构造特征和油气产状，以有利于提高油气产量和采收率为目标，在满足钻井目的的前提条件下，尽可能选用形状简单、易于施工的井身轨迹。继而优化井眼轨道设计，减少钻井施工过程中井眼轨迹控制的工作量和难度，从而实现安全、优质、快速、低耗的钻井施工。在海油陆采钻井设计中，大位移井井眼轨道优化设计时需要注意以下问题：

（1）由于大斜度段长，钻具对井壁侧向力大，摩阻与扭矩大，在设计中应该考虑摩阻扭矩因素，增加大位移井的延伸极限。

（2）长井段处于大斜度段，易形成岩屑床，导致携岩难度大，因此设计时应该避免轨道处于 $45°\sim 60°$ 的稳斜段，防止钻进过程中岩屑床的产生。

（3）滩海地区地层软，井眼稳定难度大。造斜点应避开复杂地层（漏失、坍塌、缩径、高压等），造斜点所在位置的地层应该硬度适中，太软太硬的地层都不利于造斜。造斜点距离上层套管鞋至少 50m，防止造斜时损坏套管。

（4）在选择井眼曲率时，要权衡造斜工具的造斜能力，尽量减小起下钻、下套管、下油管及下抽油杆的工作难度，缩短造斜井段的长度。一般要求造斜率在 $3°/30m$ 左右，不得超过 $6°/30m$。

（5）尽可能利用地层的各向异性、地层倾角、地层走向的自然造斜规律，进行井口、井底、井斜角、井斜方位角、造斜率等的设计。

针对大位移井的钻井技术难点，设计最优轨道，才能在实钻过程中满足现场工具能力的要求，设计出来的轨道具有最小的扭矩和摩阻力、最小的井斜角变化率和方位角变化率、最短的井深长度及最大的管柱下入能力等特性。这样的轨迹将大大减少可能的井下事故，缩短钻井周期，降低钻井成本，并将有利于后续作业如完井、测试、修井和采注等作业的顺利进行。

（二）大位移井井眼轨道优化设计方法

大位移井井眼轨道设计有多种方法，如圆弧法、摆线法、悬链线法、准悬链线法及其他修正的悬链线设计方法。

圆弧法具有设计简单、井身较短、井眼轨迹容易控制等特点，但造斜井段钻具与井壁之间接触力较大。鉴于造斜段往往是在大位移上部，且下套管后其摩阻系数要下降，为减小井眼轨迹控制难度和工作量，采用圆弧段进行造斜是大位移井比较适宜的设计方法。

准悬链线法是等增造斜率曲线，即造斜率的增值为一常数，具体做法是在浅层段以低造斜率如 $(1.0°\sim 1.5°)/30m$ 造斜，随钻深增加、逐步增加到 $(2.5°\sim 2.75°)/30m$，使最后的井斜角达到 $80°$ 以上，在大位移井的设计过程中可视具体情况进行多种井眼轨道设计，并针对井眼轨道参数和摩阻扭矩等进行综合评价，以优选出最佳井眼轨道。优化轨道剖面可以降低摩阻，确保技术套管正常下入，大位移井在优化剖面的前提下，才可能使下步工作更加顺利。而悬链线剖面可以减小钻具与井眼的接触面积，使摩擦系数在正压力的作用下产生的扭矩相对较小。这是因为扭矩与井眼中旋转半径成正比，钻杆直径越大，旋转半径越小，减少了与井壁接触面积。

大位移井的井眼轨道优化设计具体包括造斜点设计、造斜率设计和井身剖面设计。

（1）造斜点设计。

造斜点应选在成岩性好、岩层较稳定的地层，从而有利于较快地实现造斜并确保井眼稳定。在大位移钻井中，从造斜点开始需要将井斜角不断地增加，造斜段比普通定向井长得多，如果造斜段地层稳定性较差或者太软不能承压，有可能造成钻井进尺快速增加，井斜角达不到设计要求或根本就不能实现造斜，导致在下部的造斜过程中不得不增大造斜率，从而造成井眼局部狗腿度较大。

另外，大位移井的造斜井段通常是大尺寸井眼，在不稳定地层造斜后，失去支撑的上井壁很容易坍塌而造成埋钻具事故。在滩海油田大位移井的轨道设计中，造斜点位置的选择与地层硬度、储层埋深等因素有关。根据滩海地区的地质条件，应该尽量加深造斜点，以缩短斜井段的长度，达到降低管柱与井眼之间摩阻与扭矩的效果。

在滩海海油陆采技术中对造斜点的选择一般遵循几个原则：

①造斜点的设计需要考虑实钻情况，如果造斜点过高，那么很难提供足够的钻压，但是造斜点深度过深，又会使管柱发生螺旋屈曲，摩阻扭矩过大。

②造斜点应该选在比较稳定的地层，避免在岩石破碎地带、漏失地层、流砂层或容易坍塌的复杂地层定向造斜，以免出现井下复杂情况，影响定向施工。

③应选在可钻性较均匀的地层。避免在硬夹层定向造斜。

④在井眼方位漂移严重的地层钻大位移井，选择造斜点位置时应尽可能使斜井段避开方位自然漂移大的地层或利用井眼方位漂移的规律钻达目标点。

⑤造斜点的选择与井口位置相关。对于海上密集井口丛式井防碰段来说，要求外排（前排）井口的预造斜点最浅，内排（后排）井口的预造斜点最深。为了从预防碰段轨道设计上解决直井段防碰问题，应该考虑相邻两口井有效间距的最小值，从外排（前排）井口开始选择预造斜点深度区间。

（2）造斜率设计。

采用较低的造斜率和较大的稳斜角是大位移井的趋势。大位移井在斜井段钻井进尺多，为降低摩阻，造斜率应控制在 3°/30m 以下，以减少对套管的磨损，防止钻具在旋转时产生疲劳破坏，同时也可增加一次起下钻的钻进进尺。

大位移井稳斜角选择应考虑以下因素：

①避开携岩最不利的 45°~65° 井斜，井斜角在该区间内，不仅岩屑在井眼低边容易形成岩屑床，而且在停泵后岩屑存在下滑的趋势，很容易发生卡钻事故。如果井斜角大于 65°，即使井眼低边有岩屑床存在，在停泵后岩屑也不会向下滑动，这不仅可以避免卡钻事故，而且在钻柱的不断搅动下，岩屑会随着液流不断返到地面，达到清洗井眼的目的。

②稳斜段钻具重量仍能提供一定钻压，以避免钻具产生屈曲。

③有利于在垂深增加较少的情况下增大位移延伸。

一般大位移井，其稳斜角都应在 70° 以上。对于高水垂比的大位移井和超深大位移井，最佳稳斜角通常设计成 80°~85°。但是在滩海人工岛上，由于涉及防碰绕障问题，还是以井组的整体设计合理为主。

（3）井身剖面设计。

在大位移井的井身剖面设计中，为满足最优轨道的要求，同时结合水平井井眼轨道的设计特点，建立以设计井身最短为目标函数，给定井口坐标，靶区的各项设计参数已知，以工具造斜率、造斜点垂深、稳斜段稳斜角、方位角为优化设计变量，以地层条件、造斜工具、靶区参数等为约束条件，建立三维井眼轨道最优化设计数学模型。

（三）典型实例

以 CH1-1 人工井场为例，2009 年 5 月底埕海一区钻大位移井 16 口（包括一个引眼），其中，完成 3 口水垂比大于 3 的大位移水平井，4 口水平位移达 4000m 以上的大位移水平井，最大水垂比达 3.92，最大完钻井深 5536m，最大水平位移 4841.61m，均创中国石油最高纪录，为钻更大位移水平井积累了宝贵经验，初步形成水垂比大于 3 的大位移井钻井技术配套。相关数据见表 4-3-3。

表 4-3-3 CH1-1 人工井场大位移井技术数据

井号	完钻井深 m	垂深 m	水平位移 m	水平段长 m	水垂比	最大井斜角 (°)
zh8Ng-H1	4102.00	1272.00	3481.72	731.52	2.74	91.92
zh8Ng-H2	3696.00	1272.60	3078.65	492.84	2.42	92.09
zh8Ng-H3	3980.00	1270.69	3304.97	500.72	2.60	93.81
zh8Es-H1	4347.00	1506.88	3595.67	860.58	2.39	91.18
zh8Ng-L1	4365.33	1471.28	3597.80	618.07	2.45	86.73
zh8Es-H3	4590.00	1537.25	3841.75	949.07	2.50	90.22
zh8Es-H4	3806.00	1537.25	3010.77	441.05	1.96	92.60
zh8Nm-H3	4729.00	1071.02	4195.86	293.58	3.92	90.00
zh8Nm-H4	5388.00	1579.86	4639.62	952.58	2.94	90.00
zh8Es-H2	3806.00	1511.22	3080.35	304.51	2.04	92.43
zh8Es-H5	5536.00	1536.99	4841.61	665.72	3.15	90.44
zh8Es-L3	4880.00	1561.98	4196.20	1093.39	2.69	88.02
zh8Nm-H2	3910.00	1067.90	3057.01	502.47	2.86	92.84
zh8Nm-H1	2820.00	1075.82	2065.37	339.54	1.92	94.85
zh8Ng-H8	3940.00	1271.68	3263.55	597.00	2.57	93.27
zh8Nm-H3k	4730.00	1091.67	4178.84	654.00	3.83	92.01
zh8Nm-H4	2445.00	1073.55	1830.73	213.30	1.71	91.98

zh8Ng-L1 井为其中的一口大位移井，其井眼主要数据见表 4-3-4，垂直、水平投影图如图 4-3-3 所示。

表 4-3-4 zh8Ng-L1 井井眼主要数据表

井段	测深 m	井斜角 (°)	方位角 (°)	垂深 m	视平移 m	全角变化率 (°)/30m
绕障点	75.00	0	0	75.00	0	0
调整点	107.00	1.60	283.00	107.00	0.45	1.50

续表

井段	测深 m	井斜角 (°)	方位角 (°)	垂深 m	视平移 m	全角变化率 (°)/30m
造斜始点	139.00	0	0	138.99	0.89	1.50
稳斜始点	1221.90	86.73	89.92	853.21	673.71	2.40
降斜始点	2863.91	86.73	89.92	946.86	2313.05	0
调整点	3327.75	66.45	122.27	1056.66	2741.84	2.41
靶点 A	3349.37	66.45	122.27	1065.30	2759.04	0
靶点 B	4262.77	66.45	122.27	1430.30	3511.01	0
油层底界	4325.33	66.45	122.27	1455.30	3563.91	0
井底点	4365.33	66.45	122.27	1471.28	3597.80	0

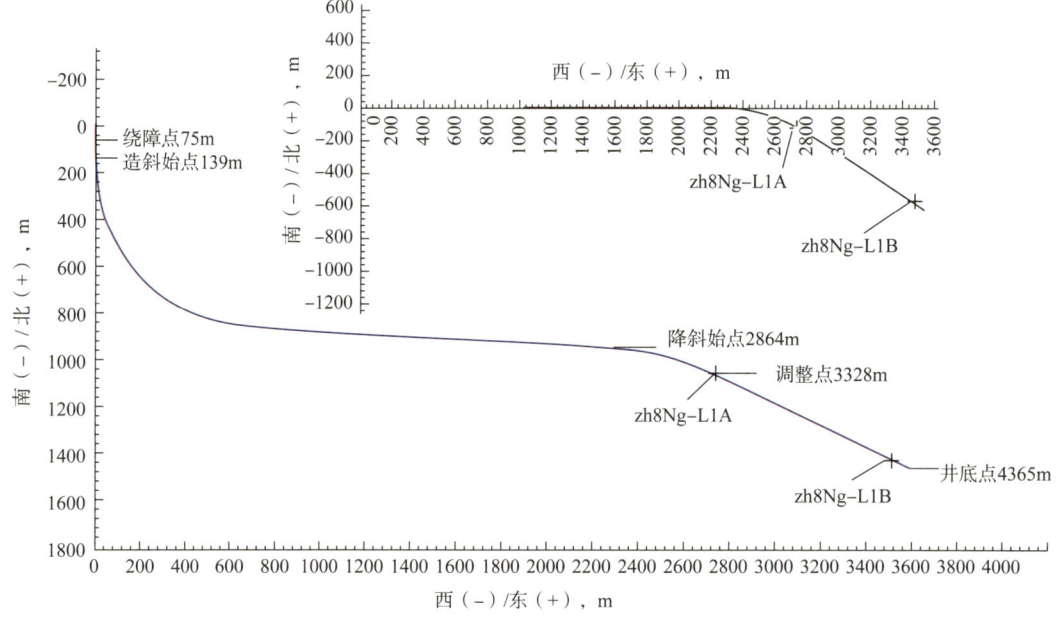

图 4-3-3 zh8Ng-L1 井垂直、水平投影图

通过对各指标分析进行的大位移井轨道设计，得到的设计轨道和实钻轨迹都能够契合滩海地区的地质条件、符合钻进要求，同时还能够在很大程度上解决浅层造斜地层软、造斜率低的问题。

三、分支井井眼轨道优化设计

分支井是指从主井眼辐射出几支水平井的复杂结构井。与单一的水平井相比，多分支井采用水平井完井可以节约成本和时间。分支井的主要优势是能够增加泄油面积、提高油井产能。在非均质地层中降低经济风险、降低单位技术成本、提高致密砂岩的采收率，可大幅度提高产量，实现少井高产。

（一）分支井井眼轨道优化设计难点

由于分支井作业中在井底钻具组合从窗口起出前不允许钻柱转动，所以井眼轨道设计非常重要。分支井井眼轨道优化设计时需要注意以下问题：

（1）大多数分支井会使用开窗短节，因此设计时应该限制主井眼的狗腿严重度，以避免在下套管时所施加的力过多地集中在开窗短节上。推荐的狗腿严重度为15°/30m。设计时应避免主井眼以45°~65°井斜角在设计深度与水平井眼连接。

（2）分支井井眼从主井眼的高边以0°~30°井斜角向左或右钻分支井眼，以避免钻屑聚集在井眼的低边，从而引起事故。

（3）离开造斜器后要限制井眼的狗腿严重度，以避免在下水平尾管或生产测井时需要再进行侧钻，推荐狗腿度为（10°~20°）/30m。

（二）分支井井眼轨道优化设计方法

分支井的井眼轨道优化设计同样非常关键，涉及的问题较为复杂。以下是针对分支井井眼轨道设计的一些关键方法：

（1）在分支井的设计中，主支井交接点的选择对整个井眼轨道有重要影响。这个交接点应选择在地质稳定、成岩性好的地层中，以确保井眼的稳定性，并便于后续的钻进和完井作业。

（2）考虑到分支井的特性，应以圆弧形或其他易于控制和施工的形式为主，以减少钻进过程中的摩擦阻力，防止套管磨损，也有利于钻进和完井作业的顺利进行。

（3）在分支井的钻进过程中，钻具组合的选择和使用需要根据实际地质条件和工艺要求进行。合理的钻具组合可以提高井眼轨道的控制精度，保证井眼的稳定性，也有助于提高钻井效率。

分支井井眼轨道的优化设计可以在满足安全、经济、技术和环保要求的前提下，实现有效的地层开发。

（三）典型实例

以大港埕海的zh4-H5K井和zh8Ng-H4K井为例进行分支井介绍。

（1）zh4-H5K井。

zh4-H5K井有两个井眼，其主井眼的数据见表4-3-5，其垂直、水平投影图如图4-3-4所示。

表4-3-5 zh4-H5K井主井眼数据表（投影方位108.65°）

关键点	测深 m	井斜角 （°）	方位角 （°）	垂深 m	闭合位移 m	全角变化率 （°）/30m
侧钻点	1020.00	19.91	80.97	1009.27	80.59	0
稳斜点	1359.08	49.76	116.11	1286.84	261.05	3.089
靶点T	1839.66	49.76	116.11	1597.30	620.40	0
沙一段底界	1852.82	49.76	116.11	1605.80	630.36	0
井底点	1893.00	49.76	116.11	1631.76	660.80	0

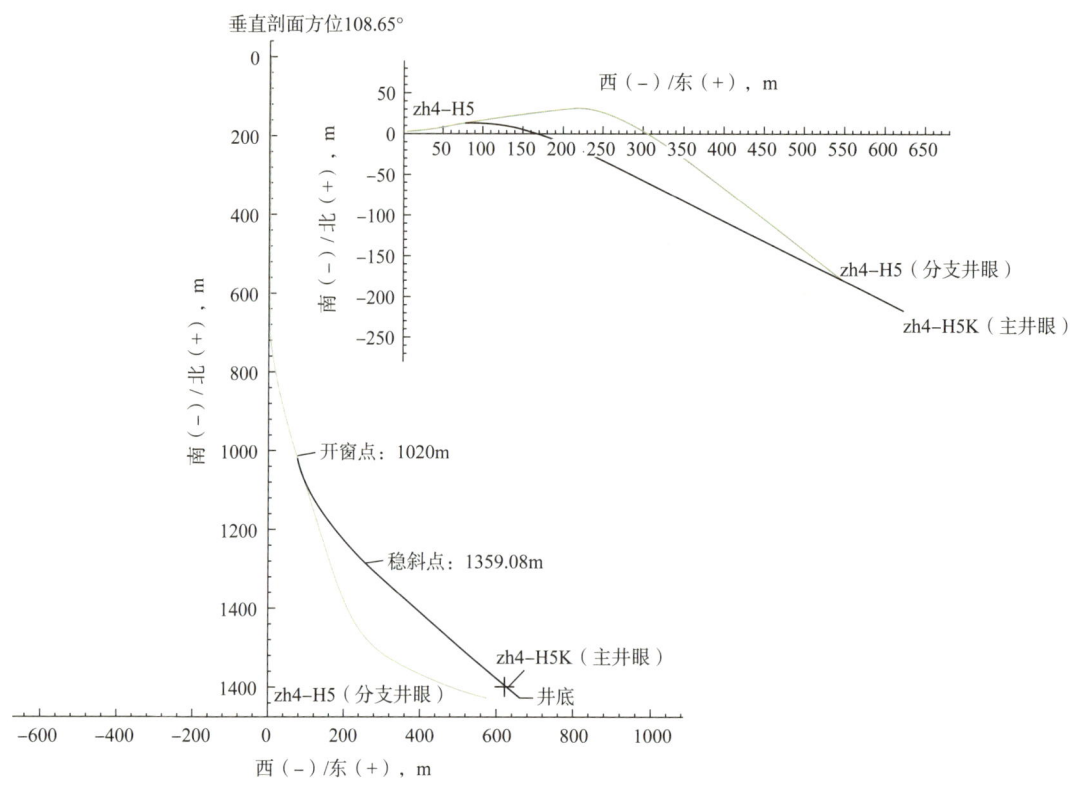

图 4-3-4　zh4-H5K 井垂直、水平投影图

（2）zh8Ng-H4K 井。

zh8Ng-H4K 井主井眼数据见表 4-3-6，其垂直、水平投影图如图 4-3-5 所示。

表 4-3-6　zh8Ng-H4K 井主井眼数据表

关键点	测深 m	井斜角 (°)	方位角 (°)	垂深 m	闭合位移 m	全角变化率 (°)/30m
侧钻点	2792.00	77.90	93.26	1204.76	2176.02	0
降斜扭方位点	2807.00	78.00	91.80	1207.90	2190.51	2.854
稳斜点	3043.31	68.85	74.51	1275.70	2405.60	2.400
靶点 T	3685.32	68.85	74.51	1507.30	2957.99	0
油层底界	3823.92	68.85	74.51	1557.30	3079.52	0
井底点	3864.00	68.85	74.51	1571.76	3114.78	0

通过对各指标的分析可知，zh4-H5K 和 zh8Ng-H4K 两口分支井由于储层深度不同、平台位置不同造斜点深度、开窗点的深度也不同。zh8Ng-H4K 井的靶点相对于 zh4-H5K 井距平台更远，深度更深，为了防碰需求，造斜位置却更浅，开窗位置更深。使用分支井轨道设计技术得到的分支井能够在满足现场工具能力的要求下，使轨道具有相对最小的井眼曲率、最短的井深长度、最小的扭矩和摩阻力等特点。这样的轨道将大大减少可能的井下事故，缩短钻井周期，降低钻井成本，并将有利于后续作业（如完井、测试、修井和采注等）的顺利进行。

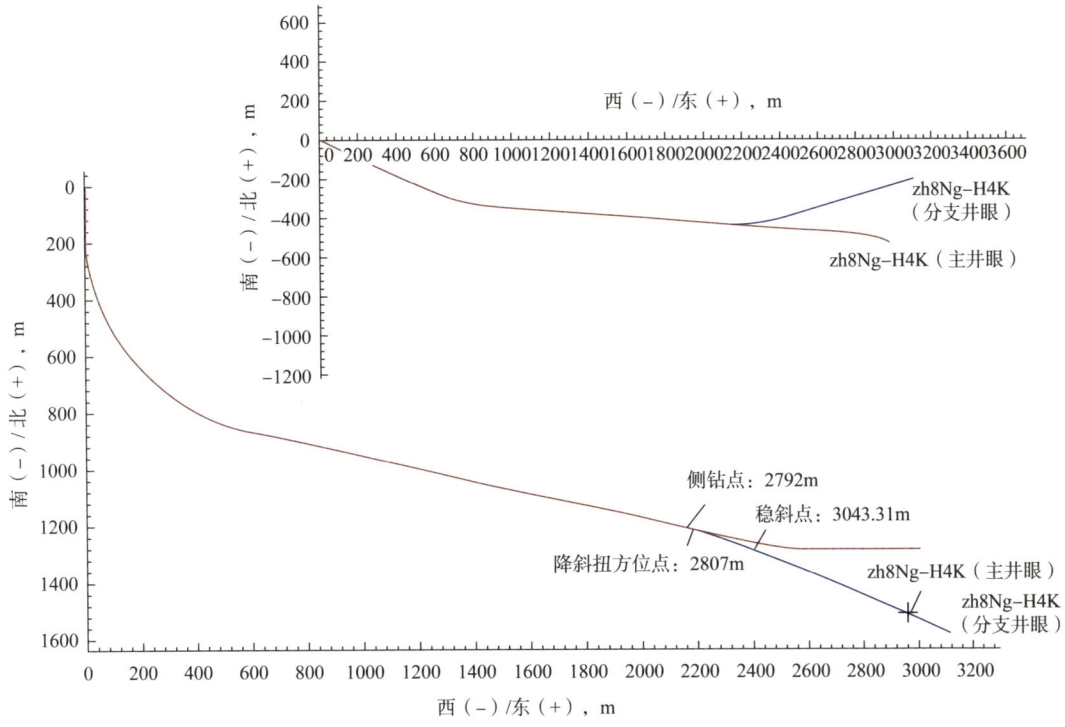

图 4-3-5　zh8Ng-H4K 井垂直、水平投影图

参考文献

[1] 韩志勇. 三维定向井轨道设计和轨迹控制的新技术 [J]. 中国钻探技术，2003，31（5）：1-3.

[2] 王清江. 定向钻井技术 [M]. 北京：石油工业出版社，2016.

[3] 韩志勇. 定向井设计与计算 [M]. 北京：石油工业出版社，2007.

[4] 王志月. 页岩气丛式水平井井眼轨道优化设计理论和方法研究 [D]. 北京：中国石油大学（北京），2018.

[5] 于桂荣，邢玉德，鲁港. 石油钻井井身轨道设计的最优化计算方法 [J]. 沈阳航空工业学院学报，2003，20（2）：75-77.

[6] SHOKIR E M, EMERA M K, EID S M, et al. A New Optimization Model for 3d WellDesign [J]. Oil & Gas Science & Technology，2004，59（3）：255-266.

[7] WANG Z Y, GAO D L. Multi-objective optimization design and control of deviation-correction trajectory with undetermined target[J]. Journal of Natural Gas Science and Engineering，2016，33：305-314.

[8] 刘绘新，孟英峰. 定向井最优井身轨迹研究 [J]. 天然气工业，2004，24（2）：64-67.

[9] 眭满仓，张达，程维兰. 水平井井迹曲线的优化设计 [J]. 江汉石油学院学报，2000，22（2）：25-26.

第五章　丛式井钻井技术

丛式井又称密集井,在一个位置和限定的井场上,向不同方位钻数口至数十口定向井,使每口井沿各自的设计轨道分别钻达目的层位。在滩海区域采用海油陆采开发模式中,为了使人工岛控制更多的储层、更大的储层面积,降本增效,使用了丛式井技术。丛式井技术的钻井工艺措施包括:井眼轨迹控制技术、密集丛式井防碰技术、单筒双井技术等。

第一节　井眼轨迹控制技术

井深轴线偏离铅锤方向的现象叫井斜,井斜的出现会使实钻井眼轨迹偏离设计轨道。在井斜突变井段,钻柱易弯曲,从而使钻柱磨损和折断。斜井内,井壁坍塌和键槽卡钻事故更有可能发生,井斜过大还会造成下套管困难和下入的套管不居中,直接影响固井质量,造成固井窜槽、管外冒油气。井斜过大会使井深产生误差,使所取得的地质资料失真,使井底远离设计井位、错过油气层而造成勘探工作的失误,打乱油田开发布井方案;还会直接影响采油井的井下分层开采和注水,导致下封隔器困难、封隔器密封不好等;造成油管和抽油杆的磨损和折断,造成井下事故[1]。因此,控制井眼轨迹,对勘探、开发乃至钻井本身都意义重大。进行井眼轨迹控制时,需要使用一些井下工具,包括无线随钻测量仪器(MWD)、无线随钻测井仪器(LWD)、近钻头工具等。在地质情况简单、倾角平缓的井或井段优先使用"随钻伽马+MWD+弯螺杆"导向方式,在倾角变化复杂的地层使用旋转导向工具。

一、井眼轨迹测量方法

井眼轨迹的测量包括随钻测量、钻后复测等措施,测量工具包括MWD、LWD、近钻头工具,以及旋转导向等。渤海滩海油田通过多年的实践,已总结出一套从初始定向、随钻测量到钻后复测的一系列完整的井眼轨迹测量措施。

(1)初始造斜必须使用陀螺定向。为确保定向的准确性,表层下钻时划线引马达高边,与陀螺数据相互校验。

(2)表层及二开作业结束后,及时使用陀螺复测轨迹,复测至陀螺工具能够下入的最大深度,缩小陀螺测斜间距(10m),采取下测及上测对比的方法,取全取准上部井段数据,提高轨迹描述的准确性。

(3)根据上部井段陀螺数据对下部井段进行轨迹优化与绕障设计。

(4)MWD测斜时使用下限排量,减少电动机振动对仪器精度的影响。

(5)在防碰风险及疏松浅层造斜井段,钻进时加密MWD测点,密切关注连斜数据,及时进行轨迹模拟及防碰扫描计算。

（6）磁干扰井段，MWD 采用长测量模式，判断 Btotal 和 Dip 值，如异常，及时用陀螺测量井眼轨迹。

上述措施只是针对轨迹测量的一些要求，而轨迹测量并不是一项独立工作，它是轨迹控制与防碰措施的配套工作。

二、井眼轨迹测量工具

（一）无线随钻测量仪器（MWD）

MWD 工具由数据连接器、定向参数与伽马测量短节、驱动器短节、发电机短节和正脉冲发生器组成，所有部件均配置在一根无磁钻铤中。MWD 工具通过数据连接器向 PWD 工具（压力测量工具）发送控制命令并接收 PWD 工具测量的压力和温度数据，所接收的数据随同定向参数（井斜、方位、工具面）和伽马经驱动器短节编码并驱动后，由正脉冲发生器产生相应的压力调制脉冲信号发送至地面信号接收单元。

在环渤海滩海地区，使用了无线随钻测量仪器（MWD），包括进口的 Halliburton-Solar175、APS-MWD、EMWD、HL-MWD 和 BH-MWD 无线随钻测量仪器（图 5-1-1）。

图 5-1-1　BH-MWD 无线随钻测量仪器

（二）无线随钻测井仪器（LWD）

无线随钻测井仪器一般是由井下仪器和井场信息处理系统两部分组成。在施工作业过程中，井下仪器将数据实时传输至软件界面，然后在井场信息处理系统中进行处理、分析、打印成图。

LWD 技术是 MWD 的改进和发展，相对于传统的 MWD 来说，其在施工中的使用使得原本需要进行的测井作业无须操作，一步实施即可到位，这对于施工现场来说，不仅大大地节省了施工的时间和步骤，而且也降低了施工过程中存在的风险性。LWD 在钻井过程中可测量未被钻井液污染的地层参数，获得的数据非常精确，有利于地质中油层的评价；并且，LWD 的应用，方便了工程师对地层情况的了解，进行准确的现场施工，使井眼轨迹按照预计的线路到达预计的目的地，并灵活地变动和调整。在环渤海地区使用的无线随钻测井仪器（LWD），包括进口的 Baker-LWD、Halliburton-FEWD、Schlumberger-LWD 和 BH-LWD 随钻测井仪器（图 5-1-2）。

图 5-1-2　BH-LWD 随钻测井仪器

（三）近钻头技术

LWD 工具通常安装在距离钻头以上 10m 左右的地方。因此，当钻头穿过岩层时，LWD 工具会稍后对这个区域进行测量，从而产生一种发现岩性变化滞后的现象。滩海地区地质环境复杂，如岩石种类多样，含水量和盐分含量高等，会对 LWD 工具的测量造成干扰，进一步加大其测量盲区。冀东油田使用了 BH-NWD 近钻头技术，以对新钻地层的方位伽马和钻头位置的井斜角进行测量，其测点与钻头的距离仅为 0.5m，其原理如图 5-1-3 所示。

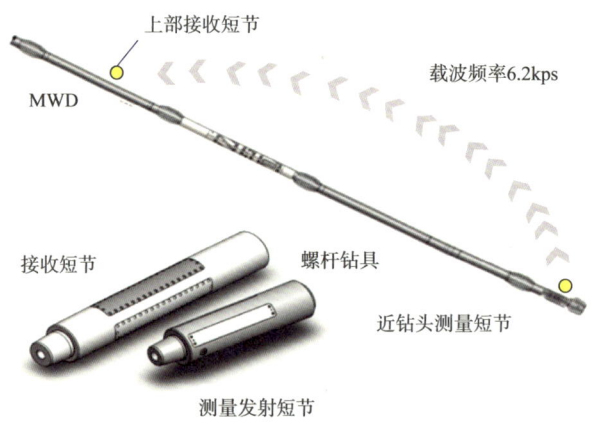

图 5-1-3　BH-NWD 近钻头工具原理图

（四）旋转导向工具

旋转导向钻井法是在用转盘（顶驱—井下动力钻具）旋转钻柱钻井时，随钻实时完成导向功能。其优点是：钻进时的摩阻与扭阻小、钻速高（是滑动钻井的 2~3 倍）、钻头进尺多、钻井时效高、建井周期短、井眼轨迹平滑易调控。此外，其极限井深可达 15km，与滑动导向钻进相比，钻井成本低。因此，旋转导向钻井技术是现代导向钻井技术发展的必然趋势。旋转导向钻井技术的核心是旋转自动导向钻井系统，如图 5-1-4 所示。它主要由地面监控系统、地面与井下双向传输通信系统和井下旋转自动导向钻井系统 3 部分组成。

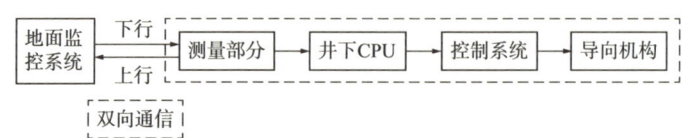

图 5-1-4　旋转导向钻井系统功能框图

旋转导向钻井工具的基本功能有2种:(1)导向功能;(2)稳斜功能。导向功能是指当需要向某一个井斜、方位导向时,可由稳定平台通过控制轴将工具面角调整到与所需导向的井斜、方位相反的位置上,这时钻具沿所需的井斜及方位进行钻进,并由各随钻测试仪器随时监测井眼轨迹。稳斜功能(不导向)是使稳定平台带动盘阀,使其和钻柱以不同的某一转速做匀速转动。这时在360°工具面角的方向上,不断有类似巴掌的推板伸出并推靠井壁,综合作用则表现为不导向,即稳斜钻进。

在环渤海滩海地区钻进中采用了旋转导向钻井工具进行下钻施工,否则钻具难以下到井底。如果想精确控制井眼轨迹,达到中靶要求,从二开作业后须采用旋转导向钻井技术。大港CH1-1人工岛区块中采用了斯伦贝谢公司的PowerDrive旋转导向钻井系统,它在造斜过程中保持钻具旋转,形成了规则、光滑、干净的井眼,通过减小阻力提高施工成功率。斯伦贝谢的旋转导向钻进系统的显著特点是系统与井壁接触的部分不停地旋转,通过连续的旋转减少卡钻的可能性。

PowerDrive旋转导向钻井系统利用钻井液控制和校正钻具,确保井身轨迹。首先,钻井液流通过涡轮产生用于电子导航设备的电流,进而控制阀引导一部分钻井液流入位于钻头后三个支撑翼肋中的一个。这些支撑翼肋伸出,支撑在孔壁上,提供导向力以控制钻进,这种设计简单,只利用钻井液的动力,不需液压泵或电动机可提高装备的稳定性。导向系统通过改变钻井液的流向来重新设置系统而不需要提钻。在导向模型中,根据设定的工具面角和钻具所需的导向力,伸出支撑翼肋,旋转导向实物图如图5-1-5所示。

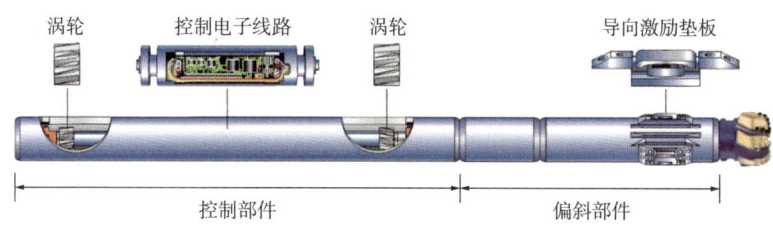

图5-1-5　旋转导向实物图

旋转导向钻井工具具有以下技术特点:(1)在稳定平台的上部支撑中采用圆锥滚子轴承,下部支撑采用圆柱滚子轴承与推力圆柱滚子轴承组合结构。为了改善轴承的工作环境,提高其使用寿命,可以使用轴承保护器,将轴承密封在润滑油中。(2)经理论分析与模拟试验确定,上盘阀高压孔的圆心角选为200°,以确保下盘阀相对井壁不动而下盘阀保持旋转状态的情况下始终推靠井壁,防止冲击式推靠力对钻柱的冲击。在保证密封与寿命的前提下,下盘阀表面有一部分凸起,以减少摩擦面积。上、下盘阀均采用硬质合金的制造材料或表面喷涂高耐磨性材料。(3)稳定平台控制轴使扭矩与负载相匹配。为了提高稳定平台控制轴的驱动扭矩,采用了较大涡轮发电机定子反扭矩的设计原理,同时尽量降低工作液控制分配单元上、下盘阀之间的摩擦扭矩,减小控制轴的转动惯量,降低负的摩擦扭矩。

CH2-2人工岛使用旋转导向系统能够彻底解决定向托压问题,不存在滑动钻进,大幅度提高了水平井和大斜度井的钻井速度。例如,zh27-29H井二开311.1mm井眼井斜达到60°以上时定向托压严重,无法正常钻进,日进尺仅为20m左右,后改用斯伦贝谢旋转导向系统从钻具入井至完钻用时29h,纯钻10h完成193m进尺(钻进井段3023~3216m),

井斜60.4°~83°，机械钻速19.3m/h，比滑动钻进机械钻速3.39m/h提高469%，三开215.9mm井眼水平段（3216~3550m），最大井斜88.45°，直接采用哈里伯顿旋转导向系统钻进，进尺334m，纯钻19h平均机械钻速17.57m/h；又如，zh28-36井三开初始使用导向马达钻进，在3150~3647m，定向钻进时钻时40~57min/m，进尺缓慢，下入斯伦贝谢旋转导向工具后钻进至4149m，进尺572m纯钻33h，机械钻速17.33m/h，比滑动钻进机械钻速2m/h提高860%。

大斜度井、水平井推广使用旋转导向钻井技术，彻底解决滑动钻进托压难题，此项技术可以比滑动钻进机械钻速提高400%以上，钻井速度提高8倍以上，最大限度地缩短钻井周期。

三、井眼轨迹控制措施

在人工岛上进行丛式井钻进，直井段和斜井段交碰风险较高，进入水平段后防碰风险逐渐降低，为了保证安全钻进，需要控制井眼轨迹，防碰绕障。对于不同井段的井眼轨迹控制措施如下：

（一）直井段控制措施

滩海人工岛上井口布置密集，数目较多、井距较小，浅部地层均为砂泥岩互层，地层较软、轨迹漂移，因此，直井段井眼轨迹控制困难，邻井防碰难度大。直井段的防斜打直是整个井组顺利施工的关键，具体措施有：

（1）钻具组合优选。

优选直井段钻具组合并灵活运用，直井段大井眼采用刚性大尺寸塔式钻具组合；造斜点较浅时，井眼采用常规钻铤大钟摆钻具组合；造斜点较深时，采用钻铤大钟摆钻具组合或双扶刚性钟摆钻具组合。

（2）以快保直。

钻进参数合适，采用高转速、大排量、高泵压喷射钻进，钻压施加合理，送钻均匀，正确处理好地层交接面。

（3）测斜监控。

直井段测斜监控，易斜井段加密测斜，确认同平台井眼之间的相对位置，并根据测斜结果及时调整钻进参数。

（二）造斜段控制措施

密集井眼造斜段轨迹控制是防碰绕障技术的重点和难点，控制好造斜段既可以提高井身质量，也为提高中靶精度打下基础。滩海地区由于目的层埋深浅、位移大、造斜点浅、地层不稳定，容易发生井眼垮塌。同时，造斜井段长，岩屑容易在井眼下井壁沉积，造成卡钻等复杂情况，也会增加轨迹控制的难度。针对这一问题，滩海地区造斜段轨迹控制措施有：

（1）合理选择造斜工具。

旋转导向钻井系统具有降低摩阻、提高机械钻速等优点，在滩海人工岛上得到了广泛应用，优选旋转导向钻井系统能够提高造斜段井眼轨迹质量；另外，优化马达稳定器、传动轴、弯点支撑等结构,也能够增强造斜能力。

(2)严格控制狗腿度。

钻进中需及时测斜,严格控制狗腿度,必要时进行加密测斜,尽可能准确计算预测井眼轨迹钻进趋向,保证井眼轨迹的平滑。

(3)及时调整钻进参数。

在钻进过程中,应根据测斜结果及时调整钻进参数,尤其是对井斜变化起关键性作用的钻压,以保证较好的增斜、稳斜效果。

(4)不断进行防碰扫描计算。

在钻进过程中应不断进行防碰扫描计算,分析判断邻井的相对位置,并随时观察钻具负荷变化和钻井液返出情况来及时制定防碰绕障技术方案。

(三)水平段控制措施

水平段井眼轨迹控制难度相对较小,但仍需注意,其技术要点可以概括为以下几点:钻具稳平、上下调整、动态监控、留有余地、少扭方位。其中动态监控是主要技术手段。水平段动态监控要对已钻井段进行计算,并和设计轨道进行对比和偏差认定,同时也要和邻井进行防碰扫描,计算确认空间相对状态和交碰风险;对钻具组合的稳平能力和定向状态进行后分析和评价;随时分析钻头位置与靶体边界距离,判断是否需要调整。

第二节 密集丛式井防碰技术

密集井口指的是井口距离小于5m,并呈两行多列、两列多行及多行多列井口组合。防碰绕障优化丛式井总体设计方案的总原则是:满足油田整体开发部署要求,有利于加速钻井、试油、采油、集输等工程的建设速度,降低建井和油田基本建设的总费用,提高油田的投资效益[2-3]。本节主要对环渤海滩海地区的密集丛式井防碰绕障技术进行介绍,其中包括常规钻井防碰技术和磁导向防碰技术。

一、井眼防碰管控措施

滩海人工岛井口间距小,井网密集,井眼轨迹在地下交错,极易发生井眼相碰,即空间连续变化的两个井眼相交于一点[4-5]。以NP1-3人工岛为例,目前共实施46个井组,共计钻井204口,井组间距4m,5个井口一组,井口间距1.59~4m。不同于老井组纵向布置,新建井组横向布局,空间纵横交错,位置关系复杂。其中,一口井防碰井数高达42口,平均每口井防碰井数27口。需要针对井眼防碰制定相关的管控措施。

(一)生产组织与管理

(1)定向井工程师对井眼防碰负有主体责任,钻井队配合做好定向井防碰绕障工作,负责防碰技术指令执行。要求关键防碰井段,定向井项目部技术负责人必须现场驻井组织防碰施工。

（2）加强现场定向井技术人员管理，要求定向井工程师工作年限至少5年以上，证件齐全，能够熟练进行定向井防碰扫描计算，开展有效的防碰绕障工作。

（3）加强对仪器、螺杆、无磁等井下工具的标定和探伤，要求测斜仪器必须在有检验资质的仪器校验部门进行定期校验，检验报告及时提交工程监督中心存档备查。监督人员将在开工前检查测量仪器的出厂合格证与近期检验报告，不符合要求的严禁施工。

（4）要求定向井施工前提交《定向井施工方案》，制定针对性的防碰技术措施；施工过程中严格落实防碰技术措施；施工后开展防碰绕障技术总结，及时提交工程监督中心。

（5）开钻前定向井将邻井防碰井数、防碰关系、防碰绕障预案等情况对井队进行交底，井队队长、技术员、司钻等管理人员和技术人员必须明确下步防碰施工预案。

（二）施工前准备

（1）邻井资料收集。开钻前，定向井负责单位需要收集齐准确的邻井资料，包括：本井及施工平台各邻井转盘面高度、地面海拔、井斜数据、井口坐标、井身结构、是否为注水井或采油井、井口压力等，对于出现与设计或实际数据不符情况，及时汇报给监督人员。

（2）施工人员到达施工现场后，要及时按照设计对本井所涉及的邻井进行踏勘，看是否有遗漏井位，发现异常及时上报监督中心。

（3）开展防碰扫描计算。要求各定向井公司使用具有误差椭圆半径分析的防碰扫描软件以最近距离扫描法进行防碰扫描，防碰扫描半径不小于50m，扫描间距应小于20m，危险井段扫描间距应小于5m，与钻井设计中防碰扫描数据比对分析。

（4）制订定向井施工方案。根据实际防碰扫描情况，制定针对性的防碰施工措施，编写《定向井施工方案》，包括现场人员、仪器型号、螺杆、无磁现场配备、邻井施工等内容，提交工程监督中心。

（5）监督独立进行防碰扫描把关。开钻前，监督人员根据设计情况，开展防碰数据收集，独立进行防碰扫描计算，校核定向井防碰数据。

（三）防碰绕障施工措施

（1）分析防碰井与预钻井的空间关系。绘制防碰扫描图（比例尺1∶100的手绘图），通过绘图分析各井的空间关系，并初步制定预钻井轨迹运行思路。

（2）严格落实防碰技术指令下达。各定向井负责单位严格每趟钻施工技术措施，每趟钻施工前下达书面技术指令，明确防碰技术措施和施工要求，由钻井队签字确认后方可施工。

（3）直井段施工。一开直井段采用塔式钻具组合或钟摆钻具配合牙轮钻头轻压钻进，目的是防斜打直，减轻下步作业的压力，即使发生两井相碰，也不能够碰穿邻井的套管。

（4）落实上直段防斜技术。一开表层直井段井斜角控制在0.5°以内，二开直井段井斜角控制在1.0°以内。根据防碰井情况，上直段提前申请MWD和螺杆使用，控制好井眼轨迹，为防碰绕障做好前期工作。

（5）钻完直井段投测电子多点进行校核，同一丛式井平台使用同一根探管，最大限度地减小仪器系统误差。对测量数据仔细查看磁倾角等参数是否正常。存在磁干扰的井段应改用陀螺测斜仪进行重新测斜。

（6）精细绕障施工。要求根据直井段的实际偏斜情况，及时做好待钻井段剖面重新设计与防碰扫描，制定防碰绕障措施，确保与邻井最近距离在安全距离范围内。

（7）严格防碰段钻头、工具使用。对于防碰距离小于20m的井，要求防碰井段必须使用牙轮钻头加柔性钻具。

（8）加强随钻数据监测。要求防碰、绕障井段必须加密测斜，测斜间距不大于10m，及时预测井底井斜，进行随钻扫描监测。采用全测量方式，密切关注磁场强度及钻井参数等数据变化。

（9）测量仪器优先选择能够监测磁场强度和地磁倾角的无线随钻测量仪（MWD），测量方式选择长测量，通过MWD的测量参数Gtotal、Btotal等判断数据的准确性。

（10）绘制随钻防碰扫描图。对于防碰井段，要求手动绘制1:100局部放大井眼轨迹图和20m半径内井间距离扫描图，确定每一测点与邻井最近距离。要求所绘图件挂墙并及时更新，监督人员定期进行检查。

（11）对于多井防碰，且预钻井轨迹是交叉在多井之间的防碰，这类井的防碰操作难度较大，要求施工员必须提前分析好每一口井的空间关系，多井同时扫描，制定最有效的施工轨迹，切忌因为某一口井的防碰而忽略其他井。

（12）对于位移超过1500m的井防碰，要关注防碰扫描的椭圆分离系数，不能只关注最近点的扫描，需要有整体意识，及时对实钻轨迹进行调整。

（13）加强防碰井段坐岗。防碰井段定向工程师在司钻房提供技术服务，确保实钻轨迹控制。钻井队必须由具备副司钻及以上资质人员扶钻，以便及时发现井下异常。

（14）严格执行"四个停钻"措施。①用MWD长测量模式进行测斜，观察Btotal值（地磁因素），若Btotal值有变化，立即停钻分析；②密切关注钻井参数的变化情况，若有泵压降低或升高、扭矩摆动、机械钻速加快、钻时突然加快或变慢等异常情况，立即停钻分析；③观察钻井液返出情况，若有老浆、老井水泥、铁屑等返出，立即停钻分析；④随时观察防碰点处邻井井口情况，若出现异常，立即停钻分析，并向工程监督中心汇报。

（15）异常情况处理。要求立即停钻，将钻具提离井底5m以上，同时降低泵速至合理排量，观察有无漏失或溢流，禁止在井底大排量循环，提离至安全井段并确认无漏失或溢流后方可提高至正常排量。若有漏失或溢出，应及时采取相应措施，避免因漏失和溢出造成事态进一步恶化。

（16）监督防碰技术措施落实。二开前监督组织召开技术交底会，对防碰井进行重点提示；日常加强对防碰井巡井检查，检查防碰井段驻井监督防碰技术措施落实情况。

二、常规钻井防碰技术

（一）防碰扫描

人工岛上作业需要结合防碰扫描计算来评估井眼碰撞的风险。目前常用的防碰扫描算法有法面距离扫描、水平面距离扫描和最近距离扫描三种。在监测实钻轨迹的行进规律和进行轨迹控制质量评价时，通常是将障碍物作为比较轨迹，而将需要监测的设计轨迹或实钻轨迹作为参考轨迹。如图5-2-1所示，要想防止正钻井与邻井轨迹相碰就需要找到一种有效的分析计算方法，计算出两井在不同井深时的相对距离，并对其相对的发展趋势作出准确的预测，方能防碰于未然。

1. 法面距离扫描

法面扫描（图 5-2-2）是以扫描井轨迹上任一扫描点，作一垂直于井眼轨迹轴线的平面（即法面），然后计算该平面与周围相关邻井井眼轨迹在三维空间中的截点坐标、截点到扫描点的相对距离和相对方向，即是扫描井在这一扫描点上与周围相关邻井在法面上的相互关系。以扫描点为圆心所绘制出的即是法面扫描图。法面距离扫描主要用于比较实钻轨迹与设计轨迹之间的偏离程度。

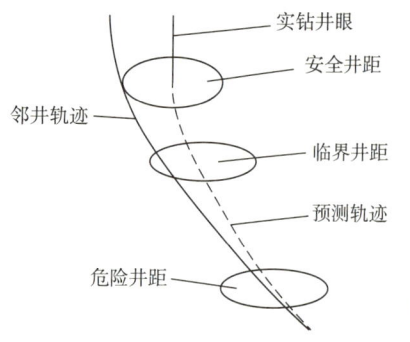

图 5-2-1 防碰井眼示意图

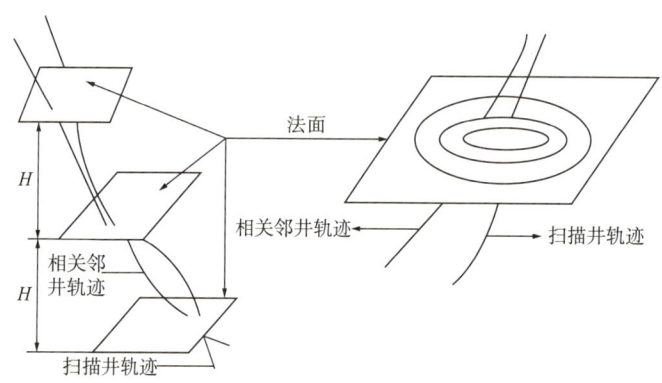

图 5-2-2 法面扫描法示意图

2. 水平面距离扫描

水平面扫描法计算的是扫描井与相关邻井之间在同一垂深截面上的相互位置关系。如图 5-2-3 所示，在扫描井轨迹上任一井段按需要的精度间距截取许多水平截面，求相关邻井与此水平面的截点坐标。然后在各个水平截面上以扫描点为圆心作极坐标图，在图上对扫描点与邻井同一垂深点的相互距离和方位进行分析。水平面距离扫描常用于计算定向井的靶心距。

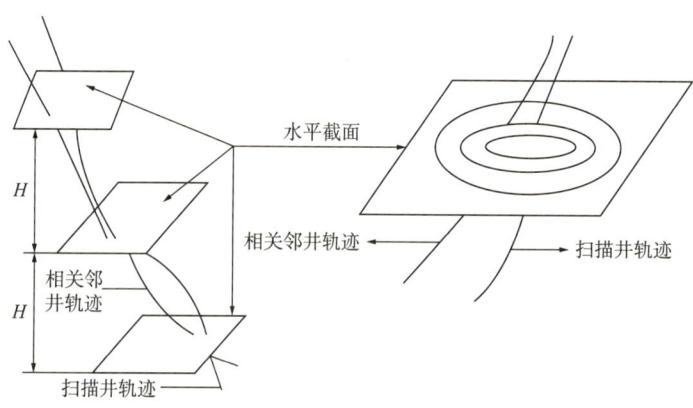

图 5-2-3 水平面扫描法示意图

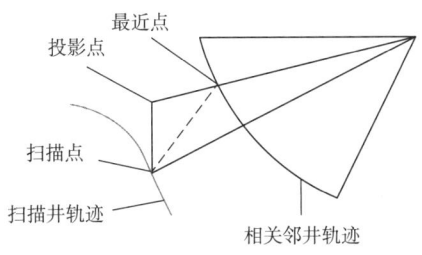

图 5-2-4 最小井距扫描示意图

3. 最近距离扫描

用法面扫描方法和水平面扫描方法计算出的与周围相关邻井的距离不一定是最小距离。如图 5-2-4 所示，最小距离法计算出的是邻井轨迹的空间最近距离。由于这种方法基本正确反映了距离较近的、井斜较小的两井眼在空间位置的对比关系，因此这种方法较多地应用于防碰钻井过程中的扫描计算。

（二）分离系数

分离系数计算方法是评估井眼碰撞风险的主要方法之一。分离系数计算模型中考虑了邻井距离和井眼位置不确定性的影响，因此根据分离系数计算结果指导井眼防碰施工作业是目前钻井现场普遍采用的方法。分离系数的计算方法主要包括：传统方法、垂足曲法、中心向量法、最小间距法和缩放法。

依据参考井和比较井相对位置测量误差计算方法不同，分为计算参考点和扫描点误差椭球的分离系数计算方法，以及通过计算参考点和扫描点合成误差椭球的分离系数计算方法。合成椭球的获得是通过计算参考点和扫描点测量误差协方差矩阵的和来计算求得的，因此通过分别计算参考点和扫描点误差椭球求得的参考点和扫描点测量总误差通常都大于通过计算合成误差椭球的方法求得的结果。

以误差椭球模型为例，它表示在一定置信度下井眼位置存在的区域范围。通过井眼位置不确定性分析，可得到目标点位置的不确定性矩阵 $\sum XX$，一般情况下，这是一个基于大地坐标系的实对称矩阵，见式（5-2-1）。误差椭球示意图如图 5-2-5 所示，误差椭球方程见式（5-2-2）。

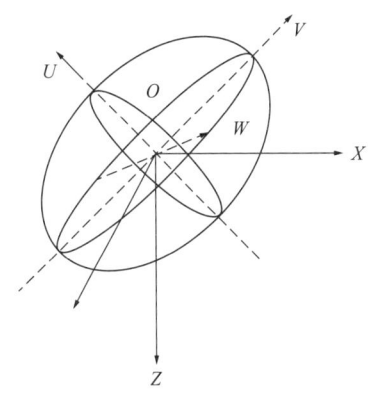

图 5-2-5 误差椭球示意图

$$\sum XX = \begin{bmatrix} \sigma_{XX}^2 & \sigma_{XY} & \sigma_{XZ} \\ \sigma_{XY} & \sigma_{YY}^2 & \sigma_{YZ} \\ \sigma_{XZ} & \sigma_{YZ} & \sigma_{ZZ}^2 \end{bmatrix} \tag{5-2-1}$$

式中 σ_{ii}^2——坐标轴方向的方差，$i=X$，Y，Z；

σ_{ij}^2——各坐标轴之间的互协方差，简称协方差，i，$j=X$，Y，Z。

$$\frac{U^2}{\lambda_1} + \frac{V^2}{\lambda_2} + \frac{W^2}{\lambda_3} = k^2 \tag{5-2-2}$$

其中椭球簇的主轴为 OU，OV，OW，其半轴长平方为 $a^2=k^2\lambda_1$，$b^2=k^2\lambda_2$，$c^2=k^2\lambda_3$，k 称为放大系数，可根据给定的概率确定。

当只确定目标点在水平面上的不确定性情况时，需要求出相应的误差椭圆。通过矩阵分块可求出平面误差椭圆方程，把矩阵 $\sum XX$ 分块即为误差椭圆特征方程，见式（5-2-3）。

$$\begin{bmatrix} x-x_0 \\ y-y_0 \end{bmatrix}^{\mathrm{T}} \begin{bmatrix} \sigma_{XX}^2 & \sigma_{XY} \\ \sigma_{YX} & \sigma_{YY}^2 \end{bmatrix} \begin{bmatrix} x-x_0 \\ y-y_0 \end{bmatrix} = k^2 \qquad (5\text{-}2\text{-}3)$$

式中 σ_{ii}^2——坐标轴方向的方差，$i=X$，Y；

σ_{ij}^2——坐标轴方向的协方差，i，$j=X$，Y；

（x_0，y_0）——目标点的坐标。

k 值取决于所给定的概率，决定椭圆的大小，反之，给出椭圆的大小，可反算出井眼落入该区域的概率，一般 k 取 2.796，此时井眼位置有 95% 的概率落在误差椭圆内。

在滩海地区，扫描距离随着井深增加而逐渐增加，井眼相碰风险逐渐降低，依据分离系数制定相应的防碰措施，具体见表 5-2-1。

表 5-2-1　井间分离系数及防碰控制

井间分离系数 f_{os}	交碰风险	防碰措施
$f_{os} > 5.0$	安全	可以安全钻进
$1.5 < f_{os} \leq 5.0$	警戒	可以继续钻进，仔细监测正钻井轨迹变化和邻井靠近情况
$1.0 \leq f_{os} \leq 1.5$	较大风险	重新修正井眼轨道设计，以满足防碰要求，同时做好防碰绕障措施准备
$f_{os} \leq 1.0$	重大风险	停止钻进，制定防碰绕障措施直至交碰风险消除

三、磁导向防碰技术

磁性导向仪器根据磁场信号来源不同可分为两大类：主动磁场信号和被动磁场信号。主动磁场信号指的是人为地在井下产生一个可测量的磁场，然后通过仪器来探测磁场信号实现定位，主要包括磁场导向系统（Managed Pressure Drilling，MGT）、旋转磁场测距系统（Rotating Magnet Ranging System，RMRS）、线导系统（SWG）等。被动磁场信号指的是完井套管本身产生的磁场信号或者是完井下入的磁性短套管产生的磁场信号，通过磁场信号来实现空间定位，主要包括水平井井眼轨迹跟踪系统（PWT）、磁场信号跟踪系统、Wellspot 目标井探测工具、磁测距系统（Pulse Measurement While Driling，PMR）等。目前，钻井施工现场中主要应用的是主动磁场信号仪器来规避井碰风险。

（一）主动防碰（测距）技术

1. MGT 系统

1）技术原理

MGT 的出现满足了 SAGD 成对平行水平井距离控制精度的要求。该仪器是在 1993 年由加拿大的 Sperry Sun Drilling Services 公司和美国的 Vector Magnetics 公司联合研制的，它由电磁场信号源、探管及计算软件三部分组成，并使用该仪器在加拿大完成了首次对平行水平井的施工。在成对水平井的施工中，首先将 MGT 工具置于下部水平井中，工作时通过电缆加电压使其活跃，在区域内产生一个具有强度和方位的电磁场。然后在上部水平井中通过改进的 MWD 测量系统检测、接收磁场信号并通过软件计算，确定两口井之间的空间相对位置关系。通过不断地调整上部水平井的井眼轨迹，满足平行于下部水平井的工艺要求。

2)技术特点

MGT 技术是采用闭环控制的方法来钻上部水平井的水平段,这样就可以排除累计误差带来的不确定性,MGT 系统的最大测量范围是 30m,随着距离越近,测量误差越小,10m 以内的距离误差为 0.2m。

MGT 系统主要是在开采超稠油的 SAGD 工艺中发挥着重要作用,但它也有自身的不足之处,一是该系统必须在近距离才能实现定位功能,二是探管在钻头之后 17m 左右,距离较远,给井眼轨迹控制造成困难。

2. RMRS 系统

1)技术原理

RMRS 这一概念是在 1995 年提出的,随着市场的需求,RMRS 系统应运而生并且得到推广应用。该系统主要包含三部分:强磁短节、探管和计算软件。1999 年该技术得到了进一步发展并逐渐走向成熟。目前 RMRS 技术在煤层气开采、SAGD 超稠油开采、地下可溶性矿物开采、救援井等领域得到了广泛应用。

RMRS 在 SAGD 双水平井中的工作原理示意图如图 5-2-6 所示。检测 RMRS 信号的探管放置在已钻井中,随着钻头和磁短节开始旋转钻进,探管实时记录由旋转磁短节产生的三轴变化磁场强度,如图 5-2-7 所示。

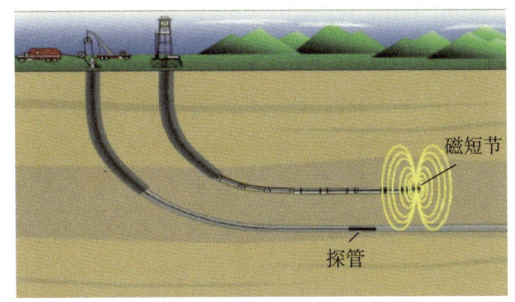

图 5-2-6 RMRS 在 SAGD 双水平井中的工作原理示意图

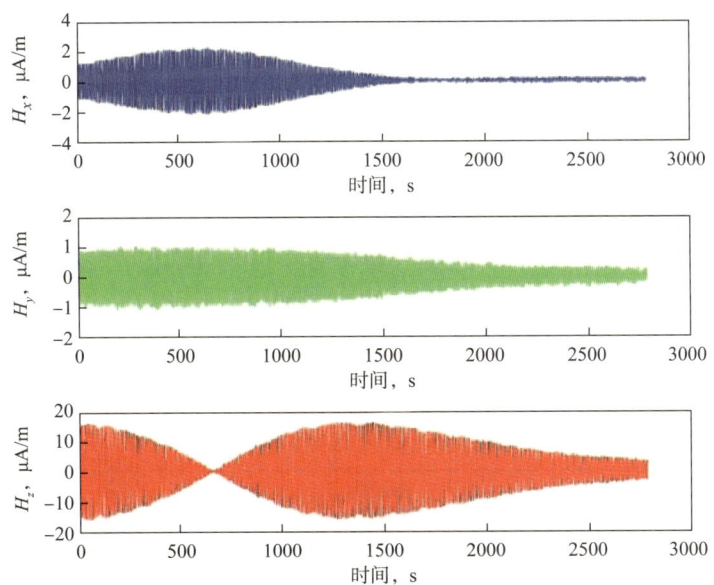

图 5-2-7 RMRS 探测的三轴磁场强度

当旋转磁短节经过探管时,磁场强度轴向分量(H_z)的振幅会出现 1 个最小值和 2 个最大值。2 个轴向磁场强度分量振幅最大值间的距离等于正钻井到已钻井的间距。2 个振幅最大值的相对大小也是正钻井钻向已钻井或钻离已钻井的指示器。当前一时刻轴向磁场强度分量振幅最大值大于后一时刻的振幅最大值,表明钻头钻向已钻井。立项测距结果的获得需要测得包含 2 个完整振幅最大值的数据。例如,为了获得立项的测距结果,如果两井在设计时相距 5m,那么磁短节周围 7~8m 区域的信号都需要获得。虽然用信号处理的技术对短信号进行处理也可以得到两井间距,但是这会降低测量精度。

探管探测的磁场强度径向分量(H_x 和 H_y)的幅值远小于磁场强度轴向分量(H_z),这是因为磁场强度径向分量穿过生产井中的套管或油管时会快速衰减,但是磁场强度径向分量可以用来确定注入井相对生产井的方位。

2)技术特点

RMRS 技术的硬件构成包括强磁短节和探管。强磁短节的长度约为 40cm,由横向排列的多个强磁体组成,它主要用来提供一个交变的待测磁场,磁场信号的有效传播距离为 50m。探管由扶正器、传感器组件、加重杆组成,其长度约为 3m。当旋转的强磁短节通过洞穴井附近区域时,探管可采集强磁短节产生的磁场信号,最后通过相关软件准确计算信号源和测量仪器之间的矢量距离。RMRS 系统的最大测量范围是 70m,随着距离越近,测量误差越小,10m 以内的距离误差为 0.1m。

与传统测斜仪器相比,RMRS 在连通过程中测得的相对位置误差随钻头的钻进不再积累,而是逐渐减小,更适用于"U"形水平井的连通。

目前,用于 SAGD 双水平井间距探测的工具有 RMRS 和 MGT,技术规范见表 5-2-2。RMRS 和 MGT 都可以直接探测钻头到目标井的距离和方位,不会产生传统测斜工具的累积误差。

国外有 95% 的 SAGD 双水平井都采用 MGT 来控制注入井与生产井的间距,MGT 具有以下技术优势:(1)应用 MGT 可以很方便地探测正钻井水平段任意一点到已钻井水平段的间距;(2)MGT 探测数据量小,更容易与电磁传输技术相结合;(3)需要重复测量时,MGT 更方便;(4)如果 SAGD 双水平井需要重新钻时,MGT 可以在注过蒸汽的地层正常工作。

RMRS 虽然没有 MGT 运用广泛,但是也有以下 MGT 无法取代的技术优势:(1)RMRS 磁短节直接与钻头相接,而 MGT 探测磁信号的工具距钻头 10m 以上,因此 RMRS 的测量结果能更精确地反映钻头相对已钻井的位置;(2)RMRS 测量过程中无须停钻,节省了综合钻井时间;(3)RMRS 不仅可以探测 2 口平行水平井的间距和方位,而且还可以探测钻头到靶点的距离和方位(即 RMRS 不仅可以用于 SAGD 双水平井井眼轨迹控制,而且还可以用于连通井的井眼轨迹控制)。

表 5-2-2　RMRS 和 MGT 的技术规范

项目	RMRS	MGT
工具外径,mm	44.5	50.8
长度,m	4.9	2.5
适用井眼直径,mm	—	> 98.4
极限工作温度,℃	140	85
最大工作压力,MPa	103	103
5~15m 的测量精度,%	2~4	5

续表

项目	RMRS	MGT
15~25m 的测量精度，%	5	5
25m 以上的测量精度，%	超出测量范围	5
最大测量距离，m	25	80

在滩海油气的开发中，SAGD、RMRS 和 MGT 技术混合使用，达到了不错的效果。

（二）被动防碰技术

1. MagTrac 系统

美国 SDI（Scientific Drilling International）公司的 MagTrac MWD Ranging System 利用 MWD 或测斜仪自带的磁通门、加速度计等传感器检测测点的重力场信号和受目标井套管、钻杆影响的大地磁场信号。再通过 MWD 系统或电缆将所获得的三轴加速度计、磁通门传感器数据发送至地面，然后由地面专门的软件对数据进行处理分析后获得救援井和事故井之间的相对距离、方位信息。

MagTrac 系统基本原理如图 5-2-8 所示，其中 MWD 系统或测斜仪可以是 SDI 公司的配套系统，也可以由第三方服务公司提供。MagTrac 软件获得 MWD 系统或测斜仪的数据，处理后即可获得救援井和目标井的相对位置关系。MagTrac 系统曾在中东、委内瑞拉等地完成多口救援井测距作业，最大探测距离为 22.8m。除应用于救援井作业外，该系统还可以应用于防碰及平行井作业等测距工作中。

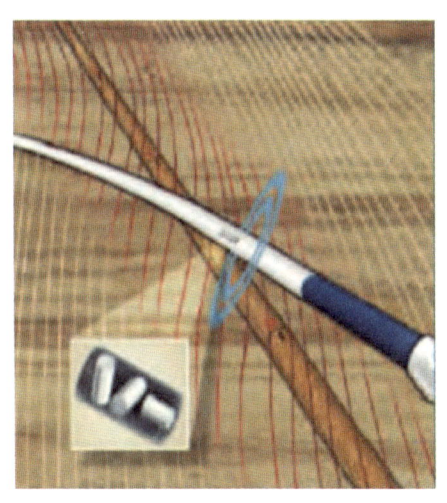
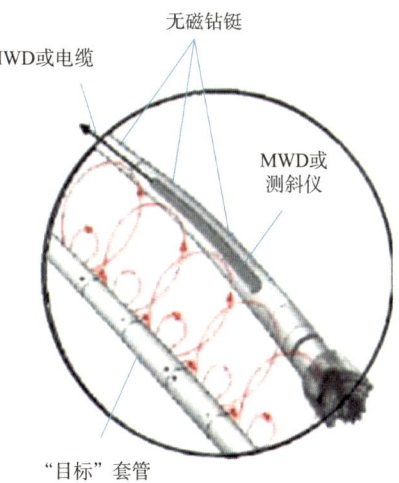

图 5-2-8 SDI 公司 MagTrac 系统基本原理

2. PMR 系统

PMR 系统又称被动磁测距系统，其基本原理和 SDI 公司的 MagTrac 系统类似，也是利用事故井中套管（钻杆、落鱼）对大地磁场的影响来进行测量。通过获得第三方 MWD 系统磁通门、加速度计等传感器的测量数据，由地面软件系统进行计算分析后可以实时计算获得救援井和事故井之间的相对位置数据（距离、方位）。同样，除应用于救援井作业外，该系统可应用于防碰等需要实时测距数据的钻井作业中。

根据事故井套管（钻杆、落鱼）磁化情况不同，PMR最大探测距离一般为5~10m。由于被动测距系统依赖事故井套管、钻杆等对地磁场的影响，其探测距离一般较近，同时其分辨率依赖于目标井对磁场的影响情况，有时可能难以获得较高的探测精度。

3. 典型案例

在NP1-3人工岛（图5-2-9）使用了丛式井防碰绕障技术与大井丛优快钻井技术，该人工岛累计完成各类定向井、水平井247口，一举创造了中国大井丛井数最多纪录，井数位居同等面积人工岛世界第一。该平台后期防碰井最多达33口，最近防碰距离0.32m。钻头在多口井之间穿过，施工难度之大，风险之高，国内外罕见。

图5-2-9　NP1-3人工岛丛式井

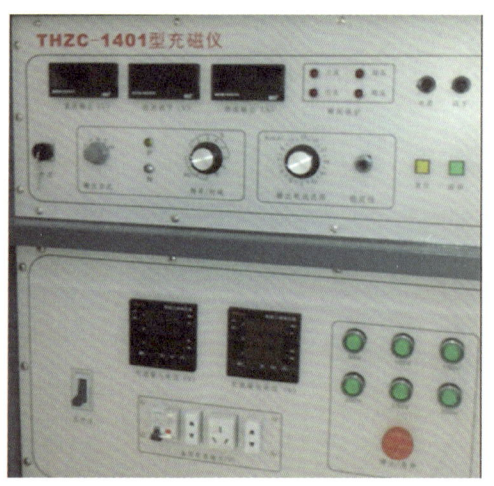

图5-2-10　直流电充磁设备

针对防碰井套管的磁场相对较弱的问题，利用电磁脉冲感应原理在套管加直流电，使套管产生恒定磁场，采用全磁参数随钻MWD进行精确定位邻井位置，大大提高了防碰探测距离和钻井安全性。

在进行防碰作业时，通电后的套管井形成明显高于大地磁场的均匀电磁场，随钻MWD探测防碰井套管的磁异常值，进而精确定位防碰井位置，能够实现4~6m的磁感应控制半径。工艺中使用的直流电充磁设备如图5-2-10所示。

其中，在NP1-3人工岛中，磁场强度数据记录见表5-2-3。

表5-2-3　磁场强度数据记录表

井深 m	正钻井磁场强度 Gs	标准磁场强度 Gs	磁异常比值 %	与某井计算中心距离 m
30.55	0.5301	0.5385	1.58	3.94
58.39	0.5300	0.5385	1.57	3.89
86.35	0.5400	0.5385	0.35	3.79
114.29	0.5400	0.5385	0.35	3.68
142.41	0.5430	0.5385	0.80	3.58

续表

井深 m	正钻井磁场强度 Gs	标准磁场强度 Gs	磁异常比值 %	与某井计算中心距离 m
170.50	0.5430	0.5385	0.76	3.44
199.19	0.5470	0.5385	1.60	3.42
256.82	0.5500	0.5385	2.06	3.35
267.45	0.5480	0.5385	1.69	3.42
299.00	0.5410	0.5385	0.46	3.93

通过磁场强度研究发现，当磁场总强度超过标准磁场强度值3%时，可确定正钻井与套管井相距不到2m。通过磁异常监测可提前发现井下相碰风险，及时采取措施防止事故发生。

第三节 单筒双井关键技术

随着勘探开发技术的发展和进步，海油陆采的开发模式也有了一定的发展，但受地面条件的限制，油井采用丛式井组开发，地下井眼高密度分布。随着开发规模的不断扩大，布井数量逐渐增加，不仅井眼轨迹控制难度、防碰难度日益加大，而且剩余井口槽已不能满足部署新钻井的要求，需提高井口槽利用率。而多分支井等对技术和成本都要求较高，因此如何在控制成本、使用较为成熟的钻井工艺的前提下，实现多布井成为重要研究方向。单筒双井技术就是采用较为成熟的钻井工艺前提下，用一个井位钻两口井的方法，该方法有效地突破了技术瓶颈，实现了有限井位多布井的目的，进而节省了油气田开发的费用[6-7]。

一、钻井技术难点

单筒双井技术是一种先进的导管共用钻井技术。利用该技术可以在一个槽口内钻两口定向井，采用双井井口系统，在主井眼中下入两套独立并行的管柱，形成两个分支的井眼，其后根据靶点的坐标，在二开钻进中以不同的造斜点朝各自的方向钻进，达到单筒双井的目的。单筒双井技术的主要难点在于防碰、井眼分离、轨迹控制与区域性漏失。

（1）防碰。

受条件限制，人工岛上的井眼分布十分密集，例如在CH2-2人工岛上井口间距为2.5m，远小于陆上井场井间距，因此地下井眼轨迹交错复杂，碰撞风险大。一开是单筒双井，多采用浅部造斜，为防碰紧要井段。

（2）井眼分离。

在应用单筒双井技术时，井眼一般在二开井段才能实现井眼轨迹分离，双管在一开井段共用一个井眼，因此在两个并行的井眼会增大钻具与套管之间的摩擦面积，需要尽快分离。

（3）井眼轨迹控制。

浅部造斜，地层岩性疏松，井径扩大率大，造斜率不易控制；多数井身剖面为双增剖面，且在深部井段调整井斜方位，轨迹控制难度大。大位移井和三维绕障井定向托压严重，轨迹控制困难。

(4)区域性漏失。

环渤海滩海区块构造复杂,小断层较发育,漏失严重。如 CH2-2 人工岛共完成 80 余口井施工,漏失井占 26%。漏失发生在馆陶组底部砾岩段、明化镇组及馆陶组断层井段、东营组承压能力差的井段等。

二、钻井关键技术

(一)单筒双井分离技术

为了降低单筒双井井眼并行过程中摩阻持续增加的问题,当前人工岛上使用了单筒双井分离技术。在钻进过程中,根据 MWD 测得磁强度变化,通过对磁场强度三个分量数值的测量,利用专用软件计算和技术人员分析,准确判断钻具与套管相对位置后调整工具面,使双井安全分离[8]。

如图 5-3-1 所示,先钻 ϕ580mm 井眼到 820m 后,下入两串 ϕ244.5mm 套管,套管下深错开 3m,30-33 井表层套管下到 817m,29-34 井表层套管下到 820m。先钻 30-33 井,出套管 30m 开始造斜,沿设计轨道钻至完钻。然后钻 29-34 井,出套管马上利用分离技术,待双井成功分离后沿设计轨道钻至完钻。

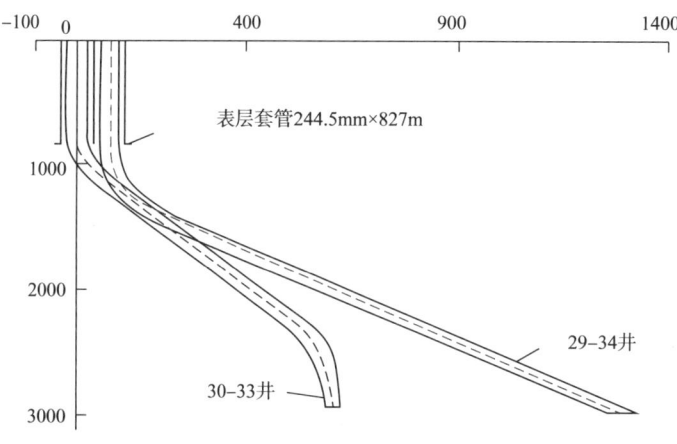

图 5-3-1 单筒双井分离技术示例图

(二)井口系统改造技术

单筒双井技术主要是在一个主井眼内建立两口子井,需要特殊的井口装置,两个井口的中心会靠得很近,需要采用背靠背的安装方式,同时还要考虑井口各设备单元之间不能产生干扰,便于现场安装操作。从油田现场应用情况来看,目前成功应用的双井口采油树产品,主要有两种结构形式:一种是分体式结构,此结构设计相对比较简单,其安装程序和普通的分体式井口类似,目前这种结构的井口在渤海油田应用较多;另一种是整体式结构,将套管头和油管头设计为一体,只需进行一次安装即可完成整个钻完井作业,但是其配套工具的使用要相对复杂一些,对操作人员的要求较高。在大港 CH1-1 人工岛、CH2-2 人工岛上井口装置采用分体式结构,其由套管头双环底座(图 5-3-2)、套管头

（图5-3-3）和采油树（图5-3-4）组成。

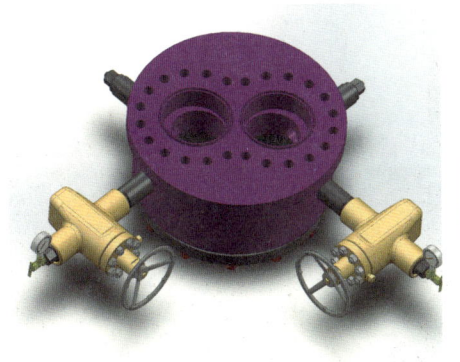
图5-3-2 套管头双环底座

图5-3-3 套管头

图5-3-4 套管头组和采油树

在安装改造的井口系统时需要注意以下事项、遵循以下步骤：

（1）钻前需下挖井口导管周围水泥基础，满足双环底座套管头端面与基础水平，导管切割位置以现场满足四通内防喷管线出小平台为基准，导管切口打磨成倒角形状，保证双环底座套管头的密封圈有效。最终满足整体套管头、采油树与单筒套管头和采油树相对齐平。

（2）主井眼施工过程。

采用高转速轻压吊打方案，防止井眼偏斜，保证井眼垂直，有利于双管柱顺利下放。施工采用先钻到相应井深后，用扩眼器的扩眼使主井筒井径能够有效容纳两口子井。针对大井眼井筒易垮塌、不利于井眼净化和携砂等问题，表层采用海水聚合物钻井液体系提高井眼扩大率，待到一开进尺后，加入膨润土钻井液，提高钻井液的携砂和悬浮性。

钻进期间每隔200m进行短起下钻，保证井眼通畅，充分使用固控设备及时清除有害固相，从而利于大井眼携岩及井径规整和井眼清洁，为双套管的顺利下入做好准备。扩眼期间要注意保持井眼垂直，为有效提高大直径井眼钻井液携岩性能，加入包被剂，并间隔性循环稠塞。

（3）子井施工过程。

先安装双环底座套管头，然后先后下入两口井的井套管，作为二开井筒。为了便于套管通过套管头双环底座，减少施工困难，将套管内螺纹端做45°倒角，如图5-3-5所示。

固井后安装锥挂并进行切割，如图5-3-6所示。将切割后的锥挂做外倒角，有利于套管头的安装。然后安装表层套管头，套管头是两个分体结构，每口井使用一个独立的套管头，将采油树（图5-3-7）坐落在上法兰上，上紧连接螺栓。整体采油树安装好后，进行其他管线连接，再用背压阀送入取出工具，取出背压阀便可进行采油作业。

图5-3-5 套管内螺纹端倒角

图 5-3-6 锥挂切割

图 5-3-7 套管头与采油树实物图

(三)防漏、堵漏技术

超低渗透堵漏剂 BZ-ACT 是一种基于"理想充填"和"成膜封堵"理论开发的随钻堵漏产品,95% 以上可过 80 目振动筛,75% 以上可过 100 目振动筛,完全满足随钻要求。其主要成分包括各种超细粒径堵漏材料及成膜材料等,该处理剂在钻井液中利用封堵粒子和特殊有机聚合物,在井壁岩石表面浓集形成胶束,依靠胶束或胶粒界面吸力及其可变形性,吸附交联,黏结在井壁岩石表面形成低渗透致密的封堵膜,有效封堵不同渗透性地层和微裂缝石灰岩地层,在井壁的外围形成保护层,增强内滤饼封堵强度,将钻井液与地层隔离,达到随钻封堵的目的。可有效用于防漏、渗透性漏失和堵漏等工序。

在 CH2-2 人工岛上,针对馆陶组、沙三段钻进时根据每个立柱的返砂情况适当延长划眼时间,防止环空岩屑含量过多造成环空压耗增大;制定起下钻时禁止在馆陶组顶通、划眼,严格控制起下钻速度,下钻到底缓慢开泵等措施减小激动压力;加大固控设备的使用,保证固控设备有效运转。

三、套管下入及固井工艺

如图 5-3-8 所示,将钻机移至即将施工的单筒双井的槽口 1 位置上,首先进行一开钻进,用钻具在槽口 1 的导管 6 内钻出一定深度的圆筒形井筒 7。在井口安装好双孔基座 9。分别下入 A 井表层套管管柱 4 和 B 井表层套管管柱 5,套管管柱设计为无接箍套管或是将接箍上下均打磨成 45° 倒角的套管,避免两串并行套管下入过程中相互干扰问题,设计 A 井套管管柱比 B 井套管管柱长 2m,以保证二开钻进时 A 井和 B 井互不干扰和防碰。然后进行单筒双井的表层套管固井作业,与普通井不同的是从 A 井套管管柱内注入水泥浆 8 后沿 A 井和 B 井的套管管柱外返出,为保证 B 井套管串二开时能完整试压,B 井套管浮箍以下套管内必须进入少量的水泥浆,注水泥浆结束后,开泵顶通 B 井套管管柱 5,然后缓慢放压，使少量水泥浆从 B 井套管鞋处进入套管内，水泥候凝完即可完成对称型单筒双井表层钻完井工艺。

单筒双井表层井眼共用，先下浅表层，后下深表层，通过深表层进行固井作业。具体过程如下（以 zh31-31 井、zh31-32 井为例）：

首先井口坐 ϕ660mm × ϕ244.5mm 套管头 01 部分，准备下 ϕ244.5mm 表层套管，在 ϕ580mm 直井眼下入两个并行的 ϕ244.5mm 套管柱，双套管下入是单筒双井技术关键点之一，为保证 zh31-31 井、zh31-32 井两口井 ϕ244.5mm 套管安全顺利下入，主要采取了下列技术措施：

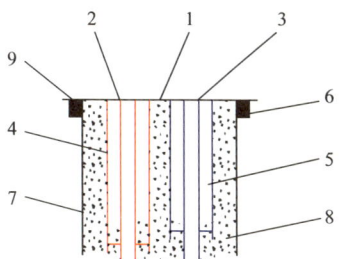

图 5-3-8　单筒双井示意图

1—槽口；2—A 井井口；3—B 井井口；
4—A 井套管柱；5—B 井套管柱；
6—导管；7—井筒；8—水泥；
9—双孔基座

（1）将井架移至 zh31-32 井井口，先下入 ϕ244.5mm 套管 776m，然后将井架移至 zh31-31 井井口，下入 ϕ244.5mm 套管 778m。

（2）将入井 ϕ244.5mm 套管接箍外端面打磨成 45° 小倒角，减少套管下入时接箍端面的挂碰，保证套管顺利下入。

（3）出于降低施工成本的目的，2017 年实施单筒双井，省去 CDS 顶驱下套管技术，在套管接箍外端面打磨成 45° 小倒角工艺时，接箍下台肩平面不得小于 4mm，以确保安全挂入吊卡。

（4）下套管过程中，逐根灌浆防止套管掏空过多，造成附件变形；另一侧套管灌一半钻井液，使套管处于悬浮状态，防止套管相互挤压造成套管变形和挤坏浮鞋、浮箍等套管附件。

zh31-31 井、zh31-32 井两口井 ϕ244.5mm 套管下入后，单筒双井与常规固井作业方式存在一定的差别，需要从一套管内注水泥而从两套管外环空返出水泥浆，同时保证两套管柱浮箍以下有水泥密封，主要采取了下列技术措施：

（1）从 zh31-31 井的套管内注水泥进行两口井的固井作业，在 zh31-31 井注水泥固井作业，注水泥量按 zh31-31 井、zh31-32 井两口井 ϕ244.5mm 套管外环空计算，注完水泥浆，直至顶替胶塞碰压。

（2）碰压结束后，迅速用水泥车接另一侧 zh31-32 井套管，顶通浮箍、浮鞋，使用返水管将套管外水泥浆倒返 1~2m³ 至套管内，确保 zh31-32 井套管内有水泥，满足二开前进行套管及井控设备试压条件。

参考文献

[1] 刘刚，陈超，杨全枝，等 . 井眼防碰监测中的风险信号特征识别 [J]. 石油机械，2012，40（8）：76-79.

[2] 李兵，胥豪，牛洪波，等 . 丛式井组加密井防碰技术及应用 [J]. 钻采工艺，2018，41（4）：12-15.

[3] 刘刚，徐加兴，李伯尧，等 . 基于钻头振动信号的丛式井井间距离计算模型 [J]. 石油机械，2015，43（12）：1-6.

[4] 边瑞超,周洪林,曹华庆.冀东油田人工岛丛式井钻井防碰技术[J].石油钻探技术,2017,45(5):19-22.

[5] 许军富,徐文浩,耿应春.渤海人工岛大型丛式井组加密防碰优化设计技术[J].石油钻探技术,2018,46(2):24-29.

[6] 付友义,张海军,沙东,等.大港埕海油田单筒双井井位优选研究及应用[J].化工管理,2016(31):183.

[7] 侯冠中,席江军,和鹏飞,等.单筒双井占位钻具技术研究及在渤海油田的应用[J].石油钻探技术,2016,44(2):70-75.

[8] 姜伟.单筒双井钻井技术在渤海油田的应用[J].石油钻采工艺,2000(1):9-13,83.

第六章 大位移井钻井技术

海油陆采作业中，在人工岛上根据靶点的远近和密集程度采用了水平井、大位移井等多种井型。其中，大位移井技术用于滩海地区，可以扩大人工岛的控制范围，提高单个人工岛平台的利用效率，节省建岛、钻井的成本[1-3]。大位移井技术主要包括钻井液技术、防磨减扭技术、井眼清洁技术、钻井提速技术和事故复杂预防及控制技术。

第一节 大位移井基本概念

一、大位移井的定义

大位移井也称延伸井或大位移延伸井，是在定向井、水平井和深井钻井技术的基础上发展起来的一种新型钻井技术，集中了定向井、水平井和超深井的所有技术难点。大位移井是指水垂比等于或大于 2 的井，当水垂比大于 3 时被称为特大位移井，目前大位移井在世界范围内广泛应用。

二、大位移井的特点和钻井难点

大位移井的主要特点是水平位移大，能较大范围地控制含油面积，开发相同面积的油田可以大量减少陆地及海上钻井的平台数量；钻穿油层的井段长，可以使油藏的泄油面积增大，可以大幅度提高单井产量。在滩海地区，埕海区块大位移井通过先导井实钻分析发现：埕海一区大位移井具有垂深浅、位移大、浅层定向等特点，埕海二区井型均为大斜度、大位移井。大位移井的井斜一般都在 40°~90°，水平位移 3000m 以上，其中，NP13-1706 井的最大水平位移达到了 4940.99m。

滩海地区钻井施工难度大，主要体现在循环压力高，环空返速低，携砂困难，钻进扭矩大，定向托压严重，起钻上提拉力大，下钻、下套管摩阻大等。同时存在地层复杂易坍塌、多套压力系统并存、窄密度窗口、地层可钻性差等问题。

第二节 大位移井钻井液技术

油气井钻完井是否能够顺利进行，很大程度上取决于钻井液性能。钻井液是在钻井作业中使用的一种特殊液体，用于冷却钻头、清洁井眼、控制井压、输送钻屑等。钻井液的组成和性质会根据特定的钻井目标、地质条件和操作需求而有所不同。在海油陆采大位移井技术中，由于地质因素，合理地选取钻井液十分重要，本节中对滩海钻井技术面临的主要问题和钻井液选型进行了介绍，并给出了几个典型实例。

一、滩海钻井技术面临的主要问题

（1）井壁稳定性差。

滩海地区地层偏软，海水携带的沉积物细小，其沉积速度、压实方式，以及含水量与陆地明显不同，因而活性大、欠压实，常表现为易膨胀、分散性高、易漏失等，这将会导致过量的固相或细颗粒分散在钻井液中。同时，随着斜深的增加，地层孔隙压力梯度和破裂压力梯度之间的余量就小得多，增加了地层失稳的可能性。

（2）钻井液配备困难。

在滩海环境下，井壁稳定性问题使得钻井液在性能要求上更加严格。同时，滩海钻井液的用量较大，配制和维护困难。采用"工厂化"钻进模式需要循环使用钻井液，增加了补充和配比的考虑；多层套管要求更大的钻井液体积；适时稀释以调控钻井液性能也增加了钻井液的用量。因此，滩海环境下的钻井液配备困难，需要充足供应、满足复杂情况的要求，并应考虑适时稀释以调节性能。

（3）井眼清洁难。

滩海地区钻井时，由于在人工岛上进行钻井且槽口密集，如果钻井液流速不足，就难以达到清洗井眼的目的。对大直径的井段，钻井液上返流速不足以达到清洗井眼的目的。因此一般采用稠浆清洗、稀浆清洗、联合清洗、增加低剪切速率黏度，以及有规律地短程起下钻具等方法来清除钻屑。

（4）润滑要求高。

滩海钻井的井型以大斜度、大位移定向井和水平井为主，施工过程中钻具斜躺在长裸眼的下井壁上，加大了钻具与井眼的接触面积，摩阻和扭矩较大；后期施工井多数为三维定向井，在深部井段调整井斜方位以及绕障和防碰，更增加了井眼轨迹的控制难度，客观上摩阻扭矩也随之增大，要求钻井液必须具有良好的润滑性，以降低摩阻，保障顺利钻进。

二、大位移井井眼清洁影响因素

井眼清洁是大位移井钻井的一项关键技术。由于水平位移大、井深长、井斜角大等，使得大位移井中的井眼净化较定向井、大斜度井和水平井更为突出。大位移井钻井过程中，由于井眼清洁不好而导致的井下事故屡见不鲜。

（一）大位移井井眼净化的特点

在大位移井中，岩屑的沉降方向通常遵循重力方向，但随着井眼斜度增大，环空返速沿重力方向的分量却会减小。水平井段中，环空流速的垂向分量为零，这导致钻井液悬浮岩屑的能力下降，岩屑沉积速度加快，易在环空的下井壁形成岩屑沉积床。此外，紧邻岩屑床层上部的流体轴向速度较小，使得岩屑重新流动变得困难，延长了岩屑在环空中滞留的时间，进而导致环空内岩屑总浓度的增加。钻具与井眼之间的偏心度较大，对岩屑携带产生不利影响。因此，在大位移井中，需要优化钻井液的性能和流体动力学特性，以解决岩屑沉积和悬浮的问题，确保钻井过程的顺利进行。

（二）影响大位移井井眼净化的因素

影响井眼净化的因素很多，包括钻井液流速和流态、井眼倾角、钻具旋转、钻井液性能、钻具偏心度、钻井液体系、机械钻速、岩屑性能等。

（1）环空返速。

钻井液的环空返速是影响井眼净化的主导因素。排量的增加总会使岩屑的运移效率增加，但排量的上限受到泵功率、最大允许的当量循环密度、裸眼井段受水力冲蚀的敏感性程度等因素的影响。

（2）钻柱旋转。

钻柱旋转所产生的涡动及对岩屑床的水力搅拌，并使岩屑暴露于高流速的钻井液中是使井眼净化得以改善的主要原因。但实际钻井中，钻柱的转速仍然受到许多客观因素的制约，如滑动钻井时就无法旋转钻柱，过高的转速会加速钻柱的疲劳破坏。

（3）井斜角。

井斜角由 0° 增加至 65°，井眼清洗困难，需要增加水力能量；井斜角在 65°~75° 之间，保持井眼净化所要求的排量最大，当井斜角从 75° 增加到 90° 后，所要求的排量略有降低。在 20°~50° 之间，突然停泵会导致岩屑床下滑，严重时可能导致卡钻。

（4）钻井液性能。

钻井液性能影响因素很多，且相互影响。影响井眼净化的钻井液性能包括流变性（屈服值、塑性黏度）和密度。钻井液的密度增加会提高对岩屑的悬浮能力，但钻井液的密度主要取决于地层压力而非由井眼净化来决定。

（5）钻柱偏心。

钻柱偏心对井眼净化影响较大。由于重力作用，尤其在滑动钻井方式下，钻柱总是位于井眼低边，从而导致在岩屑集聚区缺乏足够的水力能量来清除岩屑。在斜井钻井过程中，钻柱偏心是难以避免的，主要是要采取工程措施来克服由于钻柱偏心对井眼净化所产生的不利影响。

（6）机械钻速。

同等条件下，机械钻速越高，单位时间内所产生的岩屑越多，环空岩屑浓度越高。因此，为保持井眼清洁，机械钻速不能过高，在海洋钻井中机械钻速远高于陆地，在排量和转速已经很高的情况下，为保持井眼净化和保证井下安全，应适当控制机械钻速。

（7）岩屑。

岩屑的尺寸、形状和密度对岩屑在流动介质中运移有重要的影响。岩屑的尺寸和形状与所使用的钻头类型有关，比较难以控制。

三、大位移井钻井液选型

钻井液技术关系到大位移井井壁稳定、携岩及井眼净化、润滑及摩阻扭矩控制、油层保护等多个环节；滩海地区部署的均是大斜度、大位移定向井，由于地层原因携砂困难，易形成岩屑床；安全密度窗口窄，极易发生井漏，起下钻阻卡已成为普遍现象。因此，井壁稳定、防漏堵漏、清洁井眼成为该区的施工难点。根据地质条件和储层差异，各油田中的钻井液选型也不完全相同。

钻井液体系优选和性能优化的原则要能适合地层要求，满足井眼稳定的需要；有较高的润滑性，能充分降低钻柱与井眼之间的摩擦系数；有较高的携岩性能，能满足清洁井眼的要求；钻井液密度设计合理，钻进时既要平衡地层孔隙压力，又不能压漏地层，同时也能保证井眼稳定、对油层的伤害小[4]。

BH-WEI 和 BH-KSM 钻井液都是渤海钻探开发的钻井液体系，针对大港埕海区块，研制出了 BH-WEI 钻井液技术；针对冀东人工岛，研制出 BH-KSM 钻井液技术。

（一）BH-WEI 钻井液

BH-WEI 钻井液是针对复杂地层和环境敏感地区的高温高压、巨厚盐膏岩、高压盐水等钻井难题，以高密度、强抑制复合有机盐溶液为基液形成的高性能水基钻/完井液体系。经过多年的不断完善，引入微纳米封堵剂多尺度封堵，提高地层承压能力，解决地层微孔隙发育、微裂缝宽度不一、微裂缝延伸长度长、弯曲程度大，易发生钻井液劈裂引起井壁失稳等问题，提高地层承压当量密度达 $0.1g/cm^3$，促进工程提速。BH-WEI 钻井液能够保护油气层，渗透率恢复值大于 90%，无膨润土，无荧光干扰，基液密度在 $1.03~1.80g/cm^3$ 之间调配，低固相，水锁效应小，有利于油气返排。钻井液的动沉降稳定性好，当量循环密度（ECD）值低，解决窄窗口"溢—漏"技术难题。

针对大港地区的海油陆采钻完井，BH-WEI 钻井液具有以下几个方面的优势：

（1）采用复合有机盐加重，基液密度高，保障高密度下体系良好的流动性，以及无固相储层钻井液的实现。一型盐（BZ-YJZ-Ⅰ）可加重至 $1.35g/cm^3$，二型盐（BZ-YJZ-Ⅱ）可加重至 $1.55g/cm^3$，三型盐（BZ-YJZ-Ⅲ）可加重至 $1.80g/cm^3$。

（2）BZ-YJZ 的阴离子含有强还原性基团，是很强的抗氧化剂，可除掉钻井液中的溶解氧，使其他处理剂不发生降解反应，具有更好的稳定性，BZ-YJZ 水溶液中溶解氧含量见表 6-2-1。

表 6-2-1　BZ-YJZ 水溶液中溶解氧含量

体系	200℃热滚 16h，冷却至室温后溶解氧浓度，mg/L
清水	9.6030
50% BZ-YJZ-Ⅰ	0.0940
90% BZ-YJZ-Ⅰ	0.0937

（3）良好的抗盐膏污染能力，复合有机盐可降低盐膏的溶解度，提高体系的抗污染能力。

（4）良好的抑制性。复合有机盐可降低水活度，抑制黏土水化分散，降低泥岩水化膨胀率，有效提高井壁稳定性，BZ-YJZ 水溶液的水活度见表 6-2-2。

表 6-2-2　BZ-YJZ 水溶液的水活度

溶质	溶解度（25℃）g/100mL H_2O	饱和溶液密度 g/cm³	水活度（25℃）
KCl	36	1.17	0.85
NaCl	36	1.19	0.75
$CaCl_2$	75	1.39	0.30
BZ-YJZ-Ⅰ	95	1.35	0.51
BZ-YJZ-Ⅱ	150	1.55	0.28
BZ-YJZ-Ⅲ	260	1.80	0.19

（5）良好的润滑性。同等条件下，与油基钻井液润滑性能对比，扭矩减少百分比差距不到 10%，保障长水平段的顺利钻进，BH-WEI 钻井液扭矩数据见表 6-2-3。

表 6-2-3　BH-WEI 钻井液扭矩数据

项目	扭矩，kN·m		
	蒸馏水	油基钻井液	BH-WEI
第一次测量	31.00	12.00	14.50
第二次测量	31.00	11.50	14.00
第三次测量	31.00	12.50	14.50
平均值	31.00	12.00	14.33
扭矩减小百分比，%	—	61.29	53.77

（6）采用专用防塌封堵剂+"理想充填"，针对海油陆采的地层特点实施封堵性能强化，采用多尺度粒径材料级配，有效封堵地层孔隙，形成致密滤饼，阻缓压力传递，图 6-2-1 为 BH-WEI 钻井液泥页岩孔隙压力传递试验结果。

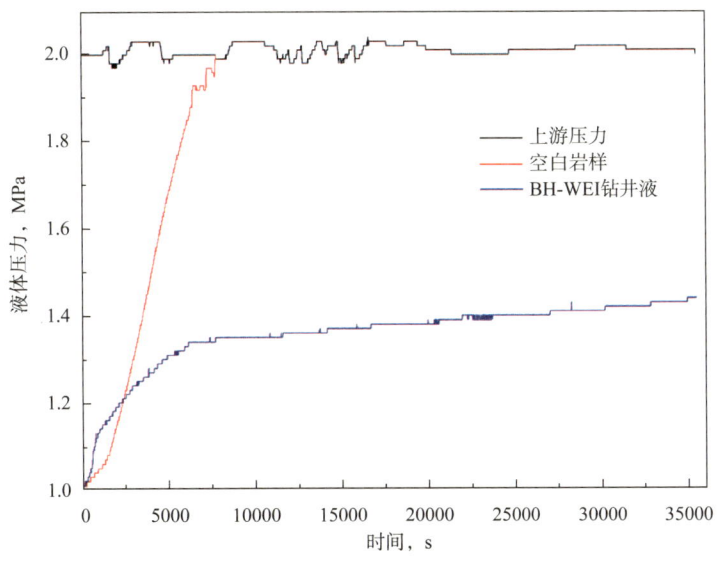

图 6-2-1　BH-WEI 钻井液泥页岩孔隙压力传递试验结果

(7)储层保护效果良好。

①地层流体与钻井流体具有良好配伍性。

水溶液中不含有二价或二价以上阳离子,同时复合有机盐的溶解度非常高,BH-WEI钻井液或其滤液与地层水接触时,即使与含有硫酸盐或碳酸盐的地层水接触时,也不会发生反应,不会有沉淀物析出,不会产生化学污垢,不会堵塞裂缝孔隙,储层渗透率不会降低。

②表面张力低,有利于油气返排。

通过降低滤液的表面张力减轻水锁效应,从而有利于油气返排。对复合有机盐水溶液表面张力、油/有机盐水溶液界面张力进行了研究,结果见表6-2-4和表6-2-5。

表6-2-4 BZ-YJZ水溶液的表面张力

配方	清水	50%BZ-YJZ-Ⅰ水溶液	150%BZ-YJZ-Ⅱ水溶液
表面张力,mN/m	71.83	50.34	29.56

注:实验测定温度为24.0℃;50%BZ-YJZ-Ⅰ水溶液密度为1.20g/cm³,150%BZ-YJZ-Ⅱ水溶液密度为1.55g/cm³。

表6-2-5 油/BZ-YJZ水溶液的界面张力

体系	煤油/水	煤油/80%的BZ-YJZ-Ⅰ水溶液	煤油/120%的BZ-YJZ-Ⅱ水溶液	煤油/200%的BZ-YJZ-Ⅲ水溶液
界面张力,mN/m	40.0	6.2	1.7	0.8

由表6-2-4和表6-2-5可以看出,有机盐水溶液表面张力低,同时油/水界面张力大大降低,有利于油气返排,有利于保护油气层。

③酸洗前后渗透率恢复值变化不大,可实现免酸洗作业。

储层保护效果评价:实验岩心采用高孔高渗透天然岩心进行保护油气层效果评价(表6-2-6),分别为岩心渗透率恢复值评价,以及岩心酸洗前、后渗透率恢复值评价。

a. 岩心渗透率恢复值评价。

通过渗透率恢复值评价,分析室内条件下BH-WEI钻井液对岩心渗透率恢复值的影响。实验中采用的岩心为馆陶组天然岩心。

表6-2-6 储层保护效果评价表

岩心号	岩心气相渗透 K_a,mD	污染前岩心油相渗透率 K_o,mD	稳定压力 MPa	污染后岩心油相渗透率 K_d,mD	最大突破压力 MPa	K_d/K_o %	实验温度 ℃
天然岩心1#	1050	163.48	0.012	147.32	0.06	90.11	70
天然岩心2#	1848	183.24	0.014	167.11	0.05	91.20	

实验中的2组岩心的渗透率恢复值都大于90%,并且最大突破压力仅为0.06MPa,容易返排解堵,这表明BH-WEI钻井液具有良好的储层保护性能。

b. 酸洗前后岩心渗透率恢复值评价。

主要测试污染后岩心酸洗与否对渗透率恢复值的影响,室内对岩心进行了动滤失污染,将污染后的岩心进行10%HCl、15%HCl浸泡,模拟酸洗过程,并分别测试HCl处理后的岩心渗透率恢复值。实验结果见表6-2-7。

表 6-2-7 酸洗前后岩心渗透率恢复值评价实验表

岩心	岩心气相渗透率 K_a, mD	污染前岩心油相渗透率 K_o, mD	处理后岩心油相渗透率 K_R, mD	恢复值 %	实验条件	处理方法
露头岩心 1#	900.24	130.46	117.71	90.23		未酸洗
露头岩心 2#	905.99	127.34	116.31	91.34	70℃	岩心污染端经 10%HCl 浸泡 2h
露头岩心 3#	914.58	125.13	114.73	91.69		岩心污染端经 15%HCl 浸泡 2h

酸洗前后岩心渗透率恢复值均大于 90%，且酸洗前后渗透率恢复值变化不大，这表明 BH-WEI 钻井液完全可以实现免酸洗目标。

BH-WEI 钻井液在大港埕海地区已应用近百口井，解决了埕海大位移、高地应力、强水敏等施工难题，填补大位移井技术空白，助力大港地区海油陆采成功实施。现场施工时体现出以下特点。

（1）抑制性强。在钻遇明化镇组下部、东营组时，虽然软泥岩极易水化膨胀，但通过钻井液中保持抑制剂和包被剂的有效含量，钻井液性能比较稳定，黏切没有上升，没有发生钻井液排放现象，有效抑制了软泥岩的水化、分散和造浆。

（2）井壁稳定效果好。埕海一区 4X1 断块馆陶组有玄武岩，埕海二区沙河街组存在大段硬脆性泥岩，易发生坍塌。通过钻井液强抑制性，降低了泥岩地层的水化膨胀，配合抑制润滑剂的浊点效应和防塌封堵剂的协同作用，提高了钻井液的封堵能力，降低了渗透水化，有效控制了泥岩坍塌。施工中无掉块和缩径现象，埕海二区试验井平均井径扩大率仅 8.89%，无事故复杂，电测一次成功。

（3）润滑效果好。钻井液中使用固体润滑剂 BZ-YRH 配合液体润滑剂就可满足定向要求，在井壁形成薄而致密滤饼，发挥 BZ-YRH 的浊点效应，吸附在钻具表面形成油膜，降低摩擦阻力，摩阻系数小于 0.06，保持起钻拉力和钻进扭矩在正常范围内。

（4）储层保护效果突出。随着钻井液抑制加重剂的加入，大大减少了钻井液中惰性固相的含量，保持了较低的钻井液滤失量，使滤液与油气层水相性质相匹配，减少了水堵而造成的油气损害，平均渗透率恢复值 87.64%。埕海一区初期平均日产油 10.72t，平均日产气 2976m³，较前期施工的 zh8ES-L5 井（日产油 0.94t，日产气 350m³）和 zh8ES-L11 井（日产油 0.95t）储层保护效果明显；埕海二区初期平均日产油 34.34t，日产气 10765.78m³，较前期施工的 zh25-28 井（日产油 0.36t）和 ZH33-22 井（日产油 0.04t）储层保护效果明显。CH206 井 16mm 油嘴试油，日产油 535t、日产气 $11.4 \times 10^4 m^3$，生产稳定，创造了大港油田试油自喷高产纪录。

（二）BH-KSM 钻井液

BH-KSM 钻井液是一种以无机盐溶液配合核心主剂形成的强抑制、强封堵、高性价比水基钻井液体系，适用于深井、大斜度井、大位移井施工，满足盐膏层、膏泥岩层、强水敏等复杂地层钻井，近年来通过升级改造，已经能够实现"去磺化、去黑化"。相比于 BH-WEI 钻井液体系，由于采用无机盐基液，钻井液的整体成本较低，具有高性价比的特点。

冀东地区的海油陆采井具有以下施工难点：

（1）井温梯度大。完钻井深较深，井温高，地温梯度可达 3.4℃/100m，对钻井液抗高温性能要求高。

（2）馆陶组底砾岩及东一段承压能力低，东一段至东三段断层多，易发生井漏。沙河街组砂岩存在瞬时漏失，其中沙三段细砂岩至潜山石灰岩渗透性好且承压能力低，极易发生井漏。

（3）东二段、东三段、沙河街组泥页岩发育，井壁易失稳。东二段至沙一段泥岩膨胀率高，井壁易剥落掉块甚至坍塌。加上设计密度偏低，不利于井壁稳定性，造成东二段、东三段坍塌。

（4）地层气体活跃，存在 H_2S、CO_2 气体侵入井筒的风险。钻井过程中易出现 CO_2 污染，造成钻井液流动性变差，黏切上升，失水增大，处理维护难度增加，影响井壁稳定及钻井进度。

（5）钻井提速过程中，出现井斜、方位未能达到设计要求，经常在东二段、东三段改变钻具组合，调整井斜、方位，增加钻井液的维护难度。

（6）长裸眼段施工周期长，井眼长时间浸泡，易发生失稳，钻井液防塌性能要求高。

这些大大增加了施工难度和风险，易发生事故复杂，这要求钻井液需要具备强抑制、强封堵、润滑性好、抗温能力强、抗污染等一系列特性。针对冀东地区的海油陆采钻完井，开发的 BH-KSM 钻井液具有以下几个方面的优势：

（1）采用抗高温聚合物作为主降滤失剂，抗温稳定性好，最高抗温 210℃，密度范围 1.10~2.40g/cm³。使用 BH-KSM 钻井液可有效缓解该地区深井钻井液高温增稠、减稠难题，2013 年完成的 NP3-81 井井深 6066m，井底实测温度达 204.5℃，施工过程中，BH-KSM 钻井液表现出良好的高温稳定性，NP3-81 井高温井段钻井液性能见表 6-2-8。

表 6-2-8 NP3-81 井高温井段钻井液性能

井深 m	密度 g/cm³	漏斗黏度 s	塑性黏度 mPa·s	屈服值 Pa	动塑比	切力, Pa 初切	切力, Pa 终切	中压失水 mL	中压滤饼厚度 mm	高压失水 mL	含砂量 %	pH 值	固相含量 %	出口温度 ℃
5250	1.50	81	41	15.0	0.36	4.0	14.0	2.4	0.4	9.6	0.2	10.0	24	70
5399	1.51	71	29	8.5	0.29	6.0	12.0	3.2	0.5	12.0	0.2	9.5	24	71
5413	1.52	78	23	11.5	0.50	6.0	12.0	3.0	0.5	9.6	0.2	9.5	21	73
5548	1.52	79	34	13.0	0.38	5.0	15.0	2.6	0.4	9.6	0.2	9.5	23	74
5572	1.53	74	40	14.0	0.35	5.0	16.0	2.6	0.4	10.0	0.2	9.5	26	74
5590	1.52	94	52	22.5	0.43	5.0	14.5	2.4	0.4	9.2	0.1	10.0	23	76
5628	1.54	97	52	22.0	0.42	5.0	14.0	2.6	0.4	8.6	0.2	10.0	25	76
5681	1.53	86	51	20.5	0.40	5.0	12.0	2.0	0.4	8.8	0.2	9.5	27	77
5707	1.53	90	50	20.0	0.40	7.0	15.0	2.6	0.5	9.6	0.2	9.5	28	78
5747	1.53	73	46	16.5	0.36	5.5	9.0	2.2	0.4	8.0	0.2	9.0	29	80
5774	1.51	86	50	18.0	0.36	5.0	11.0	2.0	0.4	8.2	0.2	9.5	28	80

续表

井深 m	密度 g/cm³	漏斗黏度 s	塑性黏度 mPa·s	屈服值 Pa	动塑比	切力, Pa 初切	切力, Pa 终切	中压失水 mL	中压滤饼厚度 mm	高压失水 mL	含砂量 %	pH值	固相含量 %	出口温度 ℃
5808	1.50	86	55	17.5	0.32	5.5	12.0	2.0	0.4	8.2	0.2	10.0	28	80
5855	1.48	84	53	16.0	0.30	5.0	11.0	2.0	0.4	8.4	0.2	9.5	27	80
5881	1.49	90	52	15.5	0.30	5.5	13.5	2.0	0.4	8.2	0.2	10.0	24	79
5915	1.48	85	55	17.5	0.32	5.0	11.0	2.0	0.4	8.0	0.2	10.0	23	80
5939	1.50	89	52	18.0	0.34	5.0	13.0	1.8	0.4	8.4	0.2	10.0	24	78
5939	1.51	85	48	16.0	0.33	4.5	12.0	2.2	0.4	8.2	0.2	10.0	23	77

（2）在无机盐抑制泥页岩水化的基础上，搭配高效抑制剂和封堵剂，提高抑制封堵能力，能够让易塌地层稳定性得到提高，解决井壁稳定与油气层保护之间的矛盾，井径更加规则，井眼质量得到保障，冀东现场应用BH-KSM钻井液，井径扩大率均小于10%（表6-2-9）。

表6-2-9 冀东现场定向井应用BH-KSM钻井液井径扩大率

序号	井号	垂深/斜深 m	最大井斜 (°)	井底位移 m	井径扩大率 %
1	NP36-3624	4164.92/4465	26.40	1520.15	7.58
2	NP36-3706	4226.26/4655	30.60	1825.00	4.02
3	NP36-3612	4194.30/4525	27.89	1553.41	1.51
4	NP32-3632	4179.70/4711	33.12	1955.13	5.65
5	NP36-3702	4274.00/4692	30.80	1827.53	8.82
6	NP36-3613	4181.50/4540	29.64	1588.13	6.45
7	NP36-3802	4180.70/4546	35.80	1592.93	0.04
8	NP32-3656	4218.00/5097	39.67	2691.29	0.26
9	NP36-3806	4176.60/4704	35.02	1915.96	0.95
10	NP32-3640	4251.60/5026	42.62	2352.19	6.28
11	NP36-3634	4185.38/4770	36.50	2112.44	8.10
12	NP36-3660	4195.00/4263	20.14	434.85	6.20

（3）固相含量低，采用成膜封堵油气层保护技术，具有良好的保护油气层特点。

（4）抗钙、抗盐、抗碳酸根污染能力强，适用于含石膏层、含盐水层、含碳酸根地层。

BH-KSM钻井液在冀东油田南堡区块累计应用80余口井，有效解决了馆陶组玄武岩、东营组大段泥岩易垮塌、多层位存在漏层、压力系数低、深井定向井滑动定向托压严重等问题。在井深、井斜同等条件下，实施井的钻井周期大幅降低，机械钻速大幅提高，全井安全无事故，实现优快钻井的目的。采用该体系施工的NP12-X168井井底位移达3802.33m，顺利钻穿1068m玄武岩井段，创造钻井周期最短、机械钻速最快、使用钻头最少、水平位移最大、钻穿玄武岩井段最长五项纪录，比计划周期提前81d。

第三节　防磨减扭技术

受岛体条件和地质靶点的制约，滩海人工岛上大多数井型设计为水平井、大位移井及分支井。由重力效应问题造成井下钻柱受到很大的摩阻（轴向摩擦力和摩擦扭矩），导致送钻困难、顶驱能力超限、钻柱和套管磨损严重，影响正常的钻进和完井作业。因此，减小井下摩阻是大位移井中重要的技术问题。目前常用的防磨减扭装备有防磨减扭接头和水力振荡器。

一、防磨减扭接头

由于钻柱与套管之间的相互摩擦，使得扭转动力的传递变得非常困难。尤其是在水平井、大位移井钻井作业过程中，由于大的扭矩损失，一方面，大大影响钻机的工作效率，减少了钻机的最大钻进能力；另一方面，由于钻柱与井壁、钻柱与套管之间的相互摩擦，使得钻柱和套管的使用寿命减少，井壁也变得不规则。而且，由于扭矩传递的损失，为维持钻头处一定的钻进扭矩，必然增大钻柱的扭转负荷，从而使得钻柱的安全系数降低。这些都会影响安全、优质、快速钻井。

为了减少摩阻，曾经在CH2-2岛上试验了多种减摩技术，除增加钻井液的润滑性能外，常规减小钻柱摩阻和扭矩的途径主要是优化井眼轨迹、钻具组合优选和应用防磨减扭工具及旋转导向钻井系统等。其中使用的防磨减扭工具之一就是钻杆防磨减扭接箍（接头）。有资料表明，国外在上百口大位移井中成功地应用防磨工具，显著降低了钻柱扭矩的10%~30%，减小了钻柱和套管的磨损。

防磨减扭接头主要由本体、外套、径向轴承、推力轴承及锁紧环等组成。由于外壁的外径大于接头本体外径，钻杆通过接头的外套与套管、井壁接触，大部分钻杆不与套管、井壁接触。本体与外套通过轴承产生相对运动，而外套与套管、井壁之间相对静止，钻杆与套管、井壁间的滑动接触由本体与外套的滚动接触来代替，既保护套管和钻杆，又降低了摩擦系数，减小了扭矩半径，从而有效地降低了钻柱传递的扭矩损失[5]。防磨减扭接头结构如图6-3-1所示，防磨减扭工具实物图如图6-3-2所示。

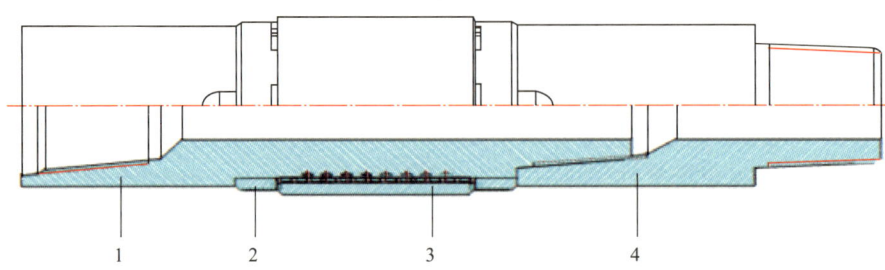

图6-3-1　防磨减扭接头结构简图
1—上接头；2—防磨支撑环；3—耐磨外套；4—下接头

图 6-3-2 防磨减扭工具

（1）防磨减扭工具具有以下优点：

①减少扭矩：由于自由转动的钻杆和套管/井壁之间形成了以不旋转减扭接箍为支撑的隔离部位，使地面驱动旋转扭矩降低 20% 以上。

②减少钻杆/套管磨损：由于有效地防止了钻杆与井壁、钻杆与套管的直接接触，因而减少了钻杆和套管磨损。

③减少摩擦力：由于有效地降低了钻杆与井壁/套管的摩擦接触力，从而使钻杆送入阻力大大减少。

④增加钻进能力：在目前的钻机设备和钻具条件下，此接箍减轻了钻柱的扭矩负荷，使钻柱安全系数提高，尤其是增加了大位移定向井的钻进能力。

⑤增加钻速：有效钻进扭矩的增加和摩阻力的降低有利于钻压及扭矩传递，提高机械钻速。

⑥节约成本：减扭接箍的应用，加快钻井速度，避免钻杆/套管磨损的损失，节约了作业时间，为钻井工程节约成本。

（2）现场应用情况。

在大位移井钻井中，使用防磨减扭工具是降低钻柱扭矩、减小钻柱和套管磨损的有效途径。在 zh 区域的大位移井中得到了使用，并取得了一定的成效。防磨减扭接头的支撑跨距设计是保证防磨减扭作用实现的基础。若井斜全角变化率大于 2°/30m，则每两根加入一套装置，若井斜全角变化率小于 2°/30m，则每三根加入一套装置，按要求加入数量 N 的计算公式为：

$$N = (H - h_1 - L_c + l) / (aL_p - l) \quad (6\text{-}3\text{-}1)$$

式中　H——实际井深，m；

h_1——造斜点上部井深，m；

L_c——钻铤总长度，m；

L_p——单根钻杆长度，m；

l——行程进尺，m；

a——系数（井斜全角变化率大于 2°/30m 时，$a=2$，井斜全角变化率小于 2°/30m 时，$a=3$）。

以 zh8Nm-H3 井为例，其防磨减扭接头安放示意图如图 6-3-3 所示，zh8Nm-H3 井加入防磨减扭接头前后的扭矩测试对比见表 6-3-1。

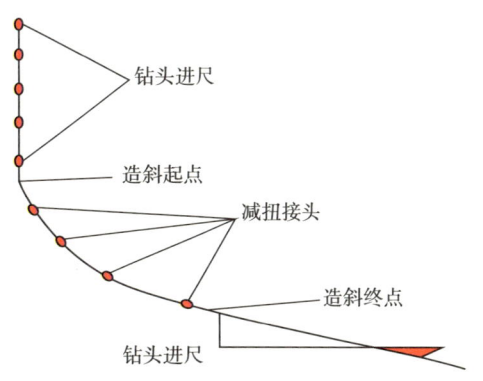

图 6-3-3 防磨减扭接头安放示意图

表 6-3-1　zh8Nm-H3 井加入防磨减扭接头前后的扭矩测试对比

井号	井深，m	转速，r/min	扭矩，kN·m
zh8Nm-H3（引）	4415	80	40
		120	43
zh8Nm-H3	4378	80	36
		120	38

二、水力振荡器

除防磨减扭接头外，目前还有一个主流的防磨减扭工具——水力振荡器（图 6-3-4），它能够通过主动给钻柱提供一个振动源来实现减少静摩擦、打破附着力、提高钻柱稳定性，使钻柱的受力状态发生有利于钻进的改变[6]。水力振荡器优势在于能够降低转动钻进时的扭矩、摩阻，使钻头破岩效率提高，从而提升机械钻速、保护钻具；能够减少滑动钻进时的托压，提高机械钻速；也能够在提高机械钻速的同时，保证钻压的平稳释放，保护了电动机、仪器、钻头等下部钻具组合，因此在大港、冀东等滩海油田采用人工岛进行海油陆采作业时，对水力振荡器有较大的需求。

水力振荡器也是目前缓解定向托压最有效的方法之一。通过产生轴向振动，带动附近钻具振动，降低钻具与井壁之间的摩擦阻力，增强钻压传递的有效性，提高滑动钻进效率[7]，其缓解托压的原理如图 6-3-5 所示。该技术适用于井斜角超过 30° 的定向井，一般安放在距离钻头 150~450m 的范围，解决定向托压问题。

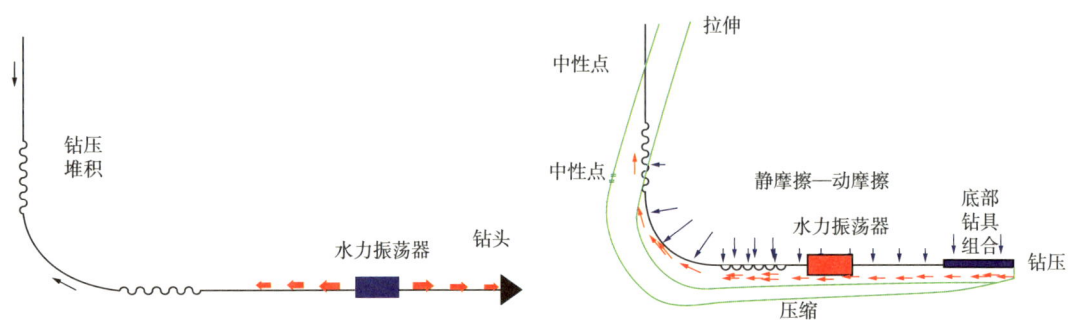

图 6-3-4　水力振荡器安装位置示意图　　图 6-3-5　水力振荡器技术缓解定向托压原理图

（一）水力振荡器的机理

1. 静摩擦转换为动摩擦

目前，钻井主要有通过转盘旋转带动钻柱钻进和井下动力钻具滑动钻进两种钻进方式。在定向钻井的时候，常常使用井下动力钻具滑动钻进。此时钻柱不旋转，而轴向速度很慢，几乎可以忽略，因此可认为在滑动钻进时钻柱和井壁为静摩擦。需要克服的摩擦阻力就由转盘转动时的滑动摩擦力变为静摩擦力。众所周知，最大静摩擦力大于动摩擦力，故滑动钻进时的摩阻往往会大于转盘钻进时的摩阻。

2. 静刚度和动刚度

在细长的井眼中，钻柱往往表现出"柔软"的特性，这也是"软绳"（Soft-string）摩阻模型的假设条件和应用基础。杆件在静载荷下抵抗变形的能力称为静刚度，在动载荷下抵抗变形的能力称为动刚度，即引起单位振幅所需的动态力。如果干扰力变化很慢（即干扰力的频率远小于结构的固有频率），动刚度与静刚度基本相同。干扰力变化极快（即干扰力的频率远大于结构的固有频率时），结构变形比较小，动刚度将大于静刚度。当干扰力的频率与结构的固有频率相近时，有共振现象，此时动刚度最小，即最易变形，其动变形可达静载变形的几倍乃至十几倍。

因此，当轴向振荡工具安装到钻柱中，不仅给钻柱带来了动摩擦，还改变了钻柱的动力学特性。而刚度的增加降低了钻柱出现正弦屈曲、螺旋屈曲的风险，因此钻压效率传递更高，更容易控制工具面。

3. 振动叠加

在钻进过程中，钻头的破岩、地层的非均质性、钻柱接触的不连续等因素都会引起钻柱不规则的振动。其中一些振动会对钻柱及昂贵的井下设备如旋转导向系统、井下测试工具、录井工具等造成损害。如钻柱在涡动过程中产生的侧向振动和黏滑过程中产生的扭转振动，研究和实验证明这两种振动对钻柱和井下设备是非常有害的。图6-3-6为钻柱的三种涡动示意图。

（a）正向涡动

（b）反向涡动
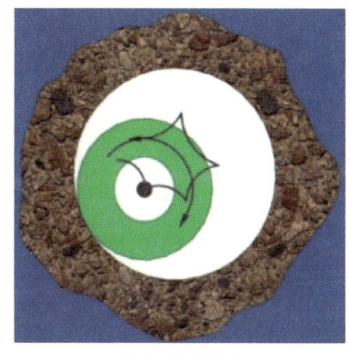
（c）混沌涡动

图6-3-6 钻柱的三种涡动示意图

通常情况下，由于钻柱和井壁之间存在和旋转方向相反的摩擦力，故最容易出现反向涡动。反向涡动会导致钻柱中产生特别有害的反向弯曲应力。当反向涡动发生时，稳定器的叶片和其他底部钻具组合（BHA）组件将分担这些振动伤害。相反，如果是正向涡动，那么反向弯曲应力出现的趋势将大大减少。而且，如果正向涡动是和旋转同步的，那么反向弯曲应力将会消失。然而，在自然条件下，正向涡动是不可能发生的，需要诱导产生。

在安装轴向振荡工具以后，工具附近的钻柱会受到振荡工具输出的频率和振幅影响，而这一振动是平稳且有规律的。大量的室内实验和井场应用表明，当安装轴向振荡工具并按推荐参数运行时，可降低黏滑趋势并抑制钻柱侧向振动。目前这种新的非对称轴向振动工具，由于其特殊的几何外形，可引导附近钻柱正向同步涡动。通过迫使钻柱正向同步涡动，可以阻止其他有害振动模式如混沌涡动、反向涡动的产生。而减少这些有害的振动模式出现不仅有利于保护底部钻具组合，而且还可以进一步提高机械钻速[8-9]。

(二)偏心水力振荡器

1. 结构组成

AG-Trator 是最早获得实际应用的水力振荡器,该工具由三个功能部分组成:(1)振动部分,(2)动力部分,(3)阀门与轴承系统,如图 6-3-7 所示。

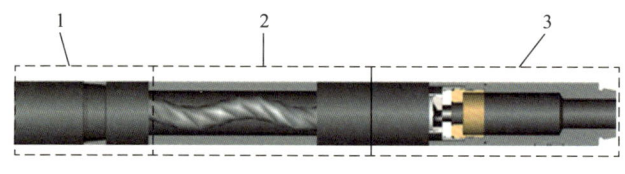

图 6-3-7 水力振荡工具结构示意图
1—振荡短节;2—动力部分;3—阀门和轴承部分

2. 工作原理

动阀片和定阀片相对运动,动力部分使上游压力周期性地作用在弹簧短节上,弹簧短节不断地压缩其内在的弹簧而形成振动,通过短节的流体压力周期性变化,作用在短节内的弹簧上,由于压力时大时小,短节的活塞就在压力和弹簧的双重作用下产生轴向往复运动,这样就会使与工具连接的其他钻井工具在轴向上也往复运动,其一般安放在距离钻头 150~450m 的范围。

该工具的特点是利用螺杆作为动力切换开关来诱发下部振动短节发生周期性的振荡,这种结构工艺较为成熟。但问题在于只要存在螺杆,就必定存在橡胶材料,从而对系统排量、螺杆以下钻具的压耗都有较大的限制要求。当排量过大,或者螺杆一下钻具的压耗过大时就会造成螺杆脱胶损坏。

3. 实际应用

以 CH2-2 人工岛的 zh29-38L 井为例,在三开钻进中随着井斜的增加,钻进中钻具与井壁间的摩阻、扭矩逐渐加大,托压、憋泵现象频繁发生,使得机械钻速降低,间接造成生产周期延长、生产成本增加、工作效率降低。

与使用常规导向钻具组合对比,zh29-38L 井采用水力振荡器服务时间共计 5.29d,水力振荡器服务费为 4 万元/d,斯伦贝谢公司定向服务费为 4 万元/d,共计 42.32 万元。根据应用常规导向钻具组合估算,缩短钻井周期 4.45d,节约钻井投资 47.43 万元,具有良好的经济效益。

与邻井使用旋转导向钻井技术对比,邻井 zh25-34 井、zh25-36 井、zh29-36L 井应用旋转导向钻井技术,平均机械钻速低于本井应用水力振荡器井段的机械钻速,而旋转导向服务费为 15 万元/d,两者相比,应用水力振荡器节约钻井投资 37.03 万元。通过对比表明,使用水力振荡器提高了机械钻速,缩短了钻井周期,且作业成本比旋转导向要低(表 6-3-2 和图 6-3-8)。

表 6-3-2 AG-Trator 水力振荡器应用的对比分析

井号	导向工具	实施井段 m	钻井方式	进尺 m	纯钻时间 h	机械钻速 m/h	实施井段井斜范围 (°)
zh29-38L	井下动力钻具	3050~3344	滑动钻进	294	55	5.35	37.20~50.40
	井下动力钻具+振荡器	3344~4178	复合钻进	834	49	17.02	50.35~74.50

续表

井号	导向工具	实施井段 m	钻井方式	进尺 m	纯钻时间 h	机械钻速 m/h	实施井段井斜范围 (°)
zh25-34	旋转导向	3332~4020	旋转钻进	688	60	11.47	43.00~74.88
zh25-36	旋转导向	3730~4460	旋转钻进	730	72	10.14	58.60~80.30
zh29-36L	旋转导向	2815~3837	旋转钻进	1022	114	8.96	50.00~75.70

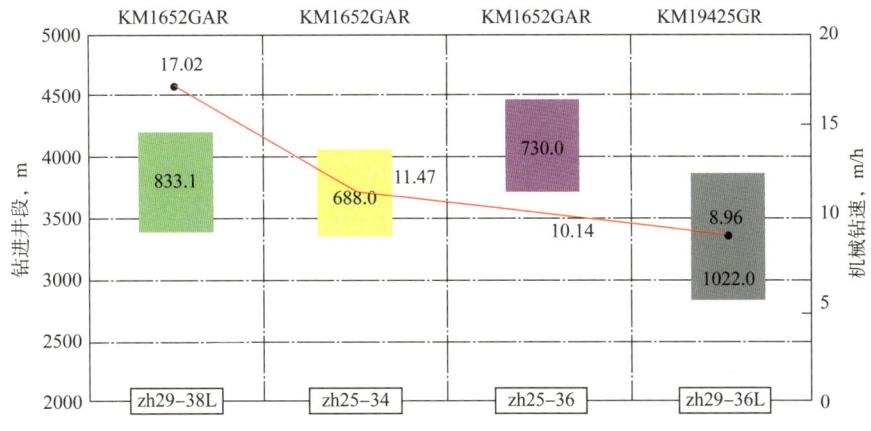

图 6-3-8 AG-Trator 水力振荡器应用对比

（三）同心水力振荡器

目前，我国环渤海滩海地区的海油陆采作业中主要使用的是渤海钻探工程技术研究院研发的水力振荡器。该工具设计原理上与 AG-Trator 具有相似之处，但又不完全相同。其相同之处在于动力源相同，即都是利用弹簧的复位力和活塞的带动发生振荡；其不同之处在于动力切换开关不同，AG-Trator 使用螺杆和阀门控制钻井液流道换向，而同心水力振荡器则是采用射流原件进行流道切换。

1. 结构组成

同心水力振荡器主要由振荡短节、动力短节、挠轴、盘阀总成四部分组成，如图 6-3-9 所示。

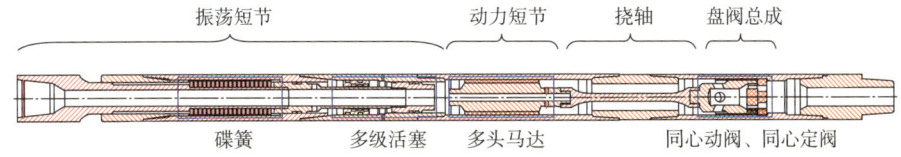

图 6-3-9 同心水力振荡器的结构示意图

（1）振荡短节。振荡短节主要由双级活塞、碟簧、芯轴 3 部分组成。下部盘阀总成处产生的周期性压力脉冲作用于活塞上产生冲击能量，碟簧组通过吸收和释放冲击能量来实现轴向振荡，带动上下连接的工具产生轴向振动。

（2）动力短节。动力短节是一个定转子比例为 7:8 的容积式液压马达，主要由定子和转子组成，当钻井液流经动力短节时，会驱动转子在定子腔内高速旋转，并带动挠轴、动阀高速旋转。

（3）挠轴。挠轴将马达转子的运动传递给动阀，同时也吸收螺杆转子的偏心位移，使得动阀可以绕着螺杆定子中心轴做圆周运动。

（4）盘阀总成。盘阀总成由同心的动阀、定阀组成，动阀在外缘间隔均布4个大孔和4个小孔，定阀在外缘均布4个大孔，阀孔的大小决定了压力脉冲的幅值和压降。在动力短节、挠轴的驱动下，动定阀盘的液体过流面积出现周期性增大、减小变化，进而产生周期性的压力脉冲作用在活塞上，为活塞运动提供能量。

2. 工作原理

在钻井过程中，钻井液流经工具时，驱动7:8头螺杆钻具高速旋转，在挠轴的作用下，带动动盘围绕定子中心做圆周运动，当动阀和定阀的重合面积最小时，产生最大的压力脉冲；当重合面积最大时，产生最小的压力脉冲。压力脉冲作用在振荡短节的活塞上，压力脉冲大时压缩碟簧吸收能量，芯轴伸出；压力脉冲小时碟簧释放能量，芯轴缩回。随着动阀高速旋转，动定阀过流面积产生高频周期性变化，进而驱动工具产生高频轴向振动（12~15Hz），从而带动上下钻具产生轴向蠕动，使滑动钻进的静摩阻转变为动摩阻，达到降低摩阻缓解托压的目的。其一般安放在距离钻头150~450m的范围。

3. 实际应用

在CH2-2人工岛上钻进过程中发现，通过工具振荡作用能够缓慢恢复至正常摩阻，几乎没有出现钻具突然滑脱的现象。解决托压的效果也得到了钻井和定向井工程师的认可，具体案例如下。

zh31-26井从2705m开始增斜扭方位，设计至2916m，井斜自25.68°增至36.67°，方位自294.08°变化至258.18°；邻井zh31-29井从2602m开始，至2862m，井斜自20.43°增至49.33°，方位自294.55°变化至312.71°。从井身结构、井眼轨迹来看，两口井基本类似，而zh31-29井未使用水力振荡器，因此将本井使用工具的井段进行对比。zh31-26井开始使用水力振荡器，至2769m开始钻速下降较多，因此分为使用效果较好的井段和全部井段进行对比。zh31-29井选取增斜扭方位相同的井段。

如表6-3-3所示，滑动钻进钻速方面，zh31-26井全井段钻速与zh31-29井相当，使用较好井段比zh31-29井提高2.5倍；转动钻进钻速方面，zh31-26井全井段钻速比zh31-29井提高2.1倍。综合来看，zh31-26井使用水力振荡器的全井段平均钻速比zh31-29井提高30.4%。渤海钻探工程院水力振荡器对提高机械钻速有显著作用，且作业成本比国外的水力振荡器低得多。

表6-3-3 渤海钻探工程院水力振荡器应用的对比分析

井号	滑动钻进钻速 m/h	转动钻进钻速 m/h	平均机械钻速 m/h
zh31-26（水力振荡器效果较好井段）	6.12	16.97	12.1
zh31-26（使用水力振荡器全部井段）	2.22	15.53	7.17
zh31-29	2.43	7.41	5.50

水力振荡器能够有效改善钻压传递效果，使得滑动钻进中钻具与井壁间的摩阻明显降低；水力振荡器在提高机械钻速的同时，保证了导向动力钻具滑动钻进的连续性，缩短了钻井周期；水力振荡器能够替代旋转导向进行大斜度井定向施工、控制井眼轨迹，且作业成本相应降低。

第四节 井眼清洁技术

井眼清洁已经成为当前钻井作业中重点关注的问题，在水平井、大位移井的施工过程中，由于井眼得不到及时清洁，钻井事故时有发生。长裸眼、大斜度、三维立体变化及软硬交互夹层导致井眼清洁困难，容易产生大面积的岩屑床，岩屑床的形成往往导致转动钻具时扭矩增加，钻具上提遇卡下放遇阻，甚至造成压差卡钻等复杂情况，所以及时清洁井眼就显得尤为重要[10]。

井眼清洁是一个涉及多个方面的综合性工艺技术。它涉及钻井液体系的选择、流变参数的控制，以及水力参数的优化等工艺参数。这些参数的调整将直接影响到施工处理措施的制定、钻具的配套选择、钻井液的混合和固控处理工艺与设备的选型。因此，正确调整和优化这些参数对于确保钻井过程的顺利进行至关重要。通过合理的工艺设计和技术选型，可以有效地提高钻井的效率和安全性，保证井眼清洁的达标要求。

一、井眼清洁监测方法

（1）ECD 监测井眼清洁。

当量循环密度（ECD）是随钻测量工具（LWD）测量井下循环的环空压耗，然后折算成循环当量的钻井液密度，反映环空的井眼清洁，如果岩屑在环空钻井液里悬浮过多或者形成岩屑床减少了环空流道面积，就会引起环空循环压耗升高、ECD 变大。起下钻过程中，激动和抽吸会影响井眼的井壁稳定性；下套管时，由于激动压力会挤毁漂浮套管，因此监测 ECD 十分重要。

由于大位移井有较高的水垂比，而且钻杆外径大，对于相同的井深测取环空压耗，ECD 值更高，井眼清洁过程中发生井漏概率更高，因此如何辨别 ECD 的异常，正确认识 ECD 曲线图很重要。

在直井中，环空压耗与垂深成正比，因此在整个过程 ECD 变化趋势保持稳定，如果发生突变则反应井眼存在清洁问题；在水平井中，由于垂深几乎不变，斜深增加，环空压耗也随着增加，因此 ECD 是逐渐增加的；"S"形井曲线表现特征与井型一样，但 ECD 测量工具 PWD（随钻压力传感器）在"S"形井眼剖面及变化的钻井液性能里是看不到井眼最坏的情况，如在井底 ECD 控制是低于地层破裂梯度，但由于"S"形的剖面，其 ECD 曲线是"S"形的，并且大尺寸钻杆在上部井段的长度随着打钻深度逐渐延伸，相比最初情况在上部环空间隙小的井段增多，因此在井底 ECD 其实并不是最大的，虽然在井底控制 ECD 值是安全的，但当时在套管鞋处的 ECD 很可能超过了地层破裂梯度而导致井漏。

（2）ECD 测量工具——PWD 的特点。

①只能看到工具以上的压力波动，看不见工具传感器以下的井况压力问题。

②在井斜角较大的井段，PWD 工具解释不出岩屑床，因为它提供的只是环空压力变化曲线的变化趋势，岩屑床虽然改变环空流道面积，但曲线变化是平缓的，况且井眼井径也不是很规整，会弱化变化的趋势。

③PWD 工具看到的只是对应某一深度的井眼情况，其曲线只是个历史数据的曲线。

④钻具组合影响 ECD，因为 PWD 工具接在下部钻具组合之上，在其下的扶正器、钻头等工具造成附加环空压力损耗并未纳入计算，如果大尺寸扶正器接在 PWD 工具上，尤其泥包后，会影响 ECD 的解释。

⑤小尺寸井眼比大尺寸井眼对 ECD 影响更敏感。

⑥由于钻具旋转使钻井液产生螺旋流，在小井眼钻具旋转对 ECD 影响也许比排量影响更大，因此在大位移小井眼要控制钻具的转速。

⑦当从长时间滑动启动到钻具旋转时，ECD 会产生很大的波动，因为长时间滑动岩屑在下井壁形成岩屑床，当旋转时，岩屑会搅进井筒，并且有埋钻具的风险。

⑧ECD 的变化相对排量变化不敏感。

⑨接完单根，先启动转盘，再缓慢开泵，通过钻具转动破坏钻井液的剪切网，降低开泵的激动压力。

大位移井井眼的清洁需要高排量高转速，高排量高转速相应增加 ECD，增加井眼井漏概率，可见井眼清洁和控制 ECD 是矛盾的，因此 ECD 设计过程中要考虑井眼清洁和井漏的平衡问题。

二、井眼清洁措施

（一）调整钻井液性能

（1）调整流型，提高环空返速。

从环空钻井液的不同流态来看，紊流优于层流。高流速、低黏度及高密度钻井，容易携带岩屑，而不易形成岩屑床。随着井斜角增加，岩屑携砂率均呈降低的趋势，要求达到紊流状态的临界返速呈不断上升的趋势。环空流速越高，岩屑运移速度就越高，钻井液流型不同，其净化井眼的效果是不同的。经验表明，在井斜角 0°～45°井段，层流净化效率高，在井斜角为 45°～90°井段，紊流净化效果比层流好[11]。在临界返速条件下，大斜度井段有足够的洗井效果。

在大斜度井段与水平井段，井眼清洗对泵的排量提出了更高的要求，如 Wytch Fatm 油田 M11 井，在 311.1mm 井眼大于 80°的斜井段，钻井液环空流速大于 1.1m/s 才能保持井眼清洗干净。因此，在环渤海滩海地区需要根据井眼尺寸和井斜参数来调节流型和环空返速。

（2）调整钻井液的流变性能。

钻井液流型、环空返速一定时，选择适当的流变参数是携岩洗井的关键。在上部井段采取层流流型时钻井液必须有与井斜角相对应的较大的屈服值，才能达到好的洗井效果。如英国北海油田选择屈服值在 13Pa 以上以保证层流条件下钻井液具有较好的悬浮岩屑的能力。在紊流条件下，应使屈服值在 8Pa 以下，选择尽量低的黏度，以确保容易冲刷岩屑床。降低黏切可降低最小环空返速，使紊流更容易达到。提高钻井液低剪切速率下的流变性有利于井眼清洁。过去认为携砂效果仅与动塑比相关，大量大位移井钻井经验表明，低剪切速率下读数较高的钻井液能明显减小岩屑的垂沉现象，提高携砂效果，可大大改善井眼清洁状况。应严格控制 3r/s 和 6r/s 读数，保证钻井液对岩屑的悬浮能力。

（二）调节钻具转速、倒划眼

加快钻具转动可扰动岩屑床，使岩屑重新分散到钻井液中，并使钻杆周围形成紊流流态，也阻止了岩屑在钻杆接头和钻杆保护器上的聚集。但过高旋转速度对定向钻井设备和 LWD 设备有一定的危害，并增加了套管与钻杆磨损。因而在不同排量下，需要调节钻杆的转速来优化井眼清洁效果。

在起钻前，须循环钻井液直至返出的岩屑减至最低限度，每钻进一定进尺后就对已钻井段倒划眼；在钻完进尺，如估计起钻困难，可直接选用倒划眼起钻，将岩屑床破坏掉，把岩屑逐步往上赶，带出地面，减少在井底循环时间。

倒划眼起钻要谨防岩屑堆积、封闭环空、产生憋压、引起井漏。在倒划眼过程中，要注意以下细节：

（1）在倒划眼起钻中，最好不要中断；

（2）倒划眼要有耐心，控制倒划眼速度，不宜过快，控制 1 柱 /（10~15）min，因为岩屑床在倒划眼中，慢慢随钻具上提堆在钻具的上方，如果上提过快，快过岩屑上返速度就会出现问题；

（3）起钻过程发生抽吸，必须倒划眼；

（4）对大位移井 $12\frac{1}{4}$in 井段须倒划眼清砂确保漂浮套管能下到位；

（5）在设备许可情况下，高转速高排量倒划眼上提清砂，划眼至井斜角 30° 或者直至返出无岩屑；

（6）倒划眼进入到套管鞋要小心，因为套管鞋口袋处可能沉积有岩屑；

（7）通井最好甩下仪器马达，使用欠尺寸钻具组合通井。

（三）固相控制

钻大位移井时，一定要比钻平常井更多地考虑固相控制的要求。在大位移井中，钻屑将在钻具和套管间或钻具和井壁间的钻井液中长时间停留，使钻屑变得更细。若要钻井液保持良好状态，就必须有好的固控设备。高效固相控制设备是实现固控要求的设备保证，在滩海地区一般使用多台振动筛逐级清除岩屑，使摩阻扭矩、ECD 值大大降低，防止因环空回压过高而压裂地层，出现井漏等复杂情况。

（四）井眼清洁工具

单纯依靠水力参数优化和工艺改进来解决井眼清洁问题在现场应用中存在一定局限性，难以达到满意效果。BH-Hole Cleaning Tools（BH-HCT）防泥包井眼清洁工具和岩屑床破坏器能有效提高复杂结构井的岩屑清除效率，主动清除岩屑床[12]。

1. BH-HCT 井眼清洁工具

1）结构组成

BH-HCT 井眼清洁工具连接在相邻 2 根钻杆之间，由耐磨带、螺旋棱、导流槽和叶轮等结构组成（图 6-4-1）。该井眼清洁工具本体外径 172mm，内径 71.5mm，长度 1450mm，叶轮数量 3 个，螺旋棱数量 3 组，适用于 ϕ215.99mm 井眼。本体中部设 3 片均匀分布的直叶轮，叶轮上下部设 3 组等长螺旋棱，螺旋棱靠近中部端面有 45° 倒角，螺旋棱在旋转过程中刮削井壁上的虚滤饼或岩屑床，使其从压实状态变为自由状态。螺旋棱之间为导流槽，起导流钻井液作用，当钻井液流过时，导流槽和叶轮用来产生涡流，将井眼中自由状态的虚滤饼或岩屑床向上推移，携带出井口；导流槽还能附加纳米涂层，可防止岩屑堆积形成泥包。耐磨带用来提高工具的局部耐磨性和工具的居中度，同时提高工具清洁井眼能力。

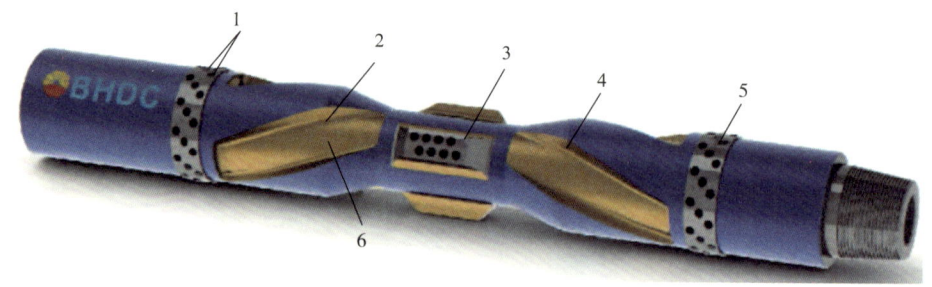

图 6-4-1　BH-HCT 井眼清洁工具示意图

1—硬质合金齿；2—上螺旋棱；3—叶轮；4—下螺旋棱；5—耐磨带；6—导流槽

2）工作原理

正常钻进过程中，将井眼清洁工具配置于钻柱中，工具随钻柱旋转，由叶轮、螺旋棱和导流槽组成的特殊结构能对岩屑床产生机械破坏作用，并能改善大斜度井井眼底边区域钻井液流场特性，将岩屑"抛向"高边环空，被钻井液带走，从而减少或消除岩屑堆积形成的岩屑床，防止新岩屑床的形成。

3）现场应用

安放位置：井眼清洁工具因作用范围有限，一般一口井需要使用多只工具，依靠每只工具的"接力"作用，将井下岩屑返出井口。基于对 Moore 滑落末速公式的修正引用和井眼清除工具的流场分析，工具放置间距 L 的计算方法如下：

$$L = \alpha\beta \frac{D_h v_h}{\sin\theta v_{sx}}$$ （6-4-1）

式中　α——工具的携带因子，$\alpha=1\sim2$；

　　　β——工具的加速因子，$\beta=$ 流场速度增加倍率；

　　　θ——井斜角，(°)；

　　　D_h——环空直径，m；

　　　v_h——环空返速，m/s；

　　　v_{sx}——岩屑颗粒在井筒中的滑落速度，m/s。

应用效果：BH-HCT 井眼清洁工具在大港、华北和冀东等油田开展了 30 多口井的现场应用。依据现场采集数据，每 10m 取 1 个点作趋势图，分析了下入工具前后 100m 的摩阻数据，如图 6-4-2 所示。从图 6-4-2 中可以看出，在未使用井眼清洁工具时，随着井深增加，摩阻最大增加到 51kN，下入井眼清洁工具后，摩阻降低至 23kN，下降 54.9%，摩阻下降明显。此后，随着井深的增加，摩阻缓慢增大。

此外，通过对比下入前后相同"迟到井深"段长的岩屑体积来判断应用效果。应用共 3 次收集岩屑，未下入工具之前收集第 1 次，下入工具之后再收集第 2 次、第 3 次。对比使用前后岩屑收集体积，井眼清洁工具下入后岩屑返出量明显增加，第 2 次、第 3 次收集的岩屑量分别为第 1 次的 4.1 倍、1.3 倍，说明井眼清洁工具有效破除了前期已形成的岩屑床，同时预防了新岩屑床的生成。

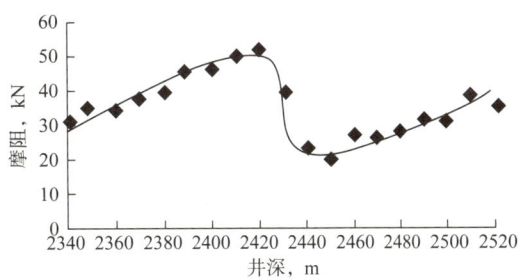

图 6-4-2　某井井眼清洁工具下入前后 100m 摩阻变化

2. 岩屑床破坏器

岩屑床破坏器主要由耐磨带、螺旋结构和本体组成，如图 6-4-3 所示。每根岩屑床破坏器设计 3 个螺旋结构，用于清除岩屑；两端及每个螺旋结构附近均设置耐磨带，以提高工具的耐磨能力。当最大井斜角增加时，岩屑床被破坏器的安放个数增加。当最大井斜角为 50°~60°时，至少需要安放 4 只；当最大井斜角为 70°~80°时，至少需要安放 5 只。

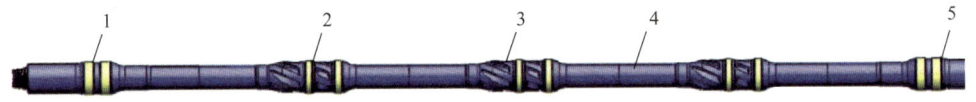

图 6-4-3　岩屑床破坏器示意图

1，2，5—耐磨带；3—螺旋结构；4—本体

该种岩屑床破坏器清洁井眼分 3 个步骤：第 1 步，螺旋结构上的刮削槽道可以抓住岩屑床中的岩屑并甩向井眼高边方向；第 2 步，螺旋结构使钻井液在流经槽道结构时形成涡流，有效改变了偏心环空中流体的流动特性，从而将岩屑卷入槽道中；第 3 步，在螺旋结构作用下，环空流体呈现出从小环空流向大环空的趋势，大环空处流体的轴向速度大于小环空处的轴向速度，岩屑从小环空甩向大环空之后，更容易被钻井液带走。

第五节　钻井提速技术

在我国钻井大提速的背景下，对钻井速度与质量的要求越来越高。海油陆采技术在人工岛上使用了螺杆钻具、"液动冲击器"和"一趟钻"等技术工具，提高了滩海地区的钻井效率、缩短了钻井周期、降低了钻进成本，进而促进滩海油气资源的开发利用。

一、螺杆钻具提速技术

螺杆钻具是依靠钻井液的动能转化为旋转钻头破碎岩石的机械能的钻具。该钻具是一种容积式马达，当高压钻井液经钻具进入马达后，液体压力迫使转子旋转，将钻井液的水力能转化为机械能，通过传动轴把扭矩传送到钻头上[13]。广泛地应用于定向井、水平井钻井作业的造斜、导向、纠斜作业，从而达到钻井提速的目的。

螺杆钻具在工作时需要有比较大的动力，在钻井时由于螺杆钻具和井壁之间有着越来越大的摩擦力，所以提高螺杆钻具的扭矩能够有效提升钻井效率。在钻井过程中，要优化马达的线型并适应大钻压、高转速的要求，增加马达的压力降，让螺杆输出的扭矩进一步提升，从而提升钻井效率，为企业带来较大的经济利益。大港滩海地区钻井采用定制式大扭矩螺杆技术：一是提高螺杆造斜率，压缩轨迹定向时间，定制螺杆弯点到传动轴下端面距离缩短 8%，扶正器中心距传动轴下端面距离缩短 26.6%；二是针对中深部地层常规螺杆输出扭矩低、后期输出功率下降、进尺变慢的问题，研制大扭矩长寿命马达，输出扭矩比常规螺杆扭矩提高 30% 以上；三是应用耐盐水钻井液碳化钨喷涂转子技术，提高螺杆工作时间。

其中，大港油田 CH2-2 人工岛海油陆采过程中，采用 1.5° 大弯角螺杆钻具，螺杆上部不加稳定器，并在定向过程中不冲划、不定点循环，尽量不活动钻具，保证连续定向，提高造斜效率。

二、液动冲击器

（一）结构与功能设计

液动冲击器（图 6-5-1）是基于马达行星运动的稳定回转控制动作设计而成，在常规螺杆钻具的基础上，增设上下脉冲振荡机构和冲击振动机构，能够实现径向摆动和轴向冲击振动，同时产生脉冲射流。

图 6-5-1 液动冲击器结构图

（1）上脉冲振荡机构。

上脉冲振荡机构主要由固定环、节流环、挠轴三部分组成（图 6-5-2）。挠轴在马达的带动下旋转，带动节流环相对于固定环转动，过流通道发生间歇性地打开和关闭，过流面积发生周期性变化，产生压力脉冲，在工具内部产生水击振动，带动工具产生摆动，达到降低摩阻、缓解近钻头托压的作用。

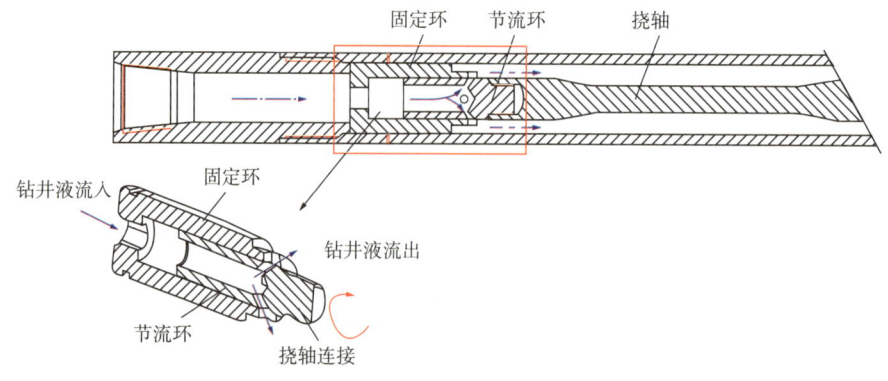

图 6-5-2 上脉冲振荡机构原理与结构图

（2）下脉冲振荡机构。

下脉冲振荡机构主要由万向轴、水帽、阻水筋、传动轴组成（图6-5-3）。马达带动万向轴和水帽转动，钻井液通过万向轴外部进入水帽流道流向钻头，水帽对应外壳内壁镶嵌有硬质合金阻水筋，水帽流道不断被阻水筋阻挡，产生局部水击效应，形成水力脉冲引起工具振动。同时钻井液通过水帽直接输送给钻头，为钻头提供脉冲射流，促进井底清洁。水力脉冲频率由水帽流道个数和阻水筋个数决定，频率可调。

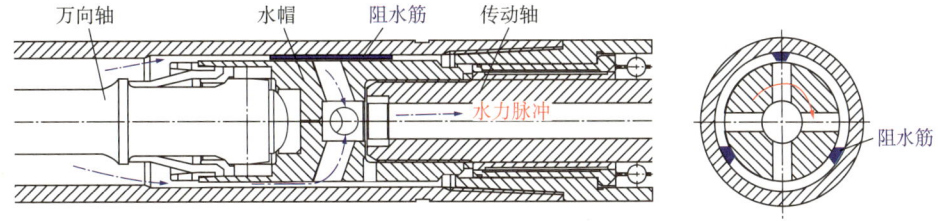

图6-5-3 下脉冲振荡机构原理与结构图

（3）冲击振动机构。

冲击振动机构主要由凸轮、滚轮、冲击部件和上下传动轴组成（图6-5-4）。上下传动轴在马达和万向轴的带动下旋转，凸轮跟随传动轴旋转，滚轮受外管约束不动，二者发生相对运动，滚轮沿凹凸轨道运动，产生轴向冲击振动，提高钻头破岩效率。

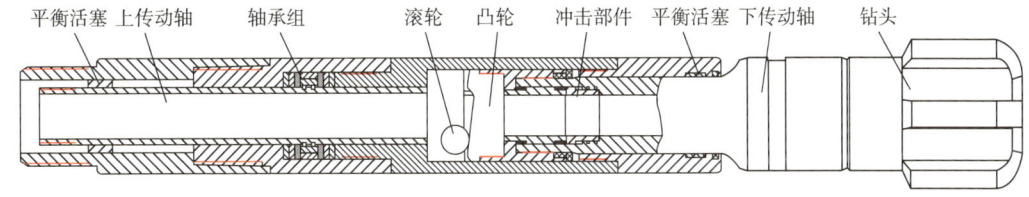

图6-5-4 冲击振动机构结构图

通过增设三个核心机构，能够使工具产生整体振动，大大降低摩阻，缓解托压；也能够为钻头提供冲击能量，提高破岩效率；还能为钻头提供脉冲射流，促进井底清洁，从而达到钻井提速的目的。

该产品现已经具有四种规格的系列化工具，见表6-5-1。

表6-5-1 BH-IMT液动冲击器规格参数

序号	项目	技术参数			
		规格一	规格二	规格三	规格四
1	外径，mm	127	172	203	244
2	井眼尺寸，mm	152.4	215.9	311.1	311.1~444.5
3	推荐排量，L/s	10~18	25~35	55~60	60~65
4	工作压耗，MPa	4~6	4~6	4~6	4~6
5	输出扭矩，N·m	3500	7000	9000	14000
6	推荐钻压，kN	60~80	80~100	120~160	120~160
7	工作频率，Hz	24~36	24~36	24~36	24~36

续表

序号	项目	技术参数			
		规格一	规格二	规格三	规格四
8	振幅，mm	4~8	4~8	4~8	4~8
9	冲击力，kN	5~10	10~20	10~20	15~25
10	马达类型	5/6、7/8	5/6、7/8	5/6、7/8	5/6、7/8
11	耐温，℃	150	150	150	150

（二）现场应用

BH-IMT液动冲击器在大港、冀东等地区现场试验，试验井段相比邻井平均机械钻速提高35.6%，节约钻井周期82d。例如在大港滩海某井进行了"ϕ244mm液动冲击器 + 203mm水力振荡器"的组合应用，使用之前，定向频繁憋泵、活动钻具，定向效率低；使用之后，泵压稳定、定向连续、定向效率高，滑动钻进期间钻压稳定在120~140kN，工具面稳定，无托压现象，节省了滑动钻进行程时间，平均机械钻速2.69m/h，提高94.93%（图6-5-5）。

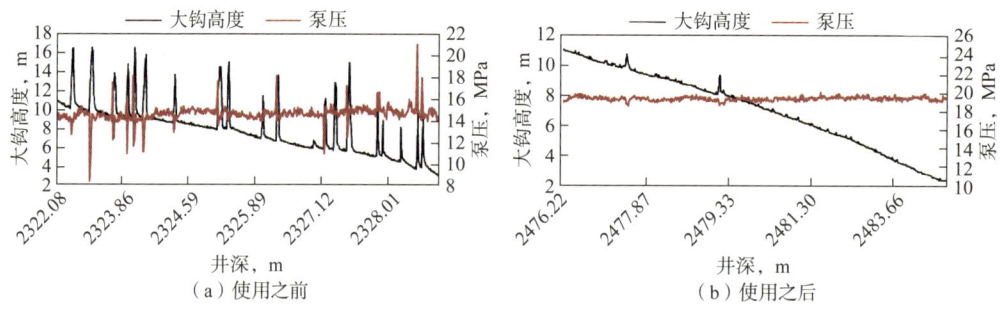

图6-5-5 滩海某井使用工具前后滑动段泵压及大钩高度变化图

自主研发的BH-IMT液动冲击器，摆脱了对国外技术的依赖，丰富了打造深井复杂井的技术手段，缩减了建井成本，提升了国内高端市场的技术竞争力，为钻井提速提效提供了一项新产品。

三、"一趟钻"提速技术

提高钻井速度的一个重要途径就是"一趟钻"。所谓一趟钻，是指一个钻头一次下井打完一个开次的所有进尺。而对水平井来说，一个开次可能涉及一个、两个或多个井段，如直井段、斜井段。斜井段可包括造斜段、稳斜段、降斜段。"一趟钻"现已成为钻井降本增效的重要途径，多井段"一趟钻"的降本增效效果尤为明显，其不只是钻头技术的升级，而且是钻井工程的全面升级[14]。

"一趟钻"钻井面临的难点有多层系岩性变化、轨迹复杂和仪器工具故障率高等。（1）大港油田岩性变化复杂，上部地层为平原组、明化镇组、馆陶组，地层疏松，成岩性差，钻时快，导向钻进以降斜为主，滑动调整频繁影响机械钻速；下部为东营组、沙河街组，地层中硬，导向以增斜为主，反抠井斜进尺慢，一套钻具组合较难完成一个井眼。（2）丛式井组平台井网密布，防碰井段钻头选型受限，普遍三维轨道设计，施工井多为二开及三开井，单开次进尺长，同一开次既有定向段也有稳斜段，滑动比高，影响机械钻速，螺杆、钻头、仪器工作寿命有限。（3）大港油田采用激进参数钻井，井下复杂振动、仪器冲蚀、深井高温导致仪器工具故障率偏高。

实现"一趟钻"钻井需要对以下方面进行改进：

（1）钻具组合优化。

主要从抑制振动延长仪器工具使用寿命、提高滑动能力、提高导向效果及提高钻具通过能力、减少事故复杂等方面着手。

①BHA钻具位置优化。

钻柱的自激振动与钻具类型、长度、钻井参数有关。在不影响机械钻速的前提下合理选取钻具类型及长度最为实用，钻具类型选择主要涉及无磁钻铤和加重钻杆。大港油田各井眼导向钻具组合常用钻井参数：钻压50~150kN，转速40~110r/min。

127mm加重钻杆优选：为避免产生一阶、二阶、三阶自激振动，可连续采用9根以上加重钻杆。增加仪器上部加重钻杆数量，可以增加近钻头处钻具的转动惯量，直接增强钻头维持原有运动状态的能力，抑制黏滑振动。

无磁钻铤优选：结合仪器测量要求，在常用钻压转速范围内单无磁不产生自激振动，双无磁组合自激振动转速与常用钻压、转速重合会产生一阶自激振动，采用无磁钻铤＋无磁钻杆组合可保障井下钻具稳定性。

②震击器位置优选。

震击器位置对旋转导向钻具组合振动影响明显，震击器与旋转导向钻具距离过近，钻具两端刚性强中间弱，钻具偏离井眼轴线会导致弯曲井眼旋转钻井中扭矩不均，增强黏滑振动值，通过增加转速、添加润滑剂效果不佳，而控压钻井影响机械钻速，将震击器放置于距仪器90m以外可防止产生高级别黏滑振动。

③水力振荡器位置优选。

分析大港油田各井型水力振荡器使用效果，结合水力振荡器性能参数常将其放置于距仪器350~400m，三维井因滑动效果差将水力振荡器放置于200~250m距离可有效减阻，但高频振动对仪器损坏不可避免，在仪器上部采用柔性扶正器可降低振动。

（2）螺杆钻具改型。

将172~244mm尺寸螺杆的本体稳定器减小3~6mm，采用小直径螺杆本体稳定器可有效减少滑动托压，减少应力集中系数，保障螺杆壳体螺纹安全，防止出现断、脱等事故，是定向井安全钻井重要因素之一。引进长寿命螺杆，连续循环时间不小于300h为螺杆井下工作时间提供保障。

（3）钻井参数配套。

为提高钻井速度，针对不同区块地层、不同钻具组合钻井参数进行优化，实现钻速最大化及螺杆钻具正常合理使用，保障井下仪器长寿命是实现"一趟钻"的工程技术保障。以215.9mm井眼127mm钻杆为例，钻柱转速100r/mim时动载扭矩即达到100191N·m，超过127mm钻杆的抗扭理论值为100162N·m，当转速超过100r/mim钻杆蹩停时，因动载本体会发生扭曲变形，倒划眼应考虑1.25的安全系数，推荐80r/min转速倒划可有效减少钻具事故。

（4）综合配套。

①螺杆最高转速。

直井段、稳斜段等井段全角变化率小，钻具不易疲劳，可取上限钻压及转速，1.25°螺杆85r/min，1.5°螺杆70r/min，1.75°螺杆不超过40r/min；造斜井段因存在较高交变应力，1.25°螺杆控制60r/min，1.5°螺杆50r/min，钻柱旋转时，增加柔性钻具可降低弯曲应力，划眼作业时在基础转速上再降低30%。

②激进参数随钻仪器配置。

1200MWD仪器大井眼大排量下冲刷严重。排量65L/s转速控制在1800~3000r/min之间，最佳为2400~2800r/min。合金转子配合不带螺纹的下轴承套使用，合理配置定转子；HL-MWD仪器适应性广，大井眼大排量下效果好，根据井队机泵情况调节配比实现信号控制，大井眼排量大于65L/s情况下，使用1.6in或1.7in限流环，新配比模式降低了信号强度，大排量也能获得正常信号幅值。

③随钻仪器抗振动、防冲蚀配套部件研究。

激进参数钻井容易导致井下随钻测量仪器冲蚀损坏，造成起下钻影响钻井时效，为提高仪器易损部件抗冲蚀能力，改型定子优化为直线—三次曲线—直线组合式定子结构，选用沉淀硬化型不锈钢0Cr17Ni4Cu4Nb材质，具备高强度高硬度特性，耐冲蚀、抗高温，使仪器抗冲蚀能力大幅提高。

现场应用效果：2018年以来，环渤海滩海地区根据钻井工程设计和区块所钻地层情况，优选钻头和钻具组合，先后在CH2-2人工岛4口井（zh26-23井、zh27-37井、zh28-35井及zh27-27井）实现了ϕ215.9mm井眼二开"一趟钻"钻井技术，单只钻头平均进尺2474m，平均机械钻速43.02m/h，有效促进了CH2-2人工岛钻井提速工作；2019年zh31-36井和zh39-43井先后实现了三开井各开次"一趟钻"完钻。

大港油田"一趟钻"技术受限于钻头技术、井下测量技术、钻井液技术等工程因素。通过采用异型齿钻头技术，大港油田二开广泛应用MD9431钻头实现"一趟钻"，机械钻速平均24.91m/h，与应用其他钻头的邻井相比，平均机械钻速提高了65.4%，平均每口井节约钻井时间108h。并采用了激进式钻井参数设计（表6-5-2），钻压提高50%、转速提高33%、排量提高9%、最大泵压提高60%。

表6-5-2 激进式设计对比

设计属性	钻进方式	钻压，kN	转速，r/min	排量，m³/h	最大泵压，MPa
常规值	螺杆钻具	40~80	60~80	55	20
强化值	RSS等多类复合钻井	60~120	80~120	60	32

其开展条件一是承压提升，循环系统承压能力提升为52MPa，满足激进式钻井高泵压的需求；二是主体高配，对固控系统、驱动系统等实行高配，提高钻探能力；三是绿色钻井，实行网电技术，动力保障充裕；四是钻具优配，使用高强度非标钻具。在大港油田二

开井段"一趟钻"技术发展过程中，还结合了提速减扭工具、钻井液抑制与润滑，以及特殊井中使用新技术，如页岩油井使用旋转导向技术、变径扶正器技术等来保障"一趟钻"的完成。

冀东油田"一趟钻"钻井技术已广泛应用到直井、定向井、水平井等各类井型。其中，定向井采用高效钻头+MWD+螺杆，水平井采用高效钻头+螺杆+LWD/近钻头导向工具，如今冀东油田已经做到二开215.9mm井眼"一趟钻"技术的全面应用。

第六节　事故复杂预防及控制技术

地层枯竭和薄弱区域一直是钻井面临的挑战，但随着油田的中后期开发和更深入的钻探需求，情况变得更加恶劣。滩海地区的典型的问题是密度窗口较窄（最大坍塌压力当量密度1.36g/cm³，最小破裂压力当量密度1.49g/cm³），如果发生漏、喷、塌、卡的复杂井下事故，会导致处理事故和复杂时间显著增加，从而增加了钻井成本。

一、井　漏

井漏会造成钻井液液柱压力较大变化，会削弱甚至使钻井液丧失作为屏障的作用，在设计及施工过程均要采取措施，防止井漏，如遇井漏，应及时处理，尽快建立符合要求的井屏障。

（一）漏失的原因

根据井漏发生的剧烈程度，可以分为渗漏、小漏、大漏，以及钻井液只进不出。井漏在钻井过程中较为常见，一旦发现井漏，要及时处理，避免酿成重大钻井事故。通常渗漏和小漏会导致钻井施工中钻井液消耗量增加，推高了钻井施工成本。当发生大漏或者钻井液只进不出的漏失时，要高度重视，防止出现井壁垮塌、卡钻等工程事故，漏失部位如果发育油气层，还可诱发井喷。井漏发生时，在钻井工程参数上会有预兆，应及时发现，井漏事故处理起来难度较大，因此，及时发现井漏、采取正确的措施进行控制，对于安全高效钻井具有重要意义。井漏发生的原因归结起来主要有以下几条：

（1）地层条件复杂，孔隙、裂缝较发育，特别是碳酸盐岩地层，由于溶蚀作用会形成规模较大的溶洞，一旦钻遇溶洞，容易发生钻井漏空，发生井漏。

（2）钻井液密度设计过大，导致井底压力远大于地层破裂压力，地层被压裂，钻井液进入地层，导致出现井涌。

（3）下钻过程中，钻具下入太快，使得井底压力激增，导致发生井漏。

（4）地层条件复杂，存在低压地层，钻开地层后，因压力过低，钻井液进入地层发生井漏。

（二）井漏的发现与判别

当出现井漏预兆时，应准确判断发生井漏原因，采取合理措施进行处理。做好井漏的监测是关键，在监测井漏方面，首先应了解区块地层压力情况，做好井筒压力监测，井漏最直接的表现是钻井液体积减小，录井池体积能够较好地反映井漏的发生。准确预测地层三压力情况（尤其是高压盐水层情况），可以为优化防漏堵漏技术措施、指导钻井液提前做好提高地层承压能力工作（有利于防止遭遇高压层提高钻井液密度时引发上部地层井漏）、提高防漏堵漏成功率奠定基础。

不同阶段发生的井漏，判别方法不同。

（1）钻进阶段井漏监测。在钻进阶段，需要不断消耗钻井液，钻井液体积会出现波动，单依靠钻井液监测井漏，准确率不高，需要综合考虑录井工程参数。正常情况下，机械钻速较低时，钻井液体积变化相对较小，通过监测钻井液体积变化是发现井漏的主要手段，当机械钻速变化较快时，还需要考虑钻井液密度、地层压力、泵冲等参数的变化，同时结合录井识别的地层岩性情况，当地层渗透性较好时，钻井液体积如出现较大变化，可能是井漏的预兆，需要结合其他参数进行排查确定。

（2）起下钻过程中井漏。起下钻过程中监测井漏，需要了解区块地层情况、地层压力情况、起下钻过程中钻井液返出情况，通过综合分析，判断钻井液异常的情况。起钻时，通常起出一定数量钻具，需要注入固定量的钻井液。当注入钻井液量增加时，可能是出现了井漏。在下钻过程中，由于钻具下入过快，地层压力发生激动，当压力激增时，可能导致地层破裂，引起井漏。通过分析下入固定量钻具，钻井液返出量有无增加来判断有无井漏的发生。此外，需要分析钻井液出口温度、电导率变化，当有钻井液返出时，电导率明显增大。钻井液有返出时，冬季温度变化明显，夏季温度变化不明显。

当判别发现井漏时，需要确定井漏位置，常用有以下三种方法：

（1）实地观察法。

利用实地观察法，认真地观察钻井情况，比较岩心钻屑，明确可能会发生井漏的位置。同时需要把握钻井液密度变化和其他参数的变化，通过认真分析和总结，明确井漏位置。

（2）跟踪试剂法。

利用跟踪试剂法，可以确定钻井液试剂循环时间，有利于准确判断井漏位置。在实际操作工作中，可以确定判断井漏位置。在实际操作阶段，在可能会发生井漏问题的井眼中投入跟踪试剂，确定钻井液循环时间，同时可以确定跟踪试剂返回时间，通过对比分析时间值，明确可能会发生井漏问题的地层，为补漏作业的落实奠定基础。

（3）环空摩阻法。

采用环空摩阻法需要分析钻井液循环运行中的流量变化情况，技术人员需要详细记录钻井液出入口流量变化情况，利用计算公式准确计算数据，因此可确定井漏发生的地层，提高工作措施的可操作性。

（三）堵漏工艺及预防

发生井漏时，依据判断的井漏类型和漏层位置，及时采取相应措施，保持井筒压力平衡，防止井壁失稳或"漏转喷"，针对井漏，推荐采用以下维护处理措施：

（1）控制实钻钻井液密度在设计范围内，并根据地层情况及时调整。

（2）避免不均匀加重引起的高密度段塞进入井筒压漏地层。

（3）优化钻井液流变性，降低井底循环当量密度。

（4）在易漏地层段宜提前加入随钻堵漏剂。

（5）钻开高压地层前应对上部裸眼段进行承压试验。

（6）高压盐水层压井液应尽量具备堵漏功能。

（7）根据漏层温度、压力、漏速大小优选堵漏材料及粒度级配。在钻进过程中，如果井漏缝隙比较大，技术人员需要利用刚性颗粒状材料和凝胶类材料，通过配合利用两种材料，可以优化整体堵漏效果。其中，特种凝胶可以在进入到漏层之后不会继续流动，从而快速填满缝隙和溶洞等空间。同时在井漏位置形成隔离塞，有效隔断地层内部流体和井筒内流体，隔离塞具有较大的启动压力，启动压力大于漏失压力，从而优化堵漏效果。在特殊井漏中利用胶凝水泥堵漏技术，可以使整体结构稳定性因此提高，注水之后不会稀释胶凝水泥，达到显著的封堵效果。

（8）发生漏速小于 $10m^3/h$ 的漏失时，宜先采用静止堵漏、适当提高钻井液黏度和泵入桥浆等方法堵漏。发生漏速大于 $10m^3/h$ 但未失返的漏失时，应采用桥浆替入漏失井段进行堵漏。发生失返性漏失时，连续反灌钻井液，维持井内钻井液液柱压力大于地层压力防止"漏转喷"；宜采用高浓度、高黏度和高切力的桥浆堵漏，或配合水泥浆、化学凝胶等进行堵漏。不同的堵漏方式如下：

①静止堵漏。静止堵漏指的是发生井漏之后，将钻具提离漏失层段静置，待漏失通道愈合的方法。此方法一方面可以降低循环压耗，另一方面也可以让钻屑和封堵性材料进入漏层封堵漏失。②随钻堵漏。随钻堵漏指的是发生井漏之后，在循环池内持续加入堵漏材料，维持钻井液堵漏材料一定浓度自动堵漏。随钻堵漏方法常用于钻进时封堵微小漏失，或强行钻进时减缓漏失速度。③桥接堵漏。此方法主要是用固体颗粒堵塞缝隙孔道，配置不同大小的刚性颗粒，可以在不同尺寸的裂缝孔道中起到架桥和支撑作用，从而达到堵漏目的。④固结材料堵漏。此方法指的是利用石灰乳、水泥浆等固结材料进入漏失层后凝固，封堵地层裂缝、孔隙和通道，从而封堵漏失。⑤雷特堵漏。雷特堵漏常用于恶性断层漏失及提高地层承压能力。在正压差作用下，雷特材料在漏失通道内形成一道封堵墙，通过井口不断憋挤承压，形成稳定的应力笼，巩固堵漏墙强度，在堵漏墙外封门加固，形成滤饼，从而达到很好的堵漏效果，且能显著提高地层的承压能力。

（四）典型实例

埕海油田二区所在地层主要以砂岩、砂砾岩为主，地层承压能力差，渗透性漏失严重。在该地层钻进时，钻井液体系由原来的海水聚合物钻井液体系转化为 BH-WEI 钻井液体系，钻井液密度由原来的 $1.12\sim1.20g/cm^3$ 上升至 $1.20\sim1.38g/cm^3$，钻井液密度的升高，使馆陶组的漏失情况变得更加严重。适当提高钻井液黏度，提高钻井液中随钻封堵材料的加量可以缓解该区块的漏失问题。

在进行堵漏时，使用了超低渗透堵漏剂 BZ-ACT（图 6-6-1），它 95% 以上可过 80 目振动筛，75% 以上可过 100 目振动筛，完全满足随钻要求。可有效用于防漏、渗透性漏失和堵漏等工序。表 6-6-1 为 BZ-ACT 对砂床（20~40 目）评价结果。

 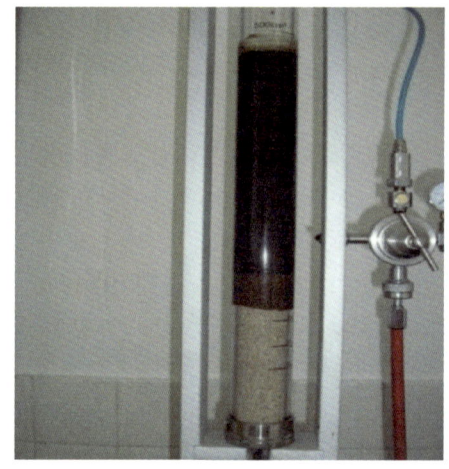

（a）宁70井井浆　　　　　　（b）宁70井井浆+BZ-ACT

图6-6-1　宁70井井浆与宁70井井浆+BZ-ACT

表6-6-1　BZ-ACT对砂床（20~40目）评价结果

配方	塑性黏度AV mPa·s	动切力YP Pa	密度ρ g/cm³	API失水量FL_{API} mL	30min 砂床失水量，mL	30min 砂床侵入深度，cm
宁70井井浆	11.5	2.5	1.2	6.7	全漏失	全浸湿
宁70井井浆+BZ-ACT（2%）	12.5	2.5	1.2	5.0	0	4.0

根据表6-6-1可以看出，BZ-ACT对钻井液的流变性能和密度无影响，能有效降低API滤失，且砂床封堵效果显著。

馆陶组地层岩性主要为厚层浅灰色砂砾岩、含砾不等粒砂岩、细砂岩与灰绿色泥岩互层，对于该类孔隙比较发育的地层，渗漏或者部分漏失的风险非常高，一旦发生漏失就会影响钻井周期，因此，防漏的作用胜于堵漏，做好防漏工作对于降低漏失风险异常重要。超低渗透随钻堵漏剂BZ-ACT正好适合该类地层的防漏工作。

（1）防漏方案。

①提前进行钻井液转型工作，保证进入馆陶组井壁能够形成有效滤饼。

②进入馆陶组前100m开始加料（6~10袋/h），持续加够井浆总量的2%，随后补充维护2~4袋/h。按现场加料情况，适当跟进，保证加入井浆的ACT充分分散（如果现场能满足加重泵和罐面同时加料，可以在进入馆陶组前30~50m，一次性加入2%BZ-ACT，随后补充维护2~4袋/h），并配合1%~2%超细碳酸钙，通过提高钻井液中成膜类封堵剂浓度，降低钻井液中劣质固相，提高滤饼质量提高地层承压能力。

③根据二区的完成井情况，进入馆陶组前，钻井液总量为120~150m³，首次加料2.5~3t，随钻补充0.6~0.8t/d。

④馆陶组钻进，保持20~40kN小钻压，合理控制钻时，且尽量避免在馆陶组滑动钻进。

⑤馆陶组钻井液密度维持在1.20g/cm³。

⑥按每循环周0.01~0.02g/cm³提升钻井液密度并跟入随钻堵漏剂。

⑦及时清除岩屑，保证井眼清洁，防止憋泵。

⑧起下钻时操作平稳错开易漏地层开泵，5L/s 小排量开泵顶通后，再以 10L/s 排量为起点，每循环 5~10min 钻井液黏度降低后再提 10L/s 排量，至正常排量循环。

⑨进入馆陶组前，提前配制好堵漏浆 30m³，钻进时发生井漏立即打入井内，起钻时向井内不间断灌浆。现场储备足量堵漏材料，并保证钻井液量充足。

（2）堵漏方案。

一旦发生漏失，首先停止钻进，降低排量，观察漏失情况，同时判断漏层位置和漏层特点，为配制堵漏浆做准备。如果漏速可以接受（小于 10m³/h），继续钻进的同时提高随钻堵漏材料（BZ-ACT）加量至 3%~5%，并配合 1%~2% 超细碳酸钙进行随钻封堵。如果漏速仍然较大，按如下措施配制堵漏浆堵漏：

①当漏速大于 30m³/h 或发生失返性漏失时，以井浆为基础，堵漏浆以 30% 浓度的 BZ-PRC 配制，封堵漏层，静止堵漏。

②当漏速为 10~30m³/h 时，以井浆为基础，堵漏浆以 BZ-PRC 和 BZ-ACT 按 1:1 配制，堵漏剂含量为 25% 左右，封堵漏层，静止堵漏。

③当漏速为 5~10m³/h 时，以井浆为基础，用 BZ-ACT 配制堵漏浆，堵漏剂含量为 25% 左右，封堵漏层，静止堵漏。

④当漏速小于 5m³/h 时，随钻加入 2%~3% 的 BZ-ACT；如果漏速不降，BZ-PRC 和 BZ-ACT 按 1:1 比例配制堵漏浆，堵漏剂含量为 20% 左右。

（3）现场应用效果评价。

zh30-37 井，钻进至明化镇组底部前，在钻井液中加入 2% BZ-ACT，振动筛换 80 目以下筛布。钻穿馆陶组时，排量 30L/s，直接在钻井液中加入 BZ-ACT，4 袋（20kg）/h。钻井液中提高成膜类封堵剂浓度，降低钻井液中劣质固相，提高滤饼质量。钻穿馆陶组继续钻进过程中，钻井液密度由 1.16g/cm³ 提高至 1.38g/cm³。提密度过程中，保证 BZ-ACT 随钻堵漏剂投入量为 1~2 袋/h，使其对上部馆陶组砂岩进行修复性封堵。该井顺利完钻无漏失，防漏施工成功。

zh26-29 井原井眼未使用 BZ-ACT 防漏措施，发生漏失，堵漏效果不佳。打水泥塞，漏层以上侧钻，侧钻过程中采用 BZ-ACT 随钻堵漏措施，顺利完钻无漏失。通过该井堵漏过程可见，该区块馆陶组一旦发生漏失，使用堵漏材料堵漏，难度非常大，进而验证了该区块防漏重于堵漏，防漏是关键，通过防漏技术措施提高地层承压能力。

zh17101 井，中完为保证井壁稳定，钻井液密度提至 1.46g/cm³，及时跟进随钻堵漏剂，避免了漏失的发生。

二、卡 钻

钻井过程中，由于各种原因造成的钻具陷在井内不能自由活动的现象，称为卡钻。钻具在井内不能起出，甚至无法下放或转动，有的卡钻还无法循环钻井液。这是钻井工作中一种常见的事故。在滩海地区，由于大部分井型为大斜度井、大位移定向井和水平井，存在裸眼段较长、定向狗腿角较大的特点，导致在起下钻过程中来回划拉井眼，容易出现卡钻问题。

卡钻主要包括键槽卡钻、沉砂卡钻、井塌卡钻、压差卡钻、泥包卡钻及钻具脱落下顿卡钻等。地层构造情况、钻井液性能不良、操作不当等都可能造成卡钻，必须针对具体情况进行分析，以便有效地解卡。

解卡措施如下：

大位移井和水平井在井斜增大后，定向钻进托压严重，特别是多靶点定向井需要在深部扭方位时表现得更为突出，对钻井速度影响较大，并且有卡钻的风险，所以必须解决钻井液润滑问题。由于甲方对钻井液的荧光要求不能超过4级，很多的液体润滑剂不能使用，增加了润滑防卡的难度。

（1）优选适合于盐水聚合物体系的处理剂，保证良好的钻井液性能，提高滤饼质量，确保井壁稳定。

（2）在满足录井荧光（荧光级别小于4级）的条件下，优选摩阻系数降低率较高的极压固体润滑剂和液体润滑剂。

（3）采用固体润滑和液体润滑相结合的复合润滑方案，提高润滑防卡能力。液体润滑剂含量控制在1.5%左右、石墨类极压固体润滑剂控制在1.0%即可达到较为理想的润滑效果。

（4）随井深的增加，要保证各种润滑材料的有效含量，并根据转盘扭矩和上提拉力的变化，及时调整润滑方案，始终保持摩阻系数在0.06以下。

（5）条件允许的情况下尽量加大循环排量保证井眼清洁，使用好钻井液净化设备，降低钻井液含砂量。

（6）坚持技术划眼、短起下钻等工程技术措施，尽量保证井眼平滑，及时破坏井壁上的虚厚滤饼。

（一）键槽卡钻

垂直井段不会形成键槽，而在增斜、稳斜、减斜过程中会产生局部弯曲，形成狗腿，在钻杆接头切削作用下形成键槽，键槽大小与钻杆接头相当（图6-6-2），起钻时出现钻铤或钻头插入槽的底部而被卡住的现象称为键槽卡钻。

键槽卡钻的特征：（1）键槽卡钻只会发生在起钻过程中；（2）当钻铤外径大于钻杆接头时，钻铤顶部接触键槽下口时即遇阻遇卡；（3）在岩性均匀、井径规则的地层中，每次起钻的遇阻点是向下移动的，在岩性不均匀、井径不规则的地层中，遇阻点固定不变；（4）在键槽中遇阻、拉力稍大，转动转盘很困难，但只要放下钻柱脱离键槽则旋转自如；（5）在键槽中遇阻遇卡，开泵循环钻井液时，泵压无变化，钻井液性能无变化，进出口流量平衡。

键槽卡钻的预防措施：保证井眼质量，避免出现狗腿段；起钻时或再次下钻时应在键槽井段反复划眼，及时破坏键槽的形成，并在起钻到键槽井段时低速慢起，严禁使用高速提升。

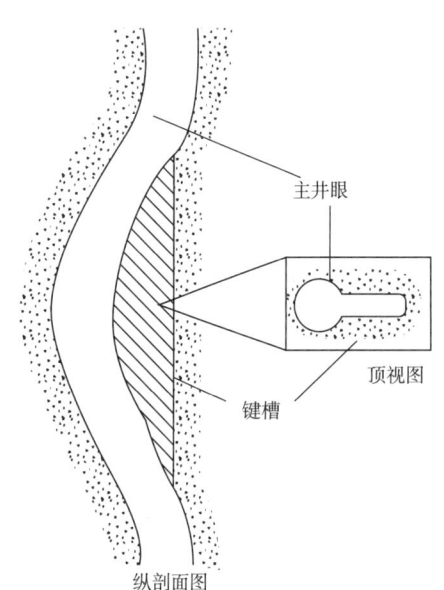

图6-6-2 键槽卡钻示意图

（二）沉砂卡钻

在钻井过程中，用清水钻进或用黏度小、切力低的钻井液钻进时,由于其悬浮岩屑的能力差,稍一停泵岩屑就会下沉,停泵时间越长,沉砂量越多,尤其是在钻速较快时更是如此,严重时可能导致下沉的岩屑堵死环空、埋住钻头与部分钻具,形成卡钻,称为沉砂卡钻。此时若开泵过猛还会憋漏地层,或卡得更紧。

沉砂卡钻的表现是:接单根或起钻卸开立柱后,钻井液倒返甚至喷势很大;重新开泵循环,泵压很高或憋泵;上提遇卡、下放遇阻,且钻具的上提或下放越来越困难,转动时阻力很大,甚至不能转动,从而造成井眼清洁困难。

为了预防沉砂卡钻,应确保钻井液的性能满足清岩和悬浮岩屑的要求,随时做好设备和循环系统的检查维护;在因故停止钻进时,应避免停止井内循环;缩短接单根时间,在发现泵压升高及岩屑返出量较小时,要控制钻速,加大排量洗井;停泵前要将钻具提离井底并随时活动钻具。

(三)井塌卡钻

井塌卡钻的处理工序最为复杂,风险性最大,耗时最多,会造成部分井眼甚至全井报废,它是所有卡钻事故中性质最为恶劣的一种事故(图6-6-3)。

井塌卡钻的原因:(1)钻井液性能不符合设计要求,造成易塌地层垮塌;(2)井漏引起上部地层井壁坍塌;(3)钻井液密度低于地层压力,造成地层坍塌;(4)起钻未灌满钻井液,引起地层坍塌;(5)钻头泥包起钻形成拔活塞的抽吸作用而引起井塌;(6)井喷后或泡油解卡后,井壁失去稳定而造成井塌。

井塌卡钻的预防措施:使用低滤失、高矿化度和适当黏度的防塌钻井液,在破碎易塌地层时适当增大钻井液密度,随时保证钻井液的高度;避免钻头泥包和抽吸作用引起井壁坍塌。

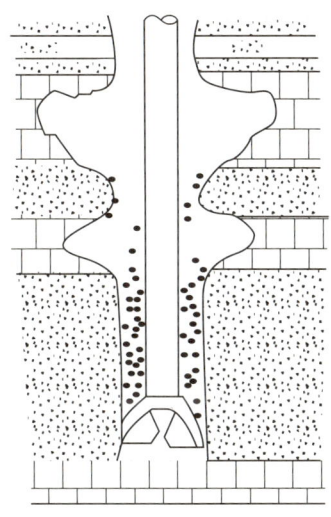

图6-6-3 井塌卡钻示意图

三、井 塌

井塌是指钻井过程中井壁失稳垮塌的现象。发生井塌的原因包括:井内液柱压力不能平衡地层压力;地层受钻井液浸泡,发生水敏膨胀、破碎、剥离;地层本身破碎、疏松,上提钻具时造成抽吸现象使下部井筒压力下降;在起钻过程中,未及时回灌钻井液造成井内液柱压力下降;停钻时间过长,钻井液性能发生变化;在裸眼井段长时间、大排量循环等。井壁不稳定会导致井塌,井塌严重时会导致井眼情况复杂,从而引起事故。为保持井眼稳定,需要进行以下措施:

(1)认真做好随钻压力监测,根据压力预测及时调整钻井液密度,以保证井壁稳定所需钻井液柱压力。

(2)认真观察井口返出岩屑的形状,根据井下情况及时调整钻井液密度。

(3)维护好钻井液性能,加入足量的防塌剂,提高滤饼质量,控制钻井液失水。进入易塌井段，钻井液性能要保持相对稳定，避免大幅度调整。

（4）在裸眼井段，要控制起下钻速度，以防抽吸导致井塌。

（5）做好起钻连续灌钻井液工作，测井期间每一小时灌满钻井液一次，保持井内钻井液液柱压力。

（6）禁止长时间在同深度、特别在易塌段大排量循环。

（7）在易塌井段起钻，严禁用转盘卸扣。

（一）防塌措施

（1）采用聚合物体系：选择适合滩海地区的聚合物体系作为钻井液的基础，能够提高钻井液的黏度和稳定性。聚合物的添加可增加钻井液的承载能力，有效防止井壁塌陷。同时，确保包被剂的适当用量，通常大分子包被剂在钻井液中的剩余量不低于0.1%，一次加量不低于0.3%。

（2）提前处理钻井液：采用钻井液调整办法，在钻井前对钻井液进行提前处理。这包括对钻井液的流变参数进行调整，如密度、黏度和流动性等，以确保其在滩海环境下的适应性和稳定性，减少井壁塌陷和井塌的风险。

（3）使用饱和盐水钻井液或油基钻井液体系：根据地层特点和含盐成分高的泥岩情况，必要时可以选择使用饱和盐水钻井液或油基钻井液体系。饱和盐水钻井液能够增加钻井液的稠度和黏度，提高井壁的支撑能力。油基钻井液体系具有更好的稳定性和抵御井壁塌陷的能力，在特殊滩海环境下具有优势。

（4）强化固控处理：采取必要的固控处理措施，包括使用合适的固控设备和技术，及时处理岩屑和废弃物，保持井内环境的清洁和稳定。强化固控能力有助于防止井塌和井口附近的岩屑积聚。

（5）增加钻具的稳定性：在滩海地区钻井中，合理选择和配置钻具，采用增加稳定性的钻具设计和配套，有助于防止井壁塌陷和钻柱偏斜的风险，确保钻具与井眼的良好接触，减少钻具与井壁之间的摩擦和振动。

（6）加强监测与控制：实施实时监测系统，对井壁的稳定性、钻井液性能、钻具运行状态等进行持续监测与控制。及时发现异常情况并采取相应的调整措施，以确保钻井过程中的安全和稳定性。

（二）井塌处理方案

（1）轻微井塌的现象及处理。

①首先适当提高黏度带砂，清洗井底，井下正常后逐步恢复原黏度。

②考查钻井液体系的适应性。若井浆是聚合物无固相，应立即转成多聚复合沥青质低固相钻井液，并保持高浓度聚合物稳定（2000~3000mg/L），无好转则提高漏斗黏度至30~40s、动切力4~6Pa；若井浆是聚合物低固相钻井液，则追补0.1%~0.2%主聚物和沥青类添加剂2%~4%，保持适当的黏切，不要大幅度波动井浆性能；若井内是钙处理钻井液，应适当提高Ca^{2+}含量、加足KHM等钾盐腐殖酸量（至少井浆中含量达到3%）、沥青类处理剂2%~3%，以提高滤饼质量、增强地层的胶结力、提高井浆的抑制能力。

③前面方法仍无多大效果，应适当提高密度0.05~0.10g/cm³。

（2）严重垮塌的现象及处理。

①提高钻井液黏度及时带出垮塌物，一般黏度不低于50s，重点是动切力。

②转化成抑制性更强的钻井液体系，例如钙处理钻井液、强包被聚合物钻井液、添加改性沥青类钻井液等。

③从钻井液性能上强化，例如失水、滤饼、滤液矿化度、滤液黏度等。

④适当提高钻井液密度 0.1~0.2g/cm³ 以平衡地层侧向压力。

⑤下钻划眼应取掉捞杯、喷嘴、扶正器，适当增大排量配合钻井液流变性以利于携出坍塌物。同时，划眼接单根速度要快、防卡防堵水眼。

⑥起钻遇卡不可硬提强压致卡死，应采取防卡措施。

⑦恢复正常钻进中应保持井浆黏度、切力稳定地钻进 7~15d，方可根据井下情况逐步调整黏切或密度至合理的范围。

（三）典型案例

1. zh5-1井井壁坍塌、断钻具事故

钻至设计井深2695m，倒划眼起至2243m（垂深1660m，井斜70.96°，沙一上亚段，泥岩），顶驱转速30r/min，扭矩变化较大，扭矩值达25~30kN·m，蹩停顶驱二次。倒划眼至井深2253m时，上提遇卡，正常上提悬重为86t，超拉36t，下放遇阻，最低下放悬重至45t。由于井下倒划眼复杂，被迫重新下钻，通井至2695m，试图开泵顶通时，泵压升高，井口不返钻井液，顶驱转速170r/min，扭矩达29kN·m蹩停顶驱，后开泵憋压5.6MPa，井口有少量钻井液间断返出。蹩停释放扭矩重新开顶驱，最大扭矩29kN·m，泵排量16L/s，泵压由6.3MPa降至5MPa，悬重由91t降至74t，判断钻具折断落井。落鱼（图6-6-4）长535.28m，鱼顶位于2159.72m（垂深1633m，井斜70.96°，沙一上亚段，泥岩、细砂岩），图6-6-5为落鱼在井下示意图。

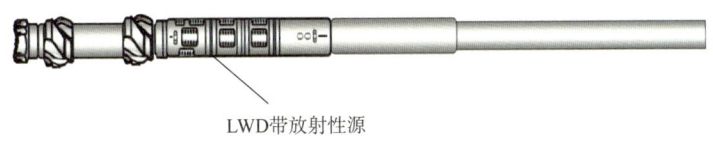

图 6-6-4　落鱼钻具示意图

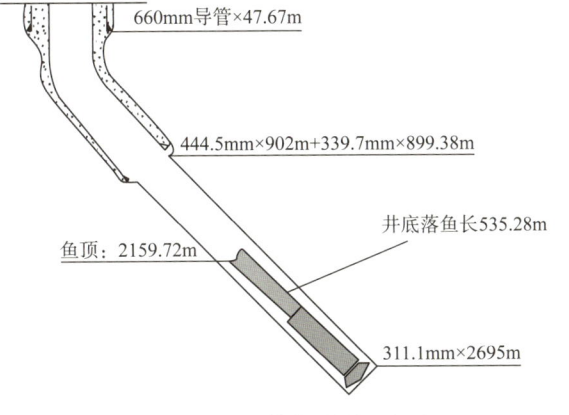

图 6-6-5　落鱼位置示意图

起钻后，钻杆断口图如图 6-6-6 所示，钻杆折断位置如图 6-6-7 所示，zh5-1 井卡钻层位如图 6-6-8 所示。

图 6-6-6 钻杆断口图片

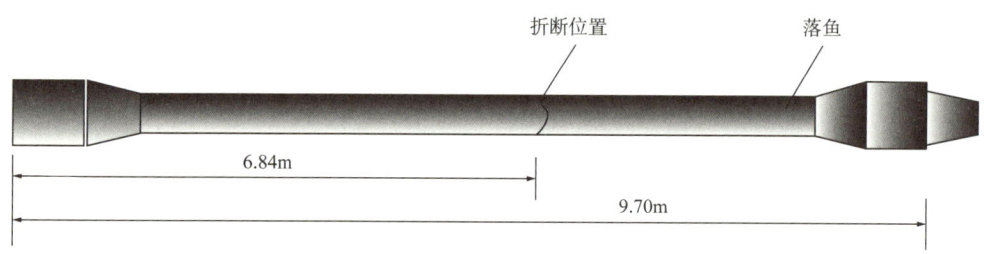

图 6-6-7 钻杆折断位置示意图

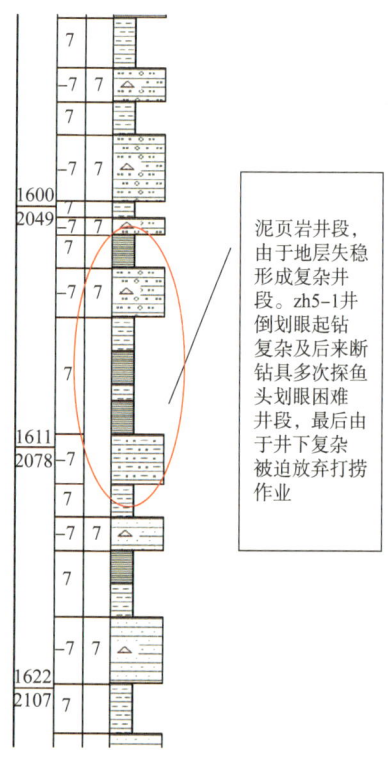

图 6-6-8 zh5-1 井卡钻层位分析

事故原因分析：主要是大位移井，上井壁泥页岩极不稳定，受重力影响造成大面积埋钻具恶性事故。

另外，从已完成井情况看，该地区存在坍塌周期的问题，在井眼打开后的一定周期内，由于井内流体对地层的浸泡作用，泥岩不断水化变软而失去支撑作用，井壁会不断持续地坍塌。

2. zh4-23 井井壁坍塌、断钻具事故

（1）复杂经过。

钻至设计井深 2180m，起钻至 2078m（沙一下亚段）遇阻，上提拉力由 92t 突升到 120t，上提 120t 下砸至 34t，多次活动无效后接顶驱建立循环，转速 100r/min，排量 30L/s，泵压 12MPa（泵压偏高，怀疑环空堵塞），继续倒划眼起钻至 2055m。正常起钻至 1900m，活动无效，接顶驱倒划眼起钻，转速 20r/min，排量 30L/s，泵压由 12MPa 升至 18MPa，停泵后环空憋压 9MPa，扭矩 7000~30000N·m，顶驱多次憋停。活动钻具到 1892m，憋泵到 17MPa，顶驱憋停，建立不了循环。强行起放，上提 165t，下砸到 30t，仍无效。此后分别设扭矩 30000N·m、40000N·m、50000N·m、

60000N·m、70000N·m 情况下强行活动钻具,上提 140t 下砸 40t,最后在 70000N·m 扭矩下钻具被活动开,开泵到 50L/s 后泵压 11MPa,悬重变为 75t(理论钻井液中悬重 85t),LWD 无信号,起出钻具发现在下部第二根与第三根 ϕ165mm 钻铤(图 6-6-9)连接处折断,落鱼长 53.52m,鱼顶 1838.48m,后经反复打捞成功。落鱼钻具示意如图 6-6-10 所示,落鱼井下示意如图 6-6-11 所示。

图 6-6-9 钻铤连接处折断

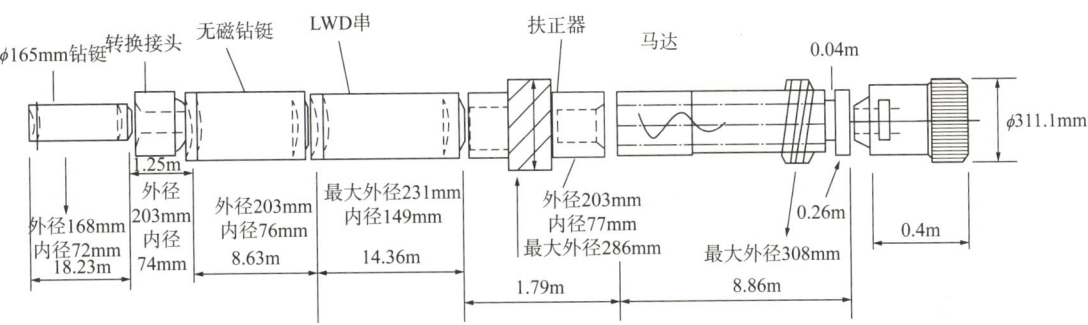

图 6-6-10 落鱼钻具示意图

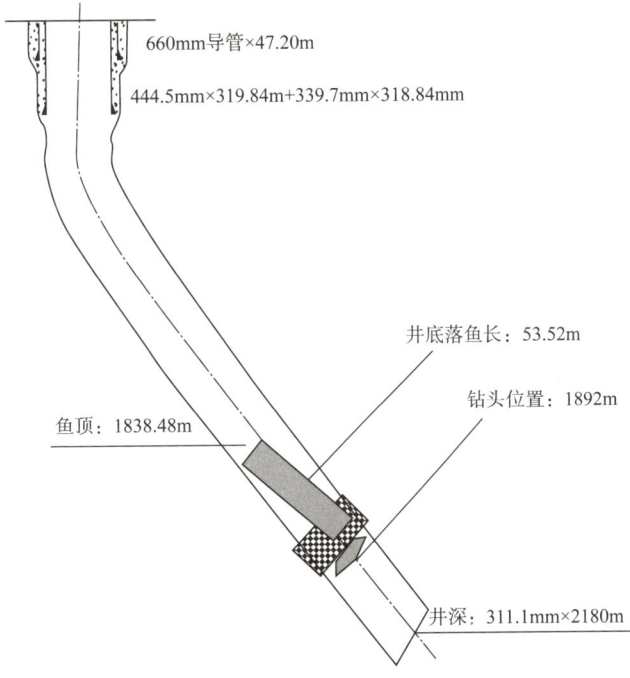

图 6-6-11 落鱼位置示意图

(2)事故原因分析。
①该井地层复杂,易于垮塌。
②该井井身结构过于简单,下完表层套管后,311.1mm 大井眼直接完钻。
③该井轨迹设计过于复杂。

（3）经验教训。

①2055~2078m遇阻严重后没有及时处理，而是勉强接顶驱划眼起出。

②震击解卡时由于井斜大，压力传递不到下击器，应调整震击器位置。

③钻复杂井时，钻具中带随钻震击器。

表6-6-2为zh5-1井与zh4-23井对比。

表6-6-2　zh5-1井与zh4-23井相关参数及遇卡情况对比

井名		zh5-1井	zh4-23井
井身结构		ϕ444.5mm井眼×902m+ ϕ339.7mm套管×899.38m+ ϕ311.1mm井眼×2695m	ϕ431.8mm钻鞋×319.84m+ ϕ339.7mm套管×318.84m+ ϕ311.1mm钻头×2180mm
卡钻钻头位置，m	斜深	2685	1892
	垂深	1838	1596
卡点，（°）	井斜	61.33	76
	方位	291.03	132
地层、岩性		沙一段：灰色油页岩	沙一段：灰色油页岩
钻井液性能		密度：1.14g/cm³；漏斗黏度：70s；失水：4mL；滤饼厚度：0.5mm；切力：8/15kPa；含砂：0.8g/L；pH值：8	密度：1.15g/cm³；漏斗黏度：85s；失水：3.2mL；滤饼厚度：0.5mm；切力：9/15kPa；含砂：0.25g/L；pH值：9.5
压力系数		1.03	1.03
浸泡时间，h		45	27
鱼顶，m	斜深	2159.72	1837.6
	垂深	1638	1579
鱼头，（°）	井斜	70.96	68
	方位	288.90	132.3

参考文献

[1] 秦永和.大港油田大位移井钻井实践和技术最新进展[J].石油钻探技术，2006（4）：30-33.

[2] 刘兴成，任飞，张凤江，等.海油陆采大位移井钻井技术[J].石油钻探技术，2001（5）：28-30.

[3] 李相鹏.大位移钻井技术在滩海油田开发应用中的关键技术分析[J].石化技术，2018，25（4）：84.

[4] 王鲁坤，黄达全，王伟忠，等.埕海一区人工岛丛式井钻井液技术[J].钻井液与完井液，2008（4）：53-55，87-88.

[5] 秦永和，付胜利，高德利.大位移井摩阻扭矩力学分析新模型[J].天然气工业，2006（11）：77-79，177.

[6] 孔令镕，王瑜，邹俊，等．水力振荡减阻钻进技术发展现状与展望[J]．石油钻采工艺，2019，41（1）：23-30.

[7] 明瑞卿，张时中，王海涛，等．国内外水力振荡器的研究现状及展望[J]．石油钻探技术，2015，43（5）：116-122.

[8] 刘华洁，高文金，涂辉，等．一种能有效提高机械钻速的水力振荡器[J]．石油机械，2013，41（7）：46-48.

[9] 吕涨，周志宏，张琴，等．一种井下减摩振动器的设计[J]．石油机械，2017，45（10）：16-21.

[10] 徐小峰，孙宁，孟英峰，等．冀东油田大斜度大位移井井眼清洁技术[J]．西南石油大学学报（自然科学版），2017，39（1）：148-154.

[11] 汪志明，翟羽佳，高清春．大位移井井眼清洁监测技术在大港油田的应用[J]．石油钻采工艺，2012，34（2）：17-19.

[12] 李相方，隋秀香，刘举涛，等．大位移井井眼清洁监测技术[J]．石油钻采工艺，2001（5）：1-3，83.

[13] 庹海洋，许杰，谢涛，等．大弯角螺杆钻具过窗口通过能力分析[J]．石油机械，2019，47（7）：43-47.

[14] 刘克强．"一趟钻"关键工具技术现状及发展展望[J]．石油机械，2019，47（11）：13-18.

第七章　固完井关键技术

向井内下入套管，并向井眼与套管之间的环空注入水泥的施工作业称为固井。根据油气层的地质特性和开发开采技术要求，在井底建立油气层与井筒之间的合理连通渠道或连通方式施工作业，称为完井。在海油陆采技术中，固井、完井作业也是十分重要的一环。

第一节　固井关键技术

固井的目的是封隔地层、加固井眼、建立密封性能良好的井内流动通道，以保证继续安全钻进，保证后期作业（试油、增产等）和生产的正常进行。固井是油气井建井过程中的重要环节，固井质量的好坏不仅关系到钻井的速度和成本，还将影响到油气井以后是否能兼顾生产、油气井寿命，以及油气藏的采收率。因此，从固井设计开始直至施工验收，都应该认真考虑如何提高固井质量。

固井要消耗大量的钢管、水泥等材料，据统计，生产井的固井费用占全井成本的10%~25%，因此还应在提高固井质量的前提下，尽可能节约材料、降低成本。固井工程的主要内容包括下套管和注水泥两大部分。

在选用固井方式时会考虑几个因素：地层破裂能承受固井流体最大动液柱压力；水泥浆失重后固井流体总静液柱压力能平衡地层压力；以最小的压差固井以保护油气层；尽量采用一次性注水泥固井技术。考虑以上因素，优化水泥浆密度构成，采用合理的平衡压力固井，达到整体压力平衡，高效顶替。

一、漂浮下套管技术

下套管是固井作业中重要的一部分，下套管作业是将单根套管及固井所需附件逐一连接下入井内的作业。在石油现场上见到的单根套管通常由两部分组成，即套管本体和接箍（图 7-1-1）。接箍与本体是分开加工的，接箍两端加工有内螺纹，本体两端加工有外螺纹，螺纹面与套管本体、接箍的轴线成一定锥度，在出厂时将接箍装配在本体上。入井时，接箍（内螺纹端）朝向井口方向，利用螺纹将一根一根单根套管连接而成套管柱。此外还有特殊加工的内外螺纹均在套管本体上的无接箍套管。

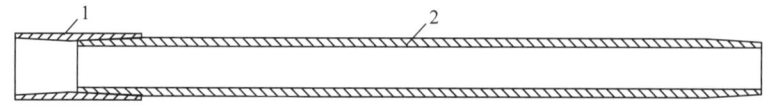

图 7-1-1　单根套管示意图

1—接箍；2—本体

(一）漂浮接箍技术

在环渤海滩海地区套管不能顺利下到位，使用漂浮下套管技术可以解决海油陆采作业中的下套管难题。漂浮下套管技术是在下入套管串的适当位置加入漂浮接箍，在套管中形成空气段，使其在钻井液中漂浮以减少套管与井壁的正压力[1]。在大港 CH1-1 人工岛平台中成功应用此技术。

漂浮接箍是一种专门用于水平井和大位移井下套管和固井的漂浮工具，大港 CH1-1 人工岛平台中使用了 Davis 漂浮接箍，其由内筒和外筒两部分组成，外筒上、下有套管扣与套管柱连接。图 7-1-2 为漂浮接箍结构示意图，内筒分上滑套和下滑套，并分别用上锁销和下锁销与外筒连接，滑动面由密封圈密封。这套装置装在套管柱上，作为套管内的临时障碍物，

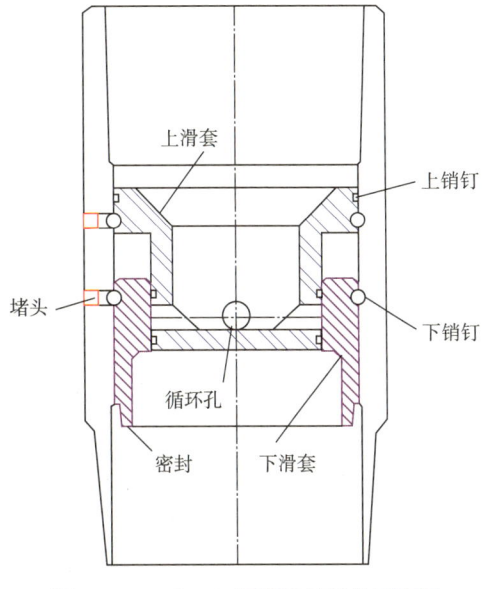

图 7-1-2　Davis 漂浮接箍结构示意图

配合套管浮鞋单流阀，使该接箍以下的套管柱内由空气填充，接箍以上的套管柱内则仍用钻井液充填。

图 7-1-3 为漂浮下套管管串结构图，下套管时，将漂浮接箍连接在套管柱上，在套管内构成临时屏障，漂浮接箍以下的套管柱内充满空气，而漂浮接箍以上的套管柱内充满钻井液。这样就增加了漂浮接箍以下部分套管柱的浮力，实现下部套管串在下套管过程中处于漂浮状态，降低了下套管时的阻力，由于漂浮接箍以上部分的套管柱内充满了钻井液，从而增加了把套管柱推入井眼内的压力，实现套管顺利下入，同时提高大斜度、水平井段的固井质量。

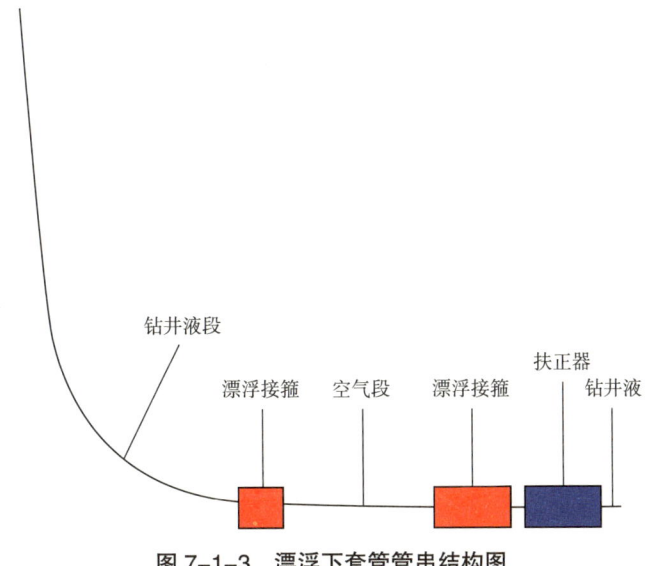

图 7-1-3　漂浮下套管管串结构图

Davis 公司的漂浮接箍是一种自足式装置，下套管及注水泥作业过程中的开启、关闭与内筒的破坏，都不需要任何特殊工具和进行任何回收作业。操作程序如下：

（1）在套管串上安放漂浮接箍，隔开上下两段套管的工作状态；

（2）当套管下完后，加压剪断上滑套上锁销，上滑套下行露出循环孔，即可进行循环洗井和注水泥作业；

（3）注完水泥，顶替胶塞下行时，压迫剪断下滑套上的锁销，其上下滑套随同胶塞一起下行到套管浮箍位置碰压，而后在钻水泥塞时把它钻掉，图 7-1-4 为胶塞实物图。

图 7-1-4 胶塞实物图

在 zh28-38 井、zh29-34 井等多口井完井作业中还使用了 CDS 系统（套管驱动系统），CDS 系统主要由驱动装置、液压系统、控制系统和辅助设备组成。CDS 系统与顶驱连接，利用顶驱上扣，省去了套管钳、液压控制的吊环倾斜，当锚定套管后随时可建立循环，可以实现下套管过程中连续循环，在油气活跃、易塌、易垮等井眼复杂的井及水平井中的应用前景广阔。在进行下套管作业时，由顶驱提供旋转动力，利用顶驱上扣，可以旋转套管和循环钻井液，如果遇阻，可以及时处理。

（二）下套管配套工具

套管在井眼中的居中度是保证固井质量的关键因素之一，而套管的居中度又与扶正器的性能、安放组合、安放间距等因素密切相关。

使用套管扶正器能有效地防止水泥浆窜槽、减少套管受压差卡钻的危险。因为扶正器使套管居中，减少了套管与井壁接触的长度，即使在渗透性高的井段，套管也不容易被压差所形成的滤饼黏住而形成卡钻。套管扶正器还能减弱套管在井内的弯曲程度，尤其在大井眼井段，这样就会在下套管之后的钻进过程中减少钻具或其他井下工具对上层套管的磨损，起到保护套管的作用。由于套管扶正器对套管的支撑，使套管与井壁的接触面积减小，这样就减少了套管与井壁之间的摩擦力，有利于套管下入井内，有利于在固井注水泥作业时活动套管[2]。

要使套管扶正器发挥出最大作用，那就必须考虑实际井眼工况和地层等因素，选择合适的套管扶正器类型。正确选用套管扶正器类型和合适的安装间距是使用好套管扶正器的关键。扶正器分为很多种,包括弹性扶正器(图 7-1-5)、螺旋刚性扶正器(图 7-1-6)、螺旋滚轮扶正器(图 7-1-7)、双弓扶正器等。

图 7-1-5　弹性扶正器

图 7-1-6　螺旋刚性扶正器

图 7-1-7　螺旋滚轮扶正器

选择合适的扶正器,还需解决好回复力、启动力和移动力之间的矛盾。其中,启动力是将扶正器推进上层套管所需要的力,也是最大静摩擦力;移动力也称下入力,即套管扶正器与井壁接触的摩擦力,也是最大动摩擦力;回复力则是使套管趋向于井眼中心的力。实际工程应用中,套管扶正器的启动力越小越好,方便套管顺利下入。套管扶正器的回复力越大越好,回复力越大,套管居中程度越好。但是一般的常规套管扶正器在具有高回复力的同时,也具有较高的启动力,会影响套管柱的顺利下入。

弹性扶正器具有较大的下入力,复位力较小。刚性扶正器具有低启动力、低下入力和高回复力的特点。

刚性扶正器一般使用在没有缩径或不存在大肚子井段的规则井眼中。当井径大到一定程度时,刚性扶正器则达不到扶正要求。在大斜度井中,常使用刚性扶正器和弹性扶正器混合的安放方式,即刚性扶正器安放在井径小的井段,弹性扶正器安放在井径较大的井段;在上部井斜角较小的井段安放弹性扶正器,在井斜角较大的井段安放刚性扶正器。基于这一原则,表 7-1-1 列出了冀东 NP 人工岛套管扶正器安放要求。

表 7-1-1　冀东 NP 人工岛套管扶正器安放要求

平台	套管程序	套管尺寸 mm	钻头尺寸 mm	扶正器型号	扶正器间距 m	扶正器数量
NP1-2 人工岛	生产套管	139.7	215.9	弹性	10~30	10
				刚性		5
NP1-3 人工岛	技术套管	244.5	311.1	弹性	10~30	25
				刚性		10
	生产套管	139.7	215.9	弹性	10~30	20
				刚性		15

以大港油田 zh 区块某井数据进行模拟分析，得到图 7-1-8 不同扶正器的效果图。对于 215.9mm 尺寸井眼来说，井径在 210~216mm 之间的井段，刚性扶正器要比弹性扶正器扶正效果好；井径大于 216mm 的井段，弹性扶正器效果较好；随着井径的增加，扶正效果均有所下降。通过计算，在按要求安放扶正器的条件下，ϕ139.7mm 尾管摩擦系数管内 0.25、管外 0.30，下到 3837m，下放载荷 612.9kN；摩擦系数管内 0.30、管外 0.35，下到 3837m，下放载荷 586.8kN；摩擦系数管内 0.35、管外 0.40，下到 3837m，下放载荷 561.2kN，均可将套管安全下入。在实际施工中，该井在 2375.87~3835.67m 尾管下入井段扶正器安放情况为 1 根 1 只，2 弹 1 刚，下入效果良好。

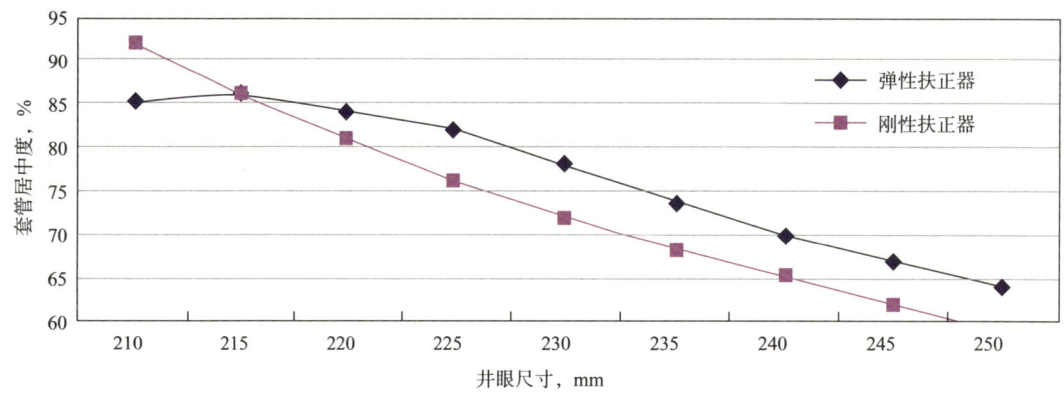

图 7-1-8　不同扶正器效果图

大港 CH1-1 人工岛和 CH2-1 人工岛采用了工厂化固井实施大位移井和大位移水平井固井 41 口（CH1-1 人工岛 32 口井、CH2-1 人工岛 9 口井），固井质量均合格。其中，CH1-1 人工岛大位移井和大位移水平井固井中，ϕ244.5mm 生产套管采用漂浮下套管技术 20 口，ϕ177.8mm 生产尾管小间隙固井 2 口井；水垂比大于 2 的有 14 口，大于 3 的有 1 口，即 zh8Nm-H3 井，其水垂比达到了 3.66；ϕ177.8mm 生产尾管固井水垂比大于 2 以上，即 zh8Es-L1 井其水垂比达到了 2.09，zh8Es-L3 井其水垂比达到了 2.68；水平位移大于 4000m 的有 2 口，即 zh8Es-H5 井，其水平位移达到了 4191.48m，zh8Es-L3 井，其水平位移达到了 4196.02m。

二、旋转下套管技术

旋转下套管技术是将顶驱下套管装置与顶驱连接，通过顶驱旋转带动顶部驱动工具旋转，实现套管上卸扣、旋转套管柱的功能，游车上下运动带动顶部驱动工具运动，实现上提、下放套管柱的功能。旋转下套管具有如下技术优点：能够精确控制上扣扭矩、可以在灌浆和循环之间自由切换，能够在上提下放过程中旋转套管柱，从而大大提高了下套管作业的成功率。

针对国外设备不适应国内市场的使用，我国滩海地区油田分别对设备进行了国产辅助配套研究，先后研制了旋转下套管装置的运输架（图 7-1-9）、拆装架（图 7-1-10）、防转架和冷却系统，既极大保障了整套装置长时间稳定高效作业，又可以作为装备施工后的校验。

图 7-1-9　旋转下套管装置运输架　　　　图 7-1-10　旋转下套管装置拆装架

三、振动固井技术

振动固井相对于其他固井方式具有明显的优点：例如在洗井、替浆过程中能降低钻井液切力、强化紊流替浆效果，有利于提高顶替效率。但目前井下振动装置产品主要存在的问题有：频率可控性差、压力波动幅度小，还有可能导致注浆通道堵塞、装置失效造成固井事故，可靠性较差[3]。

针对以上问题，滩海地区使用了新型涡轮式振动固井方案。新型涡轮式振动装置的设计构想是利用比较成熟的涡轮设计原理，进行简化和改进。在满足其工作性能的前提下，保证装置结构的简单可靠，避免在遇到大颗粒杂质时，出现流道堵塞、憋泵等问题。新型涡轮式井下振动固井装置具有结构简单、成本低、工作可靠、使用寿命长，在不同的固井注替排量下振动频率可调节的特点。在下套管循环、注灰和顶替全过程都能产生振动，从而提高水泥浆与第一界面和第二界面的胶结质量[4]。

（1）新型涡轮式振动装置的结构。

新型涡轮式振动装置由两类基本单元构成（图 7-1-11）。

①单作用振动单元：由承托环与单作用转子组成，等同于涡轮定子，不安装偏心块，主要是用来产生扭转力矩。

②双作用振动单元：由承托环与双作用转子组成，等同于涡轮定子，安装偏心块，主要是用来产生扭转力矩，并同时提供产生套管振动的载荷（激励）。

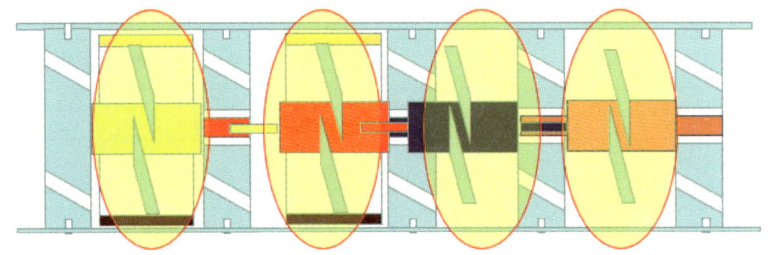

图 7-1-11　新型涡轮振动装置结构示意图

两类振动单元通过转子心轴内螺纹、外螺纹接头连接（传递扭矩，不传递轴向载荷）。通过振动单元中承托环上的铆钉，把若干不同类型的振动单元固定在外筒相应位置，构成了新型涡轮振动装置，表 7-1-2 至表 7-1-5 为滩海地区应用的振动装置的各项基本参数。

表 7-1-2 振动装置基本参数表

项目	特性参数	参考值
外形尺寸	最大外径, mm	139.7
	长度, m	1.0
工作参数	工作排量, L/s	30
	工作压力, MPa	0.2~0.5
性能指标	频率, Hz	10~45
	振动范围, m	0~2000
	工作时间, h	7~10

表 7-1-3 振动装置振动单元转子叶片设计数据结果

项目	单作用振动单元	双作用振动单元
外径, mm	115	99
内径, mm	35	35
叶片个数, 个	5	5
叶片轴向高度, mm	55	55
叶片径向长度, mm	40	32
叶片厚度, mm	4~5	4~5
叶片外缘螺距, mm	407.89	407.89
径向载荷, N	243.80	191.87
轴向载荷, N	140.76	110.78
动力扭矩, N·m	9.14	6.43
摩擦系数	0.6	0.6
阻力扭矩, N·m	1.86	1.46

表 7-1-4 振动装置偏心块设计数据结果

项目	参数
偏心块数量, 个	2
偏心块内径, mm	99
偏心块角度, (°)	150
偏心块外径, mm	115
偏心块转速, r/min	900
偏心块产生的总离心力, N	357.22
偏心块总重量, N	8.91

表 7-1-5 新型涡轮式振动固井装置性能参数结果

项目	参数
最小过流截面当量直径，mm	74.71
阻力扭矩，N·m	6.64
动力扭矩，N·m	31.14
振动载荷（900r/min），N	357.22

实验证明，振动频率在 20~45Hz 时，固井质量较好。因此，可根据现场实际工况，通过调节动力单元和起振单元、结构单元的数目，以及起振单元中偏心转子的质量来改变振动器的工作性能，使其工作频率保持在最佳振动频率范围内。

（2）工作原理。

新型涡轮式振动装置安放在套管柱最底部，在注水泥前循环钻井液，流体通过承托盘斜孔，使叶片带着偏心转子旋转，将产生作用在套管柱上的周期性载荷，套管柱在这个周期性载荷（激励）作用下，产生振动，振动波从井底向上传递，进而在整个环形空间形成振动波场，在振动波的作用下，套管柱和钻井液产生振动，振动波冲刷套管柱和井壁上的滤饼、提高钻井液的流变性能，使钻井液易于流动，从而提高顶替效率，有助于水泥环与套管柱和井壁胶结，提高固井胶结质量。

（3）振动对固井质量的影响。

①振动能够增加水泥浆固化强度。

在水泥浆浆体中建立振动场，不论振动场强弱都能使水泥浆的固化强度提高，这是因为振动能排除固井水泥浆中的气泡，使水泥浆得到充分水化，而且密度均匀，有利于在油水井套管环空中形成坚硬而完整的水泥环。当作用在水泥浆上的振动频率为 15~175Hz 时，水泥石的强度能提高 18%~20%。

②振动能够降低钻井液黏度，提高固井顶替效率。

在广谱低频振动作用下，钻井液的切力降低 20% 以上，有利于提高顶替效率。试验表明，在频率为 15~45Hz 的振动场中，钻井液的黏度将下降 20%~30%，有利于清除套管外壁的钻井液膜和井壁的滤饼。在此振动频率范围内，只需 5~15s 就可以完全清除岩石试样表面的滤饼。

③振动能够增加界面的胶结强度。

振动固井可以使胶结面的钻井液残留减少、顶替效率提高，密封承压能力大为提高，界面胶结质量得到显著提高。

④振动能够改变界面的胶结环境。

振动固井可以改变水泥浆的顶替流态，其周向流速给井壁增加周向剪切驱动力，易于携带近井壁的钻井液和冲刷井壁上的滤饼，特别在不规则井径处及对因套管偏心造成的窄边泥浆顶替，效果更加明显；结合轴向流的轴向驱替，形成周向流携带与冲刷和轴向流的轴向驱替联动作用，可大幅提高顶替效率。因其增加了流体对井壁的接触面积，有利于在较低流速下有效清除钻屑和钻井液。

⑤下套管时如遇砂卡，可接泵循环，振动可起到解卡作用。

该技术在 CH1-1 人工岛应用 4 口井，分别为 zh4-10 井、zh4-1 井、zh4-6K 井、zh5-7 井，应用情况见表 7-1-6。

表 7-1-6 振动固井装置应用情况数据表

井号	139.7mm 套管下深 m	封固段长 m	一界面情况占比，%			二界面情况占比，%			总层数	优质层数	优质率 %
			好	中	差	好	中	差			
zh4-10	1719.0	37.4	100.00	0	0	100.00	0	0	1	1	100
zh4-1	1792.4	106.5	100.00	0	0	83.76	16.24	0	4	4	100
zh4-6K	1770.0	100.3	95.21	3.19	1.60	89.23	9.17	1.60	4	4	100
zh5-7	2121.1	500.0	100.00	0	0	100.00	0	0	—	—	100

从现场应用情况来看，采用新型涡轮式井下振动固井技术与常规固井技术施工作业方式相近，不需要增加外部动力设备，施工简单可靠，易于应用推广。在涡轮振动器的作用下，套管柱产生振动，振动波冲刷套管柱和井壁上的滤饼、改善钻井液的流变性能，使钻井液易于流动，提高顶替效率，有利于水泥环与套管柱和井壁胶结，从而有效提高固井质量。

四、控压固井技术

控压固井是指通过下调钻井液密度，扩大固井工艺参数及井筒工作液密度设计范围，并借助于固井设计软件和精细控压设备，合理设计浆柱结构和环空控压值，控制薄弱层位当量密度处于安全密度窗口范围内，达到防漏防窜目的的一种固井方法。控压固井由控压下套管、控压注替水泥浆、控压起钻和控压候凝四道工序组成，是借鉴控压钻井发展而来的一项防漏固井新工艺[5]。

控压固井作业过程如图 7-1-12 所示：实时监测注替水泥浆参数，利用固井实时仿真模拟模块，在线计算环空多相流流动摩阻、分析关键层位 ECD 变化，以地层压力、地层漏失压力为判断依据，实时计算最佳环空控压值，通过无线局域网向井口回压控制模块实时传输指令，实现灵敏、准确、快速地控制井口回压，控制关键层位当量密度处于安全密度窗口范围内，达到防漏防窜目的。

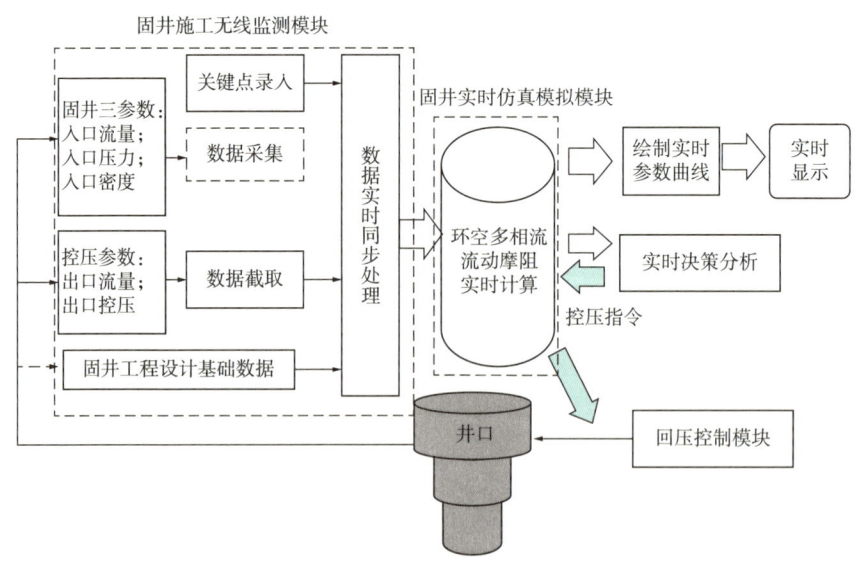

图 7-1-12 自动精细控压固井技术原理图

其中，固井施工无线监测模块负责固井施工现场数据采集，硬件包括计算机、数据采集控制箱（包括采集器、控制器、无线发射器、电源）、无线AP、POE交换机、信号电缆线等（图7-1-13），采集数据进入实时监测数据库。数据采集控制箱采用防爆设计，供电采用防爆便携式锂电池，负责本地压力、密度、排量实时数据的采集和发送；无线AP采用POE供电，负责现场数据采集控制箱无线信号的接收，计算机负责数据的接收和监测软件运行。现场，在离传感器1~2m的地方用便携式三脚架固定安装数据采集控制箱，将现场的压力传感器、流量脉冲传感器、密度通过信号电缆线上的快速接头与数据采集控制箱接口相连接。当现场障碍物过多影响无线数据的传输时，可以利用数据采集控制箱里的网口用网线连接到POE交换机，POE交换机通过网线与计算机的网口相连接收现场数据采集控制箱采集到的压力、流量脉冲、密度等参数。

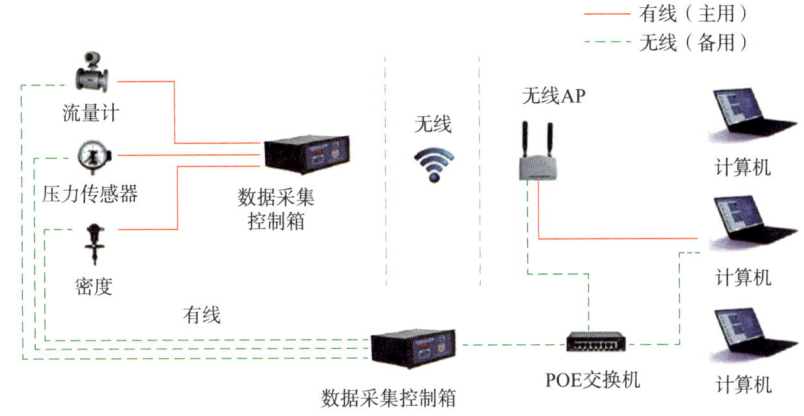

图7-1-13　固井无线采集系统结构示意图

固井实时仿真模拟模块着眼于固井注水泥过程的动态显示和分析，针对小间隙井、窄安全密度窗口井固井施工过程中漏失风险大、摩阻压降计算要求高的难题，提出一套小间隙摩阻压降计算方法，考虑温度、偏心、环空间隙等影响，有效提升模型质量和计算精度。运用计算机二维仿真模拟技术，实时反演固井浆柱运移过程，实时计算关注点压力，通过无线局域网络，与回压控制模块实现双向数据传输，如图7-1-14所示。

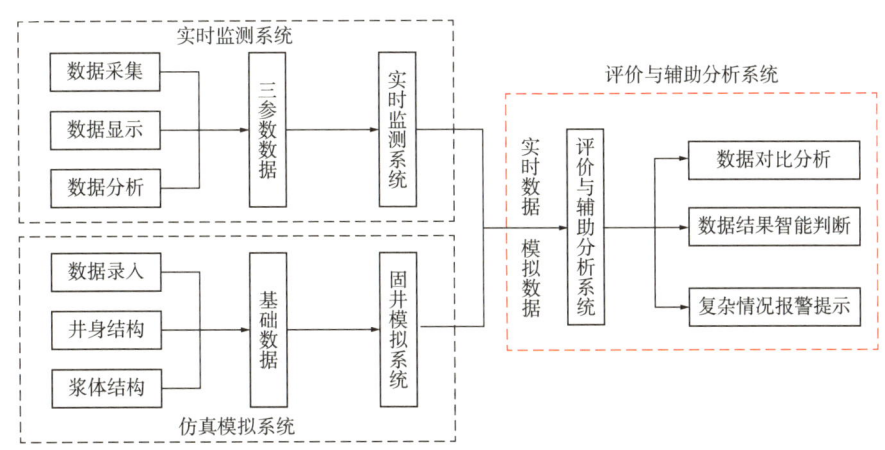

图7-1-14　固井实时仿真模拟模块结构示意图

针对窄密度窗口地层容易发生溢流、井漏等问题，可以采用控压固井专用设备，该设备形成了一套控压固井工艺技术规程，解决了窄密度窗口地层固井质量低的问题，其原理如图 7-1-15 所示。

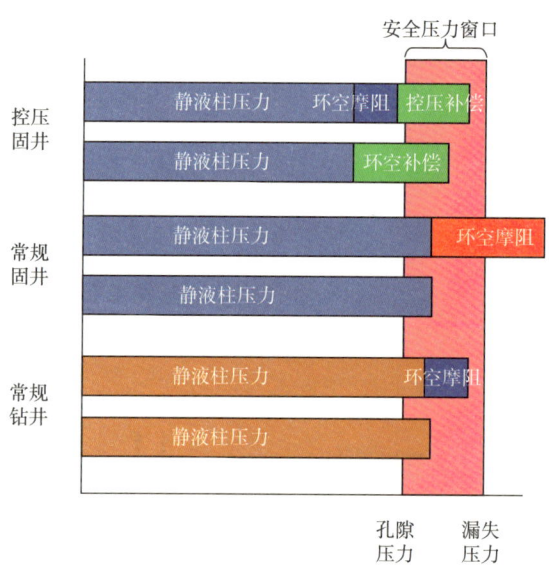

图 7-1-15　窄密度窗口控压固井技术原理图

目前，窄密度窗口控压固井技术提供精细控压固井 8 井次，合格率达 100%，平均优质率提高 12.3%，可具备年服务 30 井次的能力。

第二节　完井关键技术

完井工程是衔接钻井工程和采油气工程而又相对独立的一门技术工程。从钻开油气层开始，完井工程主要包括完井方法优选、完井工艺实施与作业、下生产套管、安放井口装置、完井测试评价、排液直至投产，还包括整个完井过程中的油气层保护[6]。目前，滩海海油陆采常用的完井方式有射孔完井、筛管完井和防砂完井。

一、射孔完井技术

射孔完井法是国内外最为广泛和最实用的一种完井方法，直井、定向井，以及水平井都可采用。射孔完井包括套管射孔完井和尾管射孔完井。

套管射孔完井是用同一尺寸的钻头钻穿油层直至设计井深，然后下油层套管至油层底部并注水泥固井，最后射孔，射孔弹射穿油层套管、水泥环并穿透油层一定深度，从而建立起油（气）流通道的一种完井方式。图 7-2-1 为直井套管射孔完井示意图。

尾管射孔完井是在钻头钻至油层顶界后，下技术套管注水泥固井，然后用小一级的钻头钻穿油层至设计井深，用钻具将尾管送下并悬挂在技术套管上，再对尾管注水泥固井，然后射孔的一种完井方式。图 7-2-2 为直井尾管射孔完井示意图。

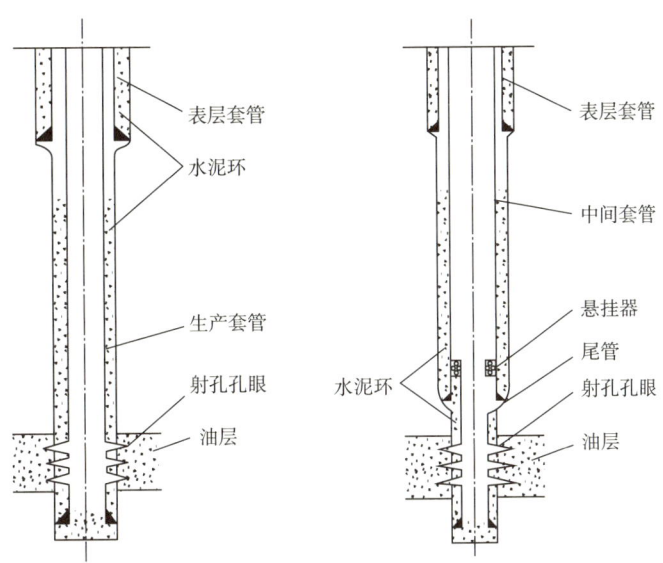

图 7-2-1　直井套管射孔完井　　图 7-2-2　直井尾管射孔完井

大港 CH1-1 人工岛区块针对不同的井型选择了不同的完井方式，针对常规定向井采用了套管射孔完井方式，在埕海二区中孔中渗透不出砂储层，采用套管射孔或悬挂尾管射孔完井方式。在钻水平段过程中通过采用与油气层相配伍的钻井液和近平衡钻井技术能最大限度地降低对油层的污染，保持油井产能，还能降低钻井和完井成本，提高经济效益。尾管射孔完井在埕海油田大位移水平井中主要解决高含水、压力异质、油水薄层等问题，优点在于可实现选择性地射开层段。其中，常用的完井管柱结构有：ϕ177.8mm 带卡瓦的顶部封隔器 +ϕ177.8mm 盲管 +ϕ177.8mm 套管 +ϕ177.8mm 浮鞋。

埕海油田采用正压射孔水平井射孔，传送方式采用油管传送射孔枪，液压引爆，可以实现油管内憋压射孔；选用定向射孔方式，下相位 4 排布孔；选用大孔径深穿透射孔弹，102 枪、127 弹，孔密 16 孔 /m；为了保持最佳的射孔效果，射孔液性能应满足与油层岩石配伍，防止射孔过程中和射孔后对油层的进一步伤害，同时又能满足射孔施工工艺要求，并且成本低，配制方便。目前常用的射孔液是无固相水基射孔液，基液选用卤水，加入黏土稳定剂、破乳剂、防腐剂等添加剂。

二、筛管完井技术

筛管完井是目前国内外普遍使用的一种水平井完井方式，在生产水平段下入筛管，它可以支撑井壁，避免坍塌。筛管完井方式形式多样，根据筛管以上完井尾管完井方式的不同，水平井筛管完井又分为水平井筛管顶部注水泥完井工艺技术和水平井筛管悬挂式完井工艺技术。这两种完井工艺的水平段筛管都可以连接膨胀式封隔器，实现对水平段分段，达到后期对水平段分段卡封和分段开采的目的[7]。

（1）zh8 区块。

zh8 区块大位移水平井分别采用了两种方式的完井方法：一是在沙河街组层位采用星孔筛管梯形布局管窜结构，同时采用悬挂、坐封、洗井为一体悬挂器装置的完井方法；二是在馆陶组及明化镇组层位采用复合式筛管+砾石充填完井方法。表 7-2-1 为 zh8 区块筛管悬挂完井方式统计表。

表 7-2-1　zh8 区块筛管悬挂完井统计表

序号	井号	完钻井深, m	水平段长, m	筛管段长, m
1	zh8Es-H1	4347	860.58	913.69
2	zh8Es-H3	4590	949.07	1005.19
3	zh8Es-H4	3806	441.05	482.03
4	zh8Es-H2	3806	304.51	328.82

（2）大港 CH1-1 人工岛。

大港 CH1-1 人工岛水平井采用了下筛管的完井方式；分支井完井采用主井眼及分支井眼上部 ϕ177.8mm 套管固井、下部水平段筛管完井的方式，其特色技术主要为星孔筛管完井。

星孔筛管的特点有：①以石油套管为基管，外径不增大，内径与套管通径；②防砂精度高，与复合滤砂管基本相当；③星孔筛管外径与常用套管相同，重量基本不变，容易下入；④具有很好的抗变形能力，适用于定向井、水平井、侧钻井等大曲率井的长井段中；⑤可以采取分级或变密度布孔，可最大限度地发挥水平井段采油（气）井的效能；⑥星孔滤砂层流通摩阻小，单元渗透率高，缓流耐冲蚀；⑦采取正循环酸洗作业时，泵压有所限制，否则易造成孔眼填充防砂部件被冲掉。

星孔筛管完井工艺主要适用于沙河街组油层水平井防砂，并具有管柱内径大、完井方式简单、防砂效果好、方便后期措施施工等特点，能有效降低大位移水平井完井过程中的油层污染及出砂，节省投资，提高油井完善程度，在控制成本的基础上最大限度地发挥水平井产能，提高区块的采收率。

完井管柱主要使用 ϕ244.5mm 技术套管下至油层窗口，采用 ϕ215.9mm 钻头实行油层专打，然后悬挂 ϕ177.8mm 为主体的完井管柱，从而实施筛管完井。管柱结构一般为：ϕ177.8mm 带卡瓦的顶部封隔器+ϕ177.8mm 盲管+ϕ177.8mm 筛管（88 孔）+ϕ177.8mm 筛管（99 孔）+ϕ177.8mm 筛管（110 孔）+ϕ177.8mm 盲管短节+ϕ177.8mm 短盲管（底端装密封筒）+ϕ177.8mm 洗井引鞋。其中，复合式筛管及现场作业设备如图 7-2-3 所示。

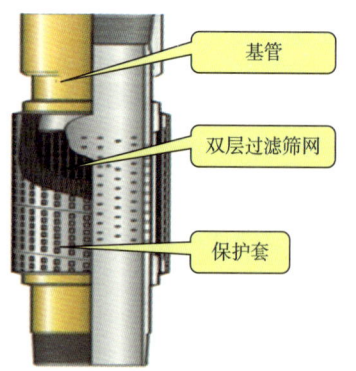
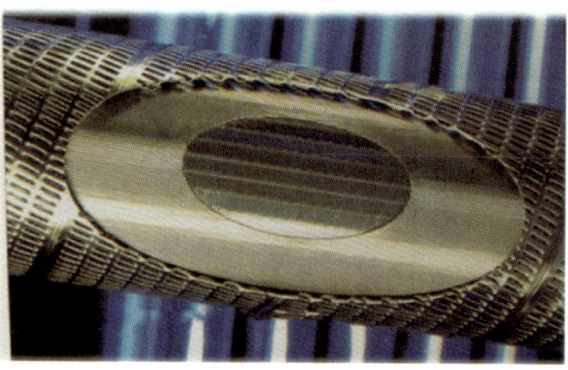

图 7-2-3　复合式筛管及现场作业设备

三、防砂完井技术

防砂完井技术，指的是在油井中填充合适的材料，从而降低出砂问题发生的概率。在选择填充材料时，技术人员要提前对深水油气田的特征进行分析，根据分析结果选用合适的填充材料，从而起到预防出砂的目的[8]。出砂的原因主要有两种：内因——砂岩油层的地质条件；外因——开采因素。其中，开采因素主要包括固井质量、射孔密度/油井工作制度等。出砂的危害主要有：（1）卡泵、掩埋油层、磨蚀设备，增加作业工作量；（2）掩埋井下管柱，造成井下事故；（3）造成地层坍塌，导致套管变形破坏。常见的防砂完井包括：割缝衬管防砂、筛管砾石充填防砂和双层预充填砾石绕丝筛管防砂。

（一）割缝衬管防砂

该防砂工艺成本低，作用原理简单，但加工工艺尚不满足现场的要求，割缝衬管最小的缝宽为 0.3mm，这限制了其防砂地层的适用范围。此外由于单纯靠衬管割缝进行封堵，缝眼很容易被细小砂砾堵住或者受到砂砾流体的长时间冲蚀缝宽逐渐变大，导致其有效周期短，防砂效果差。适用条件为单层油藏或多层合采油藏，且多层岩性趋于一致。割缝井段长度在 30m 之内，最小缝宽在 0.3~0.5mm 之间，由于最小缝宽的限制，割缝衬管防砂只能用于疏松的粗砂地层，对于细砂和细粉砂地层及泥质含量高的地层都不适用。该防砂技术对井身结构没有过多要求，对于常规直井、斜井、水平井等均适用。

（二）筛管砾石充填防砂

砾石充填防砂完井是目前普遍使用的一种防砂方法，其作用机理为：将筛管或割缝衬管下到出砂层段，用一定质量流体将一定粒度砾石携带到防砂段，充填在筛管与地层之间或筛管与套管之间，将地层砂挡在砾石层外，形成一个由粗到细的砂拱，既具有良好流通能力，又能阻止油层出砂。其可以分为下冲法砾石充填和反循环砾石充填两种。其具有防砂效果突出，油井完井系数高，防砂周期长，作业成功率高，以及地层环境适应性强等特点。相比于其他防砂方法，砾石充填防砂的作业费用比较高，但在现场应用却还是十分广泛。

砾石充填防砂方法在低含水油层应用效果较好，高含水油层中的地层水对筛管有腐蚀性，易引起管柱损坏。此外还要求大孔径高密度的射孔方式，射孔密度应达到 20~36 孔/m，孔径在 12mm 左右，对于完井方式达不到要求的老井在作业前应先进行补孔。在进行长井筒填砂作业时应采用低黏度携砂液，高黏度的携砂液对相应的配置工具要求比较高，在现场施工作业时很难达到要求。

其中，在水平井进行砾石充填时，有一定技术适用范围：（1）油田开发中后期，含水率升高，采液强度增大，出砂加剧，要求防砂强度应有显著的提高；（2）对一些高泥质和粉细砂油藏，生产中极易堵塞滤砂管，无法满足地质配产要求，利用高渗透砾石充填以后，在炮眼附近可显著改善近井地带流通能力；（3）稠油、超稠油油藏由于原油黏度高，流动阻力大，对地层砂携带能力强，出砂较严重，防砂难度大，这类油藏生产时，很容易将生产层段砂埋堵塞，采用砾石充填防砂，可显著改善近井地带流通能力，降低注汽压力，提高油井产量和延长防砂有效期；（4）单纯滤砂管挡砂，对水平段部分高渗透带而言,流量大,出砂多,极易形成过水孔道,造成底水锥进,使油层过早水淹,将砾石充填满炮眼附近,可将地层出砂阻挡在井筒以外,而高渗透带流量相对大,地层运移来嵌入砾石层的地层砂相对较多,使其渗透率相对降低,有一定的防止底水锥进的控水效果,有利于提高最终采收率。

而水平井防砂完井工艺包括:水平井挤压砾石充填工艺和绕丝筛管砾石充填防砂工艺。

(1)水平井挤压砾石充填工艺。

为满足陆上二开水平井先期裸眼挤压充填防砂完井、滩海三开大斜度水平井及老井挤压砾石充填防砂需要,大港滩海选择了水平井裸眼和管内挤压充填防砂完井两套工艺管柱。

①水平井裸眼挤压充填完井管柱。

水平井裸眼挤压充填完井管柱是在陆上常规二开水平井上部固井下部筛管完井的基础上,完善形成了水平井裸眼挤压充填完井管柱。其具体结构为:

引鞋 + 砾石充填工具 + 套管短节精密复合滤砂管串 + 短套管 + 盲板 + 短套管 + 裸眼封隔器 + 短套管 + 分级箍 + 套管串至井口。

②水平井管内挤压充填完井管柱。

水平井管内挤压充填完井管柱是在滩海大位移三开水平井悬挂筛管完井和老井管内二次充填防砂完井的基础上完善形成的。其具体结构为:引鞋 + 砾石充填工具 + 套管(油管)短节 + 精密复合滤砂管串 + 套管(油管)短节 + 悬挂器 + 钻杆(油管)串至井口。

大港滩海砾石充填防砂完井工艺现场实施18口井,所有施工井生产过程中均不出砂,防砂有效期均在1年以上。另外,针对馆陶组地层胶结强度低、水敏性强,生产中极易出砂的地质特点,结合油井条件和陆上防砂经验,大港CH油田还选用了绕丝筛管砾石充填、双层预充填绕丝筛管和不锈钢金属棉三种防砂工艺。

(2)绕丝筛管砾石充填防砂工艺。

绕丝筛管砾石充填防砂是成熟、可靠、有效的防砂工艺之一,基本原理是将不锈钢绕丝管下入油层部位,然后在筛管与套管环空内充填高质量、高渗透的石英砾石,形成充填砾石阻挡地层砂、筛管阻挡砾石的多级挡砂屏障。其特点是:防砂成功率高,油层伤害小,防砂后油井产量高。

筛管砾石充填防砂在zh8Nm-H3井的应用,如图7-2-4所示。

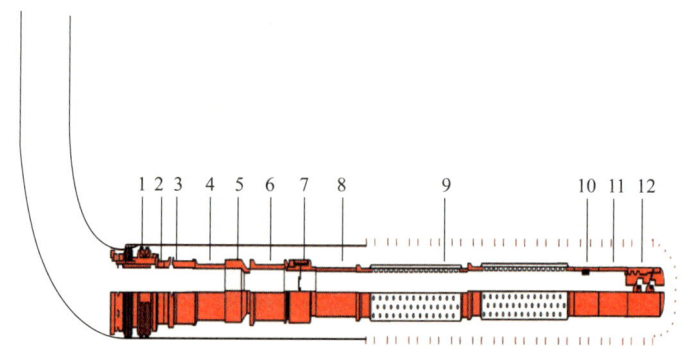

图7-2-4 zh8Nm-H3井筛管砾石充填防砂管柱图

1—封隔器;2—上部延伸筒;3—MSC滑套总成;4—底部延伸筒;5—负荷指示接箍;
6—底部延伸筒;7—快速接头;8—盲管 5in 20 API-LTC;9—筛管 5in 17API-LTC;
10—圈密封筒;11—盲管 5in 20 APILTC;12—浮鞋

（三）双层预充填砾石绕丝筛管防砂

该工艺利用同心的双层绕丝筛管组焊在一起，在环空内预先充填好密实的涂层砾石，中心是中心管，其复合结构能够形成多层挡砂屏障，防止地层砂进入生产井筒。其特点是砾石充填及高温胶结在地面完成，质量有保证，筛管的抗压强度高，渗透率高，有效面积大，施工简单，作业周期短，并且对油层伤害小。

但筛管管柱生产成本高，该防砂方法对油井产能也有较大的影响，不能有效阻止地层砂进入到井筒，只能阻止进入到井筒中的地层砂进一步进入到油管中，所以该方法的防砂有效周期短，其适用条件为粒度中值大于0.08mm的中砂或粗砂岩地层，普通直井、斜井、水平井均适用，但不适用于高产井和流体黏度高的油井，产出液黏度不能超过2000mPa·s。

参考文献

[1] 陈立强，王晓鹏，吴智文，等．渤海油田大位移井下套管设计难点及对策研究[J]．探矿工程（岩土钻掘工程），2020，47（3）：23-30.

[2] 蔡德春，孙仲伟，苏宇凯，等．辽河滩海地区大管径固井技术[J]．特种油气藏，2002（3）：57-59，91.

[3] 付家文，孙勤亮，林志辉，等．提高大港油田调整井固井质量研究与应用[J]．石油化工应用，2017，36（6）：46-50.

[4] 于飞．海油陆采高难度大型丛式井组固井技术[J]．化工管理，2013（6）：107.

[5] 沈海超，张华卫，刘畅，等．基于轨迹优化扩展大位移井窄安全密度窗口[J]．钻井液与完井液，2017，34（1）：65-69.

[6] 陈平．钻井与完井工程[M]．北京：石油工业出版社，2011.

[7] 王波，王旭，邢志谦，等．冀东油田人工端岛大位移井钻井完井技术[J]．石油钻探技术，2018，46（4）：42-46.

[8] 孙帅帅，赵成龙，王瑞祥，等．渤海XX油田防砂控水完井设计研究及案例分析[J]．科学技术创新，2022（12）：177-180.

第八章　工厂化施工

工厂化施工是一种规模化作业流程，它采用的是"精益制造"的生产方式，将各项工作标准化和专业化，采用流水线的方式实现规模化作业。它缩短了施工周期、降低了钻进成本，是钻井作业模式的重大突破。早在20世纪90年代，工厂化施工的理念率先在滩海油气资源钻采中得到了早期应用，后在海上油田钻采中得到广泛应用。随着近年非常规油气的规模开发，工厂化施工模式在川渝、长庆、新疆等多个非常规油气区得到了应用发展并趋于成熟[1]。

第一节　基本特征

工厂化施工具有系统化、集成化、流程化、批量化、标准化、自动化，以及效益最大化等基本特征。

（1）系统化，工厂化施工涵盖了钻井、试油、采油等环节，是一项把分散要素整合成整体的系统工程，综合应用系统工程的思想和方法，集中配置人力、设备、组织等要素，结合现代科学技术、信息技术和管理手段，将各个工序整合为一体的油气钻完井施工和生产作业。

（2）集成化，工厂化施工的核心是集成运用各种知识、技术、技能、方法与工具，满足或超越对施工和生产作业的要求和期望，增加各专业、各方的集成协调。从整体来看，工厂化施工从一个项目的设计、启动、计划、执行、监控、结束到总结，可以让人一目了然地了解整个项目的进行过程，在统一的组织管理下发挥集成化的优势。

（3）流程化，移植工厂流水线作业方式，把钻完井过程中一个重复过程分解为若干个子过程，前一个子过程为下一个子过程创造条件，每一个过程可以与其他子过程同时交叉进行，实现空间上按顺序依次进行，时间上重叠并行。对于不同的井况可采取不同的策略，运用灵活性的流程化将人力和设备有效组合，实现批量化作业链条上技术要素在各个工序节点上不间断来提高生产效率。

（4）批量化，实现多口井成批量地施工和生产作业，在各种知识、技术、方法与设备等高度集成基础上，通过专业化操作开展批量钻井、批量完井、返排和试采作业，提高作业效率。

（5）标准化，标准化模式是在相对可控的资源配置条件下，利用成套设施或综合技术使资源共享，通过制定标准化专属设备、标准化井身结构、标准化钻完井设备及材料、标准化地面设施、标准化施工流程等便于快速形成学习曲线，支撑钻井作业的批量化施工。标准化是工厂化提高作业效率的关键要素。

（6）自动化，工厂化施工中综合运用现代高科技、新设备和管理方法，将机械化、自动化技术用于钻完井作业。自动化的基础为信息化，而信息化的基础又是现代化的机械设备、先进的技术和科学的管理方法，能够实现在人工创造的环境中进行全过程的联系、不间断地作业，实现工厂化施工的高效率。

（7）效益最大化。工厂化施工的最终目的是大幅度降低工程成本和提高作业效率，与传统单井作业模式相比，生产时效、建井周期、作业成本等均产生明显改善，实现效益最大化的最终目标。

总体来说，工厂化施工有三大优势，包括：采用可平移钻机直接带钻具移动，减少设备的搬迁时间；将钻井、固井、测井等工序无缝衔接，实现交叉作业和设备利用最大化；将钻井液重复利用，减少钻井费用[2]；将最佳管理和技术共享，提高了工程质量和施工效率。因此，工厂化施工为海油陆采实现了集约用地，提升了综合管理水平，在受限区域实现了效益最大化。

第二节 施工流程

海油陆采工厂化施工过程中，形成了以钻机装备快速移动、井口防碰、井口快速安装、批量化作业、钻井液重复利用、无候凝固井和交叉作业为典型特征的施工模式，大大提高了建井效率。

一、钻机装备快速移动

钻机平移可大幅缩减钻机搬迁安装时间，同时是工厂化、批量化、流程化钻井模式的基础，根据移动方式分为液压滑轨式和液压步进式。其中，液压滑轨式钻机平移技术在滩海人工岛上更为常用，并在大港CH1-1、CH2-1、CH2-2人工岛与冀东NP1-1、NP1-2、NP1-3人工岛都有应用。

液压滑轨式钻机平移装置如图8-2-1所示，主要包括：钻机底座、滑轨、液压平移装置及棘爪装置等。钻机底座配置两套棘轮棘爪机构和双向液缸移动装置（图8-2-2），两个液缸既可同步运动，也可独立控制，确保钻机定位精度。液压平移装置为系统提供液压动力，通过管路总成给操纵箱供油，操纵换向阀，使移动液压油缸动作。液压油缸一端铰接在棘爪装置上，另一端与钻机模块铰接。棘爪装置棘爪刃可插入并锁定在移动导轨孔中，随着移动液压缸活塞杆的伸出（或缩回），克服钻机模块与滑移导轨的摩擦力，实现对钻机的推（拉）移动。移动液压缸活塞杆的反向运行可使棘爪从导轨孔中自动抬起并重新落到下一个导轨孔中并再次锁定，如此反复，完成钻机的整体移动。

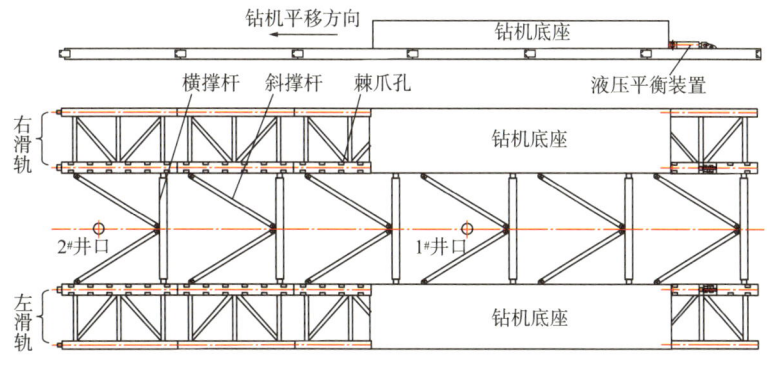

图8-2-1 液压滑轨式钻机平移装置

钻机平移底座装置采用液压站控制系统，输出16MPa和26MPa两种压力，满足移动液缸压力需求。为了实现地面的钻井液处理设备不随井口移动，降低工人工作强度，使用了高架钻井液导流槽（图8-2-3），为使钻井液流动更加流畅，在导流槽内部还安装有高压冲洗管线、胶带输送机，以提高从井口返出钻井液的流动性，使钻井液中的泥沙全部进入钻井液循环处理系统。

图8-2-2 棘轮棘爪机构和双向液缸移动装置

图8-2-3 高架钻井液导流槽

工厂化施工中有两种钻机移动方式，即横向移动和纵向移动，如图8-2-4所示。在CH2-2人工岛上使用钻机平移技术，横向和纵向移动一口井均可在1h内完成，每口井省去更换钻具两次，节约施工周期3~4d。时效提升的同时，生产、移动过程中工人的劳动强度也得到明显改善，减少了特殊作业的风险隐患，降低了成本，提高了钻机生产时效。

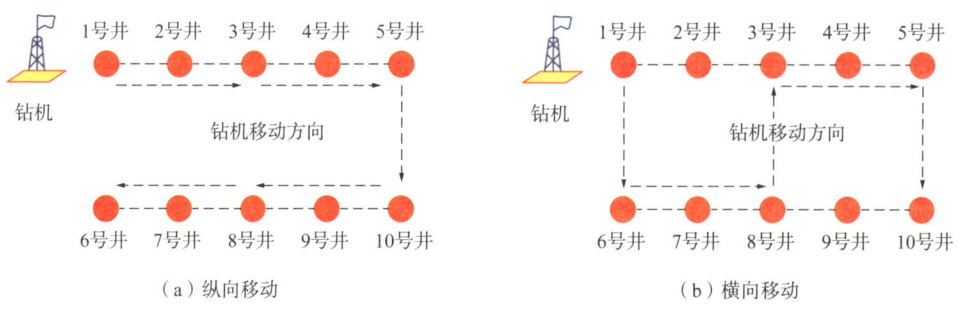

图8-2-4 钻机移动方式

二、井口防碰

海油陆采的井口防碰重点在于浅部地层直井段，因为大部分钻井井口的间距都比较小，其中最小的井口间距只有2m左右，最大井口的间距大约在3m，井口之间存在套管磁这一干扰因素，这使得井口防碰问题较为突出。快速、集中地完成表层钻固工作，可以确保井眼移动轨迹的安全性得到有效控制。

在工厂化施工过程中，表层钻井注重垂直钻井，并在每口钻井的表层完成井斜测量。对于间距相对较小的钻井，使用牙轮钻头配合螺杆钻具，用轻压低转速方式钻进，控制井

第八章 工厂化施工

斜角，防止与邻井相碰。当正钻井井眼轨迹即将接近防碰高风险井段时，进行随钻 MWD 磁场强度监测，根据磁场强度异常值判断正钻井与邻井套管的距离（地磁场标准值 ±3% 时，说明两井距离小于 2.00m，而磁场强度异常的正负值则表明测点在套管的不同极性位置），结合定向井软件扫描数据预警碰撞风险，指导正钻井防碰。

如冀东 NP1-3 人工岛 NP1517 井一开井段 ϕ444.5mm 钻头钻至井深 283.00m，在井深 255.50m 处与 NP1706 井仅相距 2.78m。使用了牙轮钻头配合螺杆钻具的低刚性钻具组合，采用钻压 40~60kN 吊打，并实时进行磁场强度测量。当磁场强度异常比提高时，钻压降至 20kN，发出防碰预警，要求井口操作人员关注井下钻柱振动情况，有蹩跳钻现象立即停钻，同时录井人员要勤捞取砂样，以判断井下钻进情况，钻至井深 267.45m 时磁场强度异常比降低，两井安全分离，最终完成浅层防碰施工。目前，冀东油田 NP1-2 和 NP1-3 人工岛已完成 200 余口井，未发生正钻井碰穿邻井套管情况。

三、井口快速安装

滩海人工岛利用井口槽布井，钻机整体移动，在钻井过程中一口井完井后，将防溢管拆掉并甩到场地，再将封井器四通与升高短节处卸开，四通两侧阀门与防喷管线卸开，将封井器、钻井四通井口组合整体起吊，向大门方向平移，腾出井口，再拆掉升高短节甩到场地上，拆掉放喷回收管线与导流槽管线的连接，完成封井器及井控设备的拆卸[3]。

待下口井一开完安装套管头后，开始依次安装升高短节，封井器+四通组合+防溢管+防喷管线完成井口装置的安装，最后根据井口位置连接对应的高架导流槽上的放喷回收管线接口，即完成井控设备的安装。

如 CH2-2 人工岛采用 70DB 钻机，底座净高 10.5m，满足多组防喷器组合要求，目前施工井采用 FH35-35+FZ35-35+2FZ35-35 封井器+钻井四通井口组合，同时为满足封井器操作方便，在四通与套管头之间增加一 3m 升高短节，环形封井器上端接防溢管，节流压井管汇为一体式与液气分离器安装在钻台后加宽台上。钻机配备了封井器液压行吊，起重负荷 50t，最大提升高度 2.5m，可以悬持重物前后移动。完成井口设备的拆卸安装只需要拆卸大小共 7 道法兰盘，与陆地钻机数十道法兰连接相比工作量大幅减少，节省大量时间和人力。

四、批量化作业

批量化作业是通过采用移动钻机依次钻多口不同井的相似层段，固井后再顺次钻下一层段。而且各不同作业之间可交叉进行，通过重复作业的学习曲线管理提高钻具组合及其他资源的利用效率，节约作业成本。

滩海地区以人工岛为单位进行整体设计、整体施工，即分别对表层、中间井段及目的层段等施工段进行集中钻井，利用前一口井固井候凝与测井时间，将钻机移动至下一口井进行作业，减少钻机的非生产时间。实践证明，配套的技术和管理使丛式井水平井的建井周期可以缩短一半左右。

批量化作业的施工流程如下：首先第一口 444.5mm 井眼钻至目的井深，然后井架滑移至下一个井口,钻机移动时第一口井进行无候凝固井,重复钻444.5mm井眼及该层井段固井作业;当批量钻完所有444.5mm井眼后,井架逆序从最后一口井开始第二阶段的批量钻井作业,进行311mm井眼钻井、244mm井眼固井,批量完成311mm井眼钻、固井后,按照同样的方式进行最后一开钻216mm井眼的批量钻井作业。

埕海一区第一批18口井使用了批量化钻进,其批量钻井顺序示意图如图8-2-5所示。其中5口井一开钻进采用了常规钻井,另13口井采用了套管钻井;zh4-5、zh4-7井和zh4-11井等9口井二开完井,zhNg-H1井、zhNg-H2井和zhNg-H3井等9口井三开完钻。根据埕海一区批量钻井顺序可以发现批量化钻进过程中并不是按照井位顺序固定的,而是考虑防碰因素,根据现场实际工况和待钻井口位置来进行选择。

如CH2-2人工岛中,一开为直井段时,也采用了套管钻井技术进行批量化作业,因为其钻完即可固井,既减少了下套管作业环节,又降低了一开井壁坍塌风险,有效提高了钻井速度。一开444.5mm井眼用时13.33d完成了9口井的表层批量钻井,其中5口井的表层为套管钻井,批量表层平均完钻井深483m,平均机械钻速37.59m/h,平均一开周期1.48d,大幅节约了钻井周期;二开311.1mm井眼批量钻井用时74d完成了7口井的施工,7口井平均完钻进尺达2414m,平均机械钻速为33.79m/h,平均周期10.57d;三开215.9mm井眼批量钻井用时91d完成了9口井的施工,9口井平均完钻进尺达852m,平均机械钻速为13.27m/h,平均周期10.1d,大幅节约了钻井周期。

五、钻井液重复利用

钻井液重复利用技术是工厂化施工的重要组成部分,其特点在于:多口井同开次钻井液体系相同,经处理后可以循环利用,提高了钻井液利用效率,减少了钻井液的排放量和无害化处理费用,降低了对环境的污染。工厂化施工过程中,钻井液体系的选择至关重要,根据不同地层特点选用重复利用性好的钻井液体系可有效减少井下复杂状况的发生,并可降低钻井液综合成本。随着工厂化应用规模的扩大,钻井液的循环利用越来越重要,要充分按照分级使用、资源共享、兼顾处理的原则,建立钻井液循环利用机制,实现节能及环保要求[4-5]。

采用工厂化钻井作业模式,为钻井液的重复利用提供了良好的基础,降低环保压力的同时提高了经济效益。工厂化钻井过程中,当一口井完钻时,要充分循环钻井液,清除钻井液体系中的无用固相,降低固相含量,及时补充相关处理剂,保持钻井液良好的流变性,处理好后直接应用到下口井同井段的施工,实现重复利用。工厂化钻井液重复利用技术包括水基钻井液和油基钻井液重复利用技术。国内海油陆采中主要使用的是水基钻井液体系。

要实现水基钻井液的重复利用,需要优先选择钻井液性能稳定、抗污染能力强的体系。在应用过程中需严格控制体系各项性能参数,如流变性、滤失量、固相含量、pH值等;同时,需要提高钻井液的抑制性和抗污染能力,保持合适的护胶剂等的加量,维持钻井液较好的护胶状态。在应用过程中需要合理使用固控设备,尽可能净化钻井液,降低固相含量。也可以在应用老浆的同时不断补充新浆以调整钻井液性能,从而满足钻井要求。

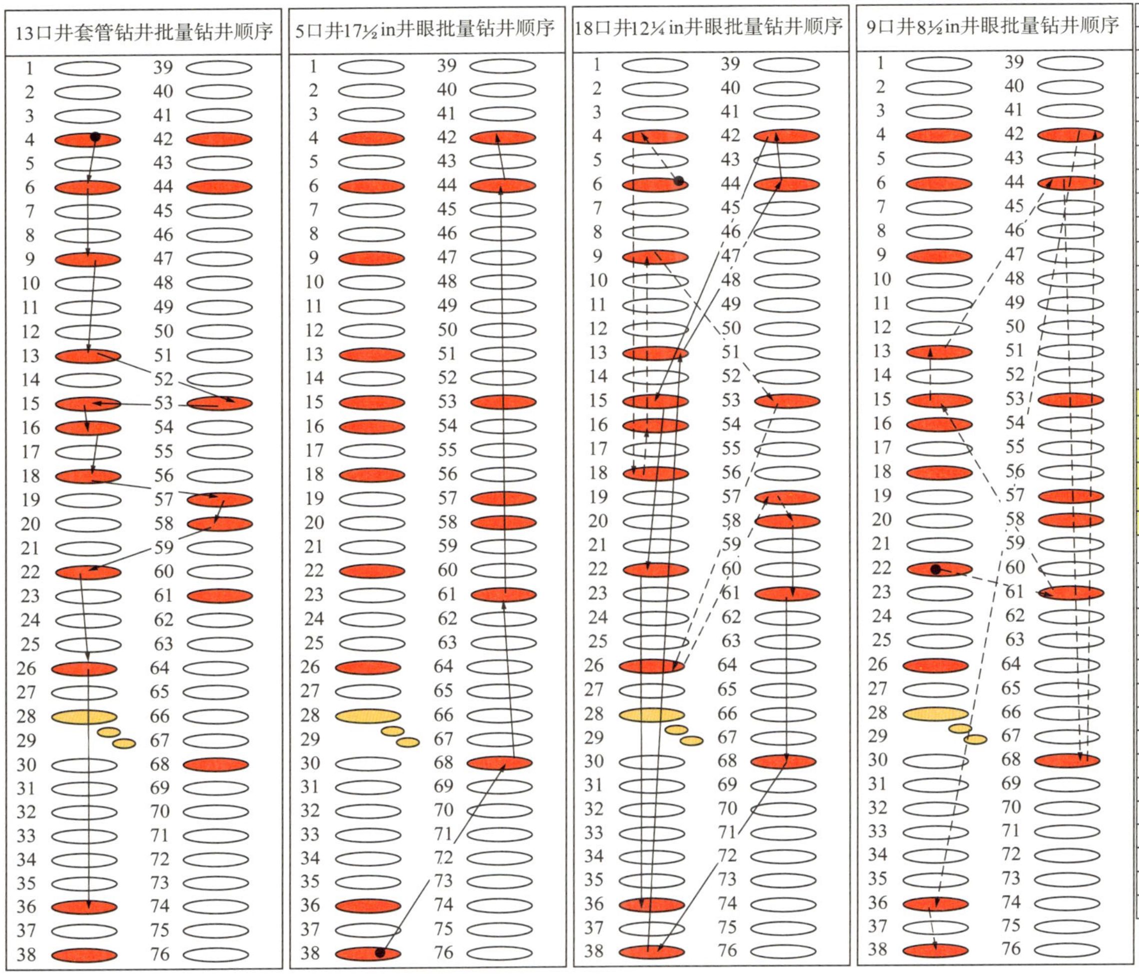

第一批18口井批量钻井顺序

顺序	井号	备注
套管钻井顺序		
1	zh4-7	套钻
2	zh4-5	套钻
3	zh4-3	套钻
4	zh4-FH1	套钻
5	zh4-15	套钻
6	zh4-H1	套钻
7	zh4-13	套钻
8	zh4-11	套钻
9	zh4-19	套钻
10	zh4-23	套钻
11	zh4-H2	套钻
12	zh4-9	套钻
13	zh4-H3	套钻
17½ in井眼钻井顺序		
1	zhNg-H4	表套下入
2	zhNg-H2	表套下入
3	zhNg-H1	表套下入
4	zhNg-H3	表套下入
5	zhNg-H5	表套下入
12¼ in井眼钻井顺序		
1	zh4-5	完井
2	zh4-7	完井
3	zh4-11	完井
4	zh4-13	完井
5	zh4-3	完井
6	zh4-15	完井
7	zh4-9	完井
8	zh4-19	完井
9	zh4-23	完井
10	zhNg-H1	技套下入
11	zhNg-H2	技套下入
12	zhNg-H4	技套下入
13	zh4-FH1	技套下入
14	zhNg-H3	技套下入
15	zhNg-H5	技套下入

顺序	井号	备注
16	zh4-H1	技套下入
17	zh4-H2	技套下入
18	zh4-H3	技套下入
8½ in井眼钻井顺序		
1	zh4-H2	完井
2	zhNg-H1	完井
3	zh4-H1	完井
4	zh4-FH1-1	完井
	zh4-FH1	完井
5	zhNg-H3	完井
6	zhNg-H2	完井
7	zhNg-H5	完井
8	zh4-H3	完井
9	zhNg-H4	完井

图 8-2-5 埕海一区丛式井批量钻井顺序示意图

在大港油田、冀东油田等海油陆采中都使用了钻井液回收利用技术。完井后，钻井液入储备罐后，现场工程师对钻井液的含盐量、膨润土含量、密度、滤失量等性能进行测试，回收的钻井液在储备期间定期开搅拌器对其进行搅拌并对钻井液性能进行测试。在明确工厂化钻井所需钻井液具体性能后，根据回收钻井液性能，提前添加相关处理剂，将其调至所需性能以备使用。现场工程师对其性能进行全面测试，确定达到性能指标后方可使用。其中，CH1-1人工岛，平均单井钻井液排放量约为550m^3，共减排3025m^3；CH2-2人工岛，平均单井钻井液排放量为650m^3，共减排3785m^3，效果显著。

六、无候凝固井

传统的钻井模式中一个开次就一次候凝，钻机等待水泥浆凝固，无作业任务，等待开次候凝结束后，才能利用钻机游车悬吊测井仪器，配合测井队伍完成测声幅作业，进行下步施工，闲置时间长达24~48h，浪费钻机时间，降低钻机利用效率。工厂化施工过程中采用无候凝固井与脱机测声幅的方法提高钻机利用效率，减少完井周期。

在无候凝固井作业中，将套管下到预定位置并坐于井口，拆卸套管联顶节，移动钻机离开井口，固井连接井口进行循环和注水泥作业。其中，CH1-1人工岛在下入表层套管和技术套管过程中的无候凝固井工艺技术如下：

（1）套管下到预定位置并坐于井口，开钻井泵循环1周，拆卸套管联顶节和导管，移动钻机离开井口。

（2）用快装井口装置工具连接井口及水泥头工具和循环进出口管线，开钻井泵（或固井泵）循环，调整钻井液性能达到固井技术要求。

（3）连接注替固井管线，按照固井设计要求进行固井施工作业。

（4）固井施工作业后，进行固井管线清洗和排空作业。

（5）对固井施工现场进行清理，并拆卸井口水泥头工具、注替固井管线和快装井口装置工具。具体施工流程如图8-2-6所示。

工厂化钻井模式采用无候凝固井，在候凝结束后，再在井口使用吊车悬吊测井仪器，实现测声幅脱机作业，从而缩短了开次完井时间，CH2-2人工岛批量钻井每口井节约技术套管、油层套管测声幅作业时间12h。无候凝固井工艺在海油陆采作业中成效显著，实现了缩短钻井周期、提高钻井效率和降低产能建设成本的目的，并充分体现了工厂化钻井技术经济效益的优越性。

七、交叉作业

交叉作业指在同一场地上，同一时间内可以进行不同井的钻井、测井、固井、测试和增产等作业，大幅度提高设备、空间的利用率，进而大幅度提高作业效率。其通过精细化的HSE管理、质量及过程控制来实现，具有钻井效率高、油气井投产快、工序间零等停等优点。通常交叉作业包括6项内容：

（1）钻井与测井，即一口井钻进，一口井测井。如测井施工带放射源测井作业时，邻井做相应防护工作。

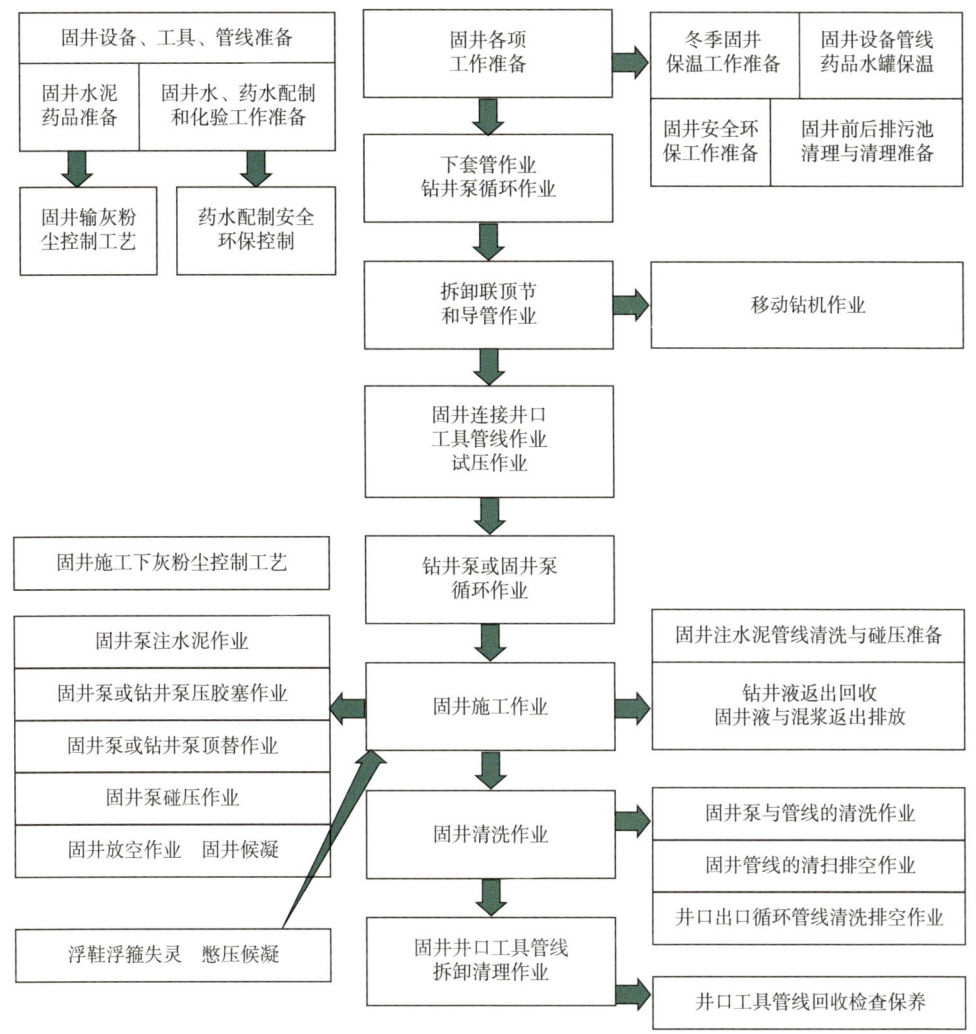

图 8-2-6 无候凝固井工艺技术作业施工流程

（2）钻井与固井，即一口井钻进，一口井固井。在双钻机两口井进行正常钻井作业期间，一口井如正常钻进，另一口井可正常进行固井作业；当一口井发生严重井漏、溢流等复杂情况时，另一口井如在同一井段进行固井作业，固井作业应在邻井复杂处理结束后方可进行；油基钻井液环境下，固井作业需要配制隔离液、采用清水或低密度顶替液顶替。进行固井作业前需对邻井作业井队及相关方进行安全提示，并设置隔离带、安全统一管理。

（3）钻井与测试，即一口井钻进，邻井测试。钻井与测试同时进行可提高作业效率、节省成本，同时进行邻井测试设备配套与安装，注意交叉作业的测试管线防护，同时测试井井口区域进行吹排等安全措施。

（4）钻井与增产，即一口井钻进，邻井增产。钻井与增产同时进行可降低邻井建井周期，进行交叉作业前分析作业的安全条件，如邻井增产会影响正常钻进应立即停止进行。

（5）同时固井，即两口井同时固井。在双钻机两口井无严重井漏等复杂情况期间，两口井可同时进行固井作业，提高作业效率；两口井如同时在油基钻井液环境下固井，则需

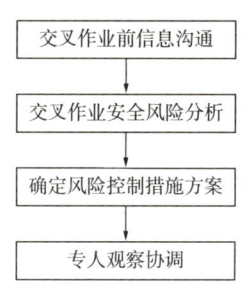

图 8-2-7 交叉作业风险控制流程

根据双钻机井场布置特点，考虑好各自井固井需要的专用钻井液罐进行储备清水或配制低密度顶替液。

（6）固井与测试，即一口井固井，一口井测试。固井与测试同时进行可降低建井周期，在测试井井口区域进行连续吹排，同时注意交叉作业的测试、固井管线防护。

工厂化施工过程中总结了不同阶段交叉作业存在的风险因素，制订交叉作业风险控制方案（图 8-2-7），在发挥交叉作业的设备场地利用率、作业效率、建井速度等优势的同时，有效降低了安全风险，现场应用中未出现交叉作业安全事故。

第三节　工厂化施工作业管理

工厂化施工对传统管理模式是一次极大的创新，是对传统生产组织的革命。"工厂化"钻井的全新模式要求管理思路、管理理念和管理机制方面求新思变。工厂化钻井作业涉及技术、管理等很多方面，是一个需要参与各方积极配合的系统工程，对于各类技术和资源配置的精细化管理更是实现工厂化的关键环节。在工厂化钻井作业实施过程中，在纵向上是一个个相对独立有完整设置的承包商单位，横向上是相关协作方，或者甲乙方，在共享理念下调动最多资源的同时，也意味着要处理更多复杂的关系来形成统一有序的组织协调，全方位、全过程的监督管理来有效保障工厂化钻井作业的施工质量和效率[6]。

一、学习曲线法管理

学习曲线法是指在一个合理的时间段内，连续进行有固定模式的重复操作，工作效率会按照一定的比率递增，单位任务量的耗时呈现一条向下的曲线，它反映的是在大量生产周期中，随着累积产量的增加，产品单位工时逐渐下降的生产规律。工厂化钻井遵循的是学习曲线法则，通过更细致、专业化的分工，实现专业化、高频率的操作，既有利于提高工人操作的熟练程度，又能通过批量作业减少准备工作和中间环节占用的时间，每完成一次操作还有一次持续改进的研讨。同时还要探索一些特殊管理方法，如改"带设备的专业化服务"为"服务 + 租赁"的模式促进资源整合利用（管线、能源、放空火炬、营地、后勤支持等）。因此，通过学习曲线法达到提高设备利用率、提高操作效率的目的。

因为学习曲线运用的基本原则是各项生产条件和工序一致，而影响钻井周期的因素很多，各井的条件（区块、井别、井型、目的层、井深、井身结构、钻机型号、施工队伍、钻井方式）不尽相同，使钻井效果也不尽相同。只有限制了某些条件，才能将学习曲线应用于钻井开发当中。而工厂化钻井采用流水线作业的施工方式，集中有序地完成某一井段的钻井任务，可以利用学习曲线来估算和评价未来的钻井指标。

通过统计某一区块工厂化钻井的所钻井数与平均钻井周期的关系，分析学习曲线变化规律，如图 8-3-1 所示。此曲线反映了两个阶段：

（1）学习阶段，该阶段平均单井钻井周期随所钻井数的增加而逐渐缩短。此阶段在各项条件（如区块、地层、井型、井身结构、钻井方式等）保持不变的情况下，通过不断地重复性工作产生了一定的学习效果，可应用学习曲线公式进行未来钻井周期的预测。

（2）稳定阶段，当钻井井数累积达到某一值后，平均单井钻井周期将基本趋于稳定，学习效应并不是很明显，甚至可以将其忽略。此时，若想要进一步提高钻井速度、缩短钻井周期，则应从改变钻井条件或者引进新的钻井技术等方面进行考虑。

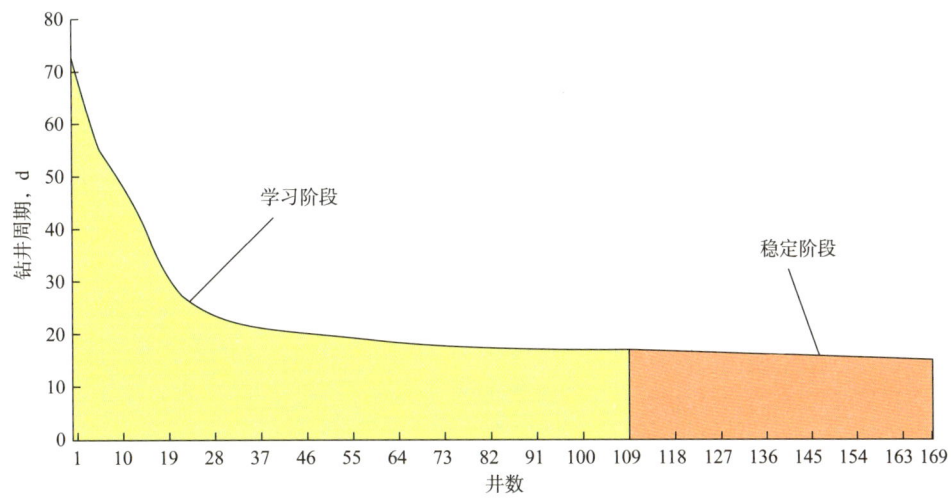

图 8-3-1 工厂化钻井学习曲线

在 CH2-2 人工岛上开展了工厂化施工，通过统计 2010 年到 2020 年平均机械钻速与钻机月速的变化，可以发现随着工厂化钻井作业模式的形成和运用，平均机械钻速和钻机月速大幅度提高，最高达到 40.97m/h 和 6080.64m/（台·月），分别为之前的 3 倍和 2.68 倍；2019 年总进尺达到了 41438m，相比于 2010 年翻了 5 倍，这说明工厂化施工的方法确实能够降低钻井周期，增加钻进效率，达到节约时间、降本增效的目的。

表 8-3-1 CH2-2 人工岛近年来平均机械钻速与钻机月速对比

年份	平均机械钻速，m/h	进尺，m	钻机月速，m/（台·月）
2010	12.35	7832	2267.54
2011	18.73	34092	3297.10
2012	24.39	37038	3667.13
2013	17.67	24107	2907.79
2014	21.70	27934	3414.91
2015	22.50	30363	4047.03
2016	32.43	28136	5162.57
2017	38.10	38622	3932.00
2018	35.75	39252	3932.99
2019	34.20	41438	4558.76
2020	40.97	7540	6080.64

二、作业程序规划

工厂化钻井的生产组织管理非常重要，先进的技术和科学的管理必须密切结合，才能实现流水化作业。钻井各工序需前期配备好足够的后续钻完井材料，合理安排、规范运行、科学组织是流水线作业的保证。工厂化钻井作业是一个多专业、多单位配合的系统工程，需参与下道工序的单位和专业提前介入，施工前了解当前作业的情况、后勤保障措施，使施工作业无缝衔接。大型施工沟通、协调、组织管理是重点，如果参与施工的任何一方造成延误，都可能对整个系统造成延误。施工中各单位明确职责，相互协作，配合施工，采用协调会形式进行沟通，共同解决可能存在的问题，确保施工作业质量、安全和有效。

（一）流水线设计

首要解决的是生产线平衡和调度问题。基本因素包括钻井各工序（流水线）的时间要素和空间要素，时间要素包括工序的划分和各工序占用的时间，空间要素包括功能区的选择和合理布置。另外，工序划分和分解主要取决于作业类型、产品特性、生产技术特点，以及劳动组织形式等，工程师的经验十分重要。

目前，"工厂化"作业模式已由"接替流水线作业"升级为"同步流水线作业"，实现了在同一井场，多种作业有序并行，同时引入大数据分析，开展资源定位、井位选取、方案筛选、参数优化、远程调控等技术或组织措施的优化，进一步推动工厂化施工效率的提高。

（二）精益钻井法

依靠平台整合形成的团队优势和共享资源，运用"精益钻井法"先进理念，应用系统管理思维，有效配置和合理使用企业资源，攻克"工厂化"钻井难题，实现有速度、有质量、有效益的发展。

"精益钻井法"，即钻井施工作业过程中，在生产技术管理上精雕细刻，在设备管理上精益求精，在成本管理上精打细算，在团队管理上精诚团结，应用系统管理思维，通过目标引领、分析纠偏、考核激励、总结提升等措施，推动钻井工程"持续改进、减少浪费、追求完美"。

通过精益钻井的思路，运用大数据管理，明确施工作业计划，涵盖物料计划和维修计划，精确到小时，做好每一段的风险识别和控制措施，落实责任人。在处于最佳提速时间的中完作业阶段，充分利用富余人员并行作业。

（三）协调作业

工厂化钻井更加强调建设单位、钻井承包商和技术服务公司等参与各方的密切协作，实现单井各个作业环节的无缝衔接，以减少或避免非生产时间。首先，在油气田公司内部，要加强油藏地质、工程技术、地面流程等多专业协作，不仅仅是现场生产方式的变化，也需要地质油藏研究等方面的转变和调整。其次，要在加强油气藏研究、优化调整井位井场部署的基础上，加强现场组织和甲乙方的团结协作。最后，同时作业的钻井、录井、定向井及岩屑处理之间也要相互配合、沟通、协调。

三、项目管理

在海油陆采作业的项目管理中，有几条原则是保持滩海人工岛降本增产的关键，其中包括：目视化管理规范工厂化钻井模式、科学化管理支撑工厂化钻井体系、系统化管理推进工厂化钻井流程和绿色化管理深化工厂化钻井理念[7]。

（一）目视化管理

管理工厂化并不是机械地学习传统产业的运作模式，而是管理规范化、明确化和现代化。通过对钻井全过程的现场、作业、工艺、环境等各个因素进行综合分析，制定规划明确的最佳位置、最佳线路、最佳操作动作，形成了井井有条、畅通整洁的现代化井场。

标准化施工现场筑牢安全根基。对施工现场进行整体规划，考虑各个区域的施工要求，进行单元划分，并逐级细化。在现场，采用标准警示色、标识色对司钻视线三角区、扶梯、安全通道等区域进行标识。施工现场所有物料、设备工具均在线条标注清晰的专属场地内分门别类摆放得井井有条，并搭建循环罐防护棚。施工现场所有电线、电缆等全部架空架设，绝缘支架离地，真正做到安全美观，并将电线、电缆进行密闭式改造。标准化的施工现场让整个钻井施工更加安全，进一步夯实了人员、设备和施工井的安全基础。

现代化管理模式提高生产效率。运用现代化的管理手段，以信息化为基础，制定出规范的工厂化标准作业规范，团队协作，统一指挥，整体行动，为规模化作业奠定了基础。所有工作关键岗位均安装了摄像监控管理系统，在监控室内就可以随时了解施工现场的情况，发现违章或不文明行为能够及时制止。建立专门钻井远程监控视频系统，联合交叉作业，形成一体化工作方式。信息化、实时化、可视化、集成化、自动化、智能化的管理方式，让施工井队的整体管理更加高端精准。

（二）科学化管理

流水线作业有效缩短周期。CH2-2人工岛采用的批钻式作业方式，利用快速移动式钻机对单一井场的多口井进行批量钻完井和脱机作业，以流水线方式，实现边钻井、边试油、边原油集输，水泥候凝和测声幅等工序不占用钻机时间，实现零后期对接生产，简化了复杂施工工序的衔接过程，且具有安全高效的特征，并极大地缩短了钻井周期，降低了生产成本。

高精尖科技显著提高钻速。推行成熟钻井技术，采用旋转导向钻井，彻底解决定向托压问题，削减了钻具黏卡的风险，加快钻井速度。推行PDC钻头+动力钻具复合钻井技术。针对二开、三开的不同井段和不同地层，采用PDC钻头+动力钻具+水力振荡器复合钻井技术，以解决定向托压、机械钻速低、含砾地层对钻头磨损严重的问题，最大限度发挥了钻头的使用效率。通过总结摸索专打经验结合人工岛地层特性，总结大位移井的施工经验，能够有效形成工厂化施工特色技术。如CH2-2人工岛在二开施工阶段，针对地层造浆性强的特点，就地运用海水钻进，不仅节省了钻井液费用，而且解决了起钻困难和倒划眼问题；钻遇馆陶组及以下地层，采用BH-WEI有机盐钻井液体系，有效控制沙一段地层易垮塌问题，解决携砂困难、起钻倒划眼、测井遇阻等难题。

（三）系统化管理

系统化管理确保持续优化和提高。工厂化钻井不仅仅是现场作业的规范化，更是对各个环节的系统性整合和管理。通过开展总结会与经验分享大会，让其他钻井队的技术人员参与进来，共同探讨、经验共享，能够对钻井过程中每一个环节出现的问题进行及时的总结和反馈，进而做到越钻越快、越钻越好，缩短工时，降本增效。

系统化的数据收集和分析能够发现潜在的问题和风险，及时进行调整和完善，避免了不必要的损失和延误。同时，通过对钻井过程的学习分析，可以不断优化工作流程，提高工作效率，确保施工高效进行。此外，系统化管理还可以为员工提供清晰的工作指导和培训，确保每一个人都能够明确自己的职责和要求，提高整体的工作质量。

（四）绿色化管理

绿色环保的生产施工方式是工厂化钻井模式的一大亮点。滩海井工厂施工中以"四低"（低成本、低能耗、低排放、低噪声）为代表的清洁安全生产，单位进尺柴油单耗和电耗降低；滩海井工厂施工中利用海水替代淡水配制钻井液，有效节约了淡水资源，减少了运输费和人工费；废弃钻井液无害化处理中使用废弃钻井液固液分离技术，分离出的清水达到海洋排放标准的，再进行二次重复利用，剩余的仅仅是干燥的固体，减少了废弃钻井液的排污工作，实现了无害化处理、保护环境的目标。

参考文献

[1] 郭盛堂. 工厂化水平井钻井关键技术 [J]. 西部探矿工程，2017，29（5）：90-92.

[2] 马春芳. 工厂化水平井钻井关键技术研究 [J]. 西部探矿工程，2022，34（5）：107-109.

[3] 岳文翰，袁文才，杨志敏，等. 页岩气井连续管井口快速安装装置的研制 [J]. 焊管，2021，44（12）：39-42，46.

[4] 梁文利，林子旸，王建斌，等. 页岩气井工厂油基钻井液重复利用技术 [J]. 天然气工业，2022，42（S1）：106-109.

[5] 范白涛，何松，冯桓楮，等. 可重复利用的水基钻井液及其在渤海湾油田应用 [J]. 石油工业技术监督，2022，38（7）：47-50.

[6] 陈平. 钻井与完井工程 [M]. 北京：石油工业出版社，2011.

[7] 马书平. 南堡实施"绿色"海油陆采 [N]. 经济参考报，2007-07-20（013）.

第九章　井控管理与环境保护

安全生产和环境保护都是油气生产的底线。井控风险是油气勘探开发中的最大风险，一旦发生井喷失控，将造成人员伤亡、环境污染、设备毁坏、油气井报废、油气资源严重破坏等一系列严重后果。本章从海油陆采的井控管理与安全环保技术两个方面，对滩海地区油气开发钻完井安全环保技术进行阐述。

第一节　井控特点

海油陆采主要是在滩海地区进行石油勘探、开发和生产，是在海上建岛的环境下进行的，其特定的作业环境决定了海油陆采作业的特点。

（1）作业环境恶劣。

我国滩海石油作业主要集中在渤海地区，属于"海上设备上不去、陆上设备下不来"的特殊地区，有的需要在岸边修建井场；有的需要建立人工岛，在岛上进行作业，只能通过进海路或者船舶连接，某种程度上来说与海上作业平台一样都像是茫茫大海中的一个孤岛。作业的环境条件非常复杂，正常的情况下每天均受到两次潮水的影响，所有的作业及生产和生活设施除了要面对海上十分复杂的风、浪、流、大雾的影响，还要受到相当频繁的气象扰动，既受温带气旋和强冷空气影响，又受台风侵袭，易受到风暴潮灾害等极端恶劣海况的影响[1]。

（2）作业风险大。

与陆地井丛场不同，人工岛平台的建岛成本高，生产生活空间有限，油气生产设施集中，井控等专用设备不能按照陆地环境有序放置，岛上作业人员多且集中，既有钻井人员、采油人员，还有井下作业等人员。在这种条件下同时进行钻井、试油、油气生产与检维修等高风险的多工种交叉作业，很容易发生各类意外情况，而且由于油气井密布、生产设施和生活设施集中，在发生事故后容易产生连锁反应，酿成重大恶性事件。

（3）救援工作难度大。

由于人工岛的空间有限，同时井口位于地面以下的槽内，作业井与生产井相互干扰，发生井控险情时，机具难以进入，甚至无法进行正常抢险作业；在发生事故后逃生的途径相对较少，救援工作也非常困难，只能依靠进海路、守护船舶和直升机，离岸较远的平台直升机从陆地起飞到平台需要几个小时，还要受到天气和海况的限制。特别是进海路，涨大潮时是海，大风时受侧风影响，严寒天气结冰侧滑，都会使车辆无法正常进入，若发生应急情况，都会导致抢险物资及人员无法出入。曾经有海上平台发生过严重事故的先例，所以人工岛平台也应该注意相关问题，不能发生类似的惨剧。

（4）海洋污染的风险大。

滩海人工岛界于海洋、陆地之间，即潮来是海，潮去是滩，属极其敏感区域。污染海洋的事故随时都有可能发生，一旦发生重大事故，容易产生严重的海洋污染。

第二节　井控装备

一、井控装备组成和分类

在钻井过程中，为了防止地层流体侵入井内，总是使井筒内的钻井液静液柱压力略大于地层压力，这就是所谓对油气井的一级压力控制。但在钻井作业中，常因各种因素的变化，使油气井的压力控制遭到破坏而导致溢流甚至井喷，这时就需要依靠井控设备实施压井作业，重新恢复对油气井的压力控制。井控设备是实施油气井压力控制技术的一整套专用设备、仪表与工具，在及时发现溢流、控制井内压力、避免和排除溢流，以及防止井喷和井喷失控事故处理中起着重要作用[2-3]。

（一）钻井井控设备的组成

除特殊需求外，钻井井控设备一般由下述组成。

（1）以液压防喷器为主体的钻井井口（又称防喷器组合）。它主要包括液压防喷器组（包括与井内钻具尺寸一致的半封闸板、剪切闸板，以及全封闸板和环形防喷器）、套管头、钻井四通、变径或升高法兰等。

（2）液压防喷器控制系统。它主要包括远程控制装置、司钻控制台、节流管汇控制箱、辅助控制装置。

（3）井控管汇。它主要包括节流管汇、压井管汇、防喷管线、放喷管线、注水管线、灭火管线、反循环管线及回收管线。

（4）气液分离器。它主要包括罐体、进液管线、排液与排气管线、安全阀、点火装置。

（5）钻具内防喷工具。它主要包括防喷钻杆单根或立柱及相应配套工具、顶驱旋塞阀、钻具止回阀，方钻杆上、下旋塞，投入式止回阀。

（6）以监测和预报地层压力异常为主的井控仪器仪表。它主要包括钻井液返出温度监测报警仪、钻井液密度监测报警仪、钻井液返出流量监测报警仪、钻井液循环池液面监测报警仪、起钻时井筒液面监测报警仪、泵冲等参数的监测报警仪。

（7）钻井液加重、除气、灌注设备。它主要包括钻井液加重设备、常规式或真空式钻井液除气器、起钻自动灌钻井液装置。

（8）井喷失控处理和特殊作业设备。它主要包括冷却灭火装置、清障拆装井口设备及工具、新井口及安装用具。

典型的井控装置配套如图 9-2-1 和图 9-2-2 所示。

第九章　井控管理与环境保护

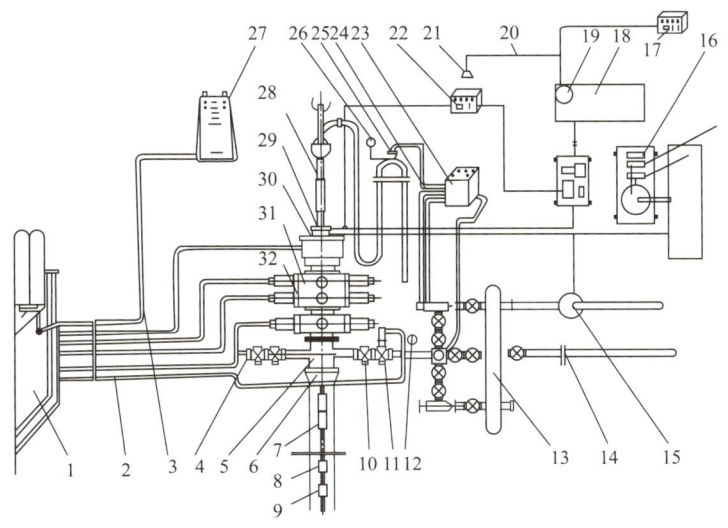

图 9-2-1　井控装置配套示意图

1—防喷器远程控制台；2—防喷器液压管线；3—防喷器气管束；4—压井管汇；5—四通；6—套管头；7—方钻杆下旋塞；8—旁通阀；9—钻具止回阀；10—手动闸阀；11—液动闸阀；12—套管压力表；13—节流管汇；14—放喷管线；15—钻井液液气分离器；16—真空除气器；17—钻井液池液面监测仪；18—钻井液罐；19—钻井液池液面监测传感器；20—自动灌钻井液装置；21—钻井液池液面报警器；22—自灌装置报警箱；23—节流管汇控制箱；24—节流管汇控制线；25—压力变送器；26—立管压力表；27—防喷器司钻控制台；28—方钻杆上旋塞；29—防溢管；30—环形防喷器；31—双闸板防喷器；32—单闸板防喷器

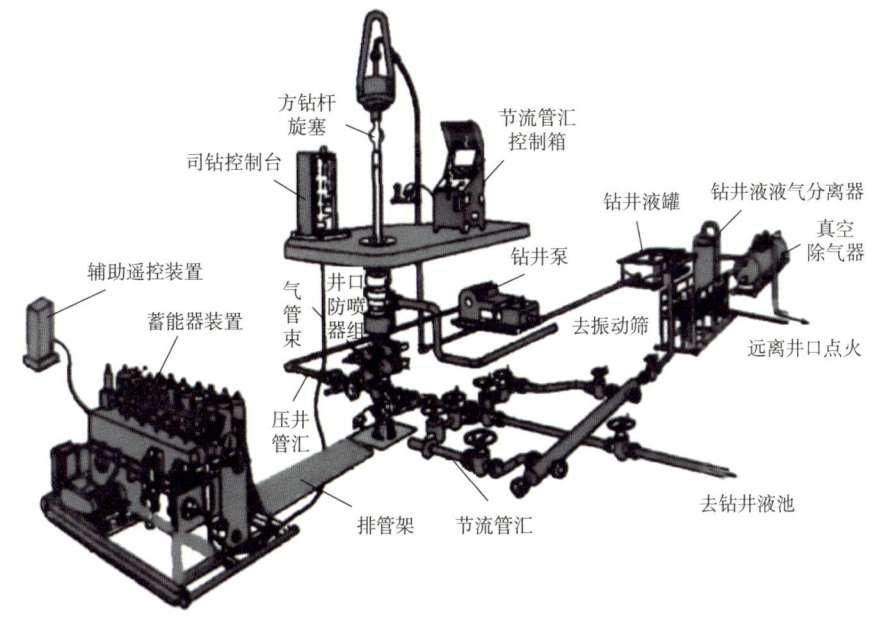

图 9-2-2　地面井控装置配套示意图

（二）液压防喷器控制系统

液压防喷器都配备控制系统，并通过其控制实现防喷器的开关，所需压力由控制系统提供。控制系统的作用就是预先制备与储存足量的压力油并控制压力油的流动方向，使防喷器迅速开关。当压力油使用消耗，油量减少，油压降低到一定程度时，控制系统能自动补充储油量，使液压油始终保持在一定的高压范围内。

（1）液压防喷器控制系统的组成。

液压防喷器控制系统由储能器装置（远程控制台）、遥控装置（司钻控制台）及辅助遥控装置、连接管汇组成，如图9-2-3所示。

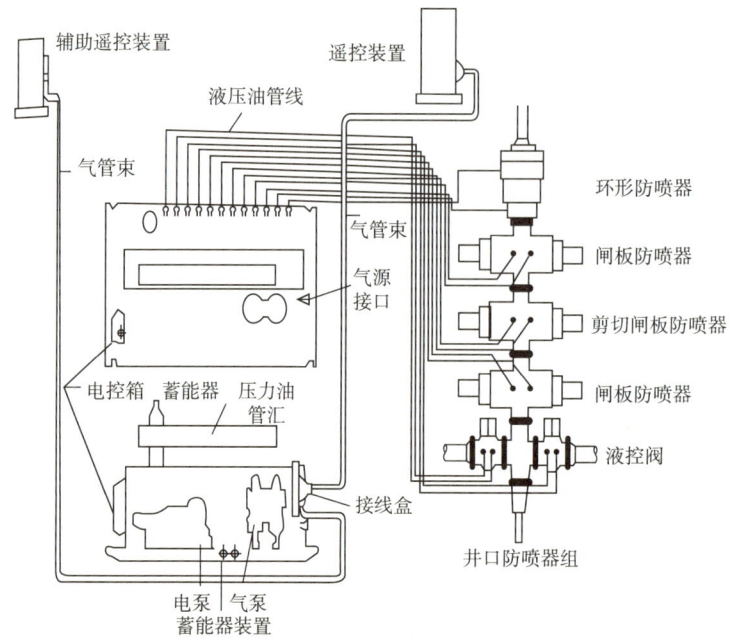

图9-2-3 液压防喷器控制系统

储能器装置又称远程控制台，是制备、储存与控制压力油的液压装置。它由油泵、储能器、阀件、管线、油箱等元件组成。操作换向阀控制压力油输入防喷器油腔，直接使井口防喷器实现开关动作。储能器装置一般安装在井口左前方25m以外。

遥控装置是控制储能器装置上的换向阀动作的遥控系统，间接使井口防喷器执行开关动作。遥控装置安装在钻台上的司钻岗位附近，又称司钻控制台。辅助遥控装置安置在值班房内或便于人员操作的位置，作为应急的遥控装置备用。

（2）液压防喷器控制系统的分类。

液压防喷器控制装置上的三位四通换向阀的遥控方式有三种，即液压传动遥控、气压传动遥控和电传动遥控。据此，控制装置分为3种类型，即液控液型、气控液型和电控液型。

①液控液型。利用司钻控制台上的液压换向阀，将控制液压油经管路输送到远程控制台上，使控制防喷器开关的三位四通换向阀换向，将蓄能器的高压液压油输入防喷器的液缸，开关防喷器。

②气控液型。利用司钻控制台上的气阀，将压缩空气经空气管缆输送到远程控制台上，使控制防喷器开关的三位四通换向阀换向，将蓄能器高压油输入防喷器的液缸，开关防喷器。

③电控液型。利用司钻控制台上的电按钮或触摸面板发出的电信号，电操纵三位四通

换向阀换向而控制防喷器的开关。电控液型又可分为电控气—气控液型和电控液—液控液型两种。

（三）油井安全控制系统

生产井安装有井下安全阀、井口安全阀、排气阀、环空封隔器等油井安全阀，且均为常闭型液压控制阀。根据水力学原理，同一深度液体内部压强处处相等，通过地面控制柜提供并控制液压实现了油气井安全阀的开、关控制。油气井安全阀控制柜提供控制油气井安全阀开启液压，且具有迅速切断并释放油气井安全阀控制压力的功能，保证了正常情况油井顺利生产，紧急情况下能迅速关闭油气井，切断油气井油气流通道，从而确保油气井的生产安全。

（四）节流与压井管汇

节流与压井管汇是井控系统的一部分，由控制系统进行控制，其压力等级和组合形式应与防喷器最高压力等级相匹配。

（1）节流管汇的功用。

①通过节流阀的节流作用实施压井作业，替换出井内被污染的钻井液，同时控制井口套管压力与立管压力，恢复钻井液柱对井底压力的压力控制，制止溢流。

②通过节流阀的泄压作用，降低井口套管压力，实现"软关井"。

③通过大量泄流作用，降低井口套管压力，保护井口防喷器组。

（2）压井管汇的功用。

①当用全封闸板全封井口时，通过压井管汇往井筒里强行灌重钻井液，实施压井作业。

②当已经发生井喷时，通过压井管汇往井筒里强注清水，以防燃烧起火。

③当已经井喷着火时，通过压井管汇往井筒里强注灭火剂，以助灭火，同时保护井口。

（3）各压力等级下，节流、压井管汇基本组合形式。

①压力等级为70MPa时，节流、压井管汇基本组合形式如图9-2-4所示。

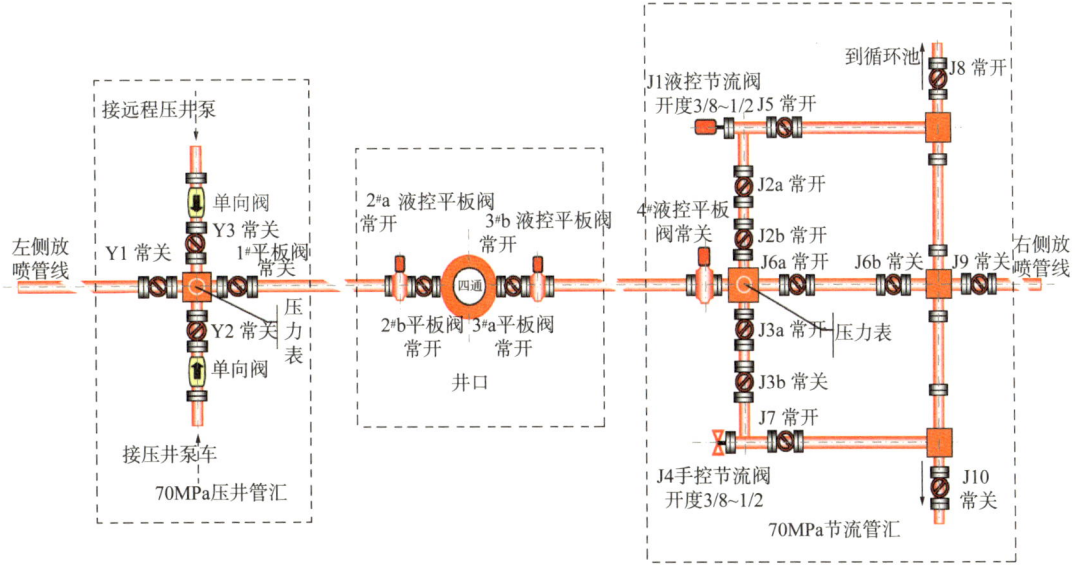

图9-2-4　70MPa节流、压井管汇示意图

②压力等级为35MPa时，节流、压井管汇基本组合形式如图9-2-5所示。

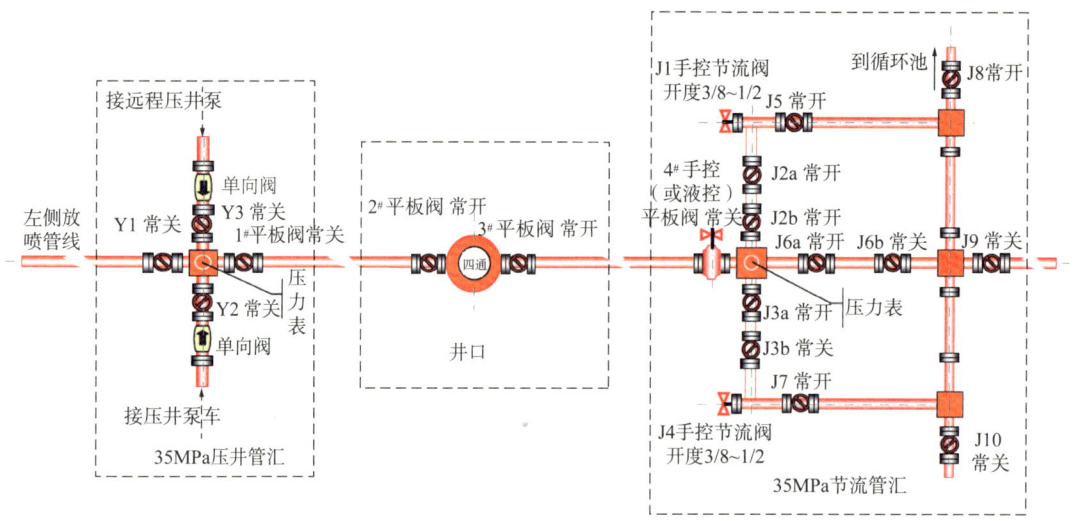

图9-2-5　35MPa节流、压井管汇示意图

（五）随钻机移动井控系统

为实现钻机整体平移一定距离的需要，需要配备随钻机移动的井控系统。该系统是将防喷器、节流压井管汇、液气分离器等井控设施进行合理匹配，充分利用钻机平台空间，将井控设施进行模块改造，实现随钻移动，避免井控系统的重复性安装，减少钻井作业辅助时间。一是配备防喷器快装接头，可快速安装、拆卸防喷器，防喷器采取游车吊装方式随钻机移动。二是将节流压井管汇、液气分离器固定在钻井平台上，便于井控操作，减少关井时间。

二、井控装备的使用要求

（1）环形防喷器不应长时间关井。除非剪切闸板和全封闸板失效且不具备抢下钻具条件等特殊情况，严禁使用环形防喷器关闭空井。

（2）环形防喷器用于不压井起下钻作业时，应满足三个条件：套压不超过7MPa，使用18°斜坡接头的钻具，起下钻速度小于0.2m/s。

（3）闸板防喷器关闭后，在关井套压不超过14MPa情况下，允许钻具以不大于0.2m/s的速度上下活动，但不应转动钻具，也不应使钻具接头通过防喷器胶芯。

（4）当井内有钻具时，非紧急情况，不应关闭剪切全封闸板防喷器。

（5）关闭防喷器时钻杆接头要避开胶芯密封关闭的位置。

（6）不应以打开防喷器的方式来泄井内压力。

（7）钻开油气层后，定期（不超过7d）对半封闸板防喷器开关活动及环形防喷器试关井（井内有钻具条件下）。闸板防喷器每次起下钻进行一次开关活动，若每日多次起钻，只开关活动一次即可。

（8）压井管汇不应用于日常灌注钻井液。节流管汇和压井管汇及其管线应定期冲洗并采取防堵、防漏、防冻措施。

（9）应在司钻房、节流控制盘、节流管汇等处明显标示所钻井段的最大允许关井套压值，并根据钻井液密度变化及时更新。

（10）井控管汇上各阀门应挂牌编号并标明其开、关状态。

（11）井控装置的配件及橡胶件的存放条件应满足储藏要求。

（12）井控设备的安装、测试、检测、运行等应进行记录并保存。

（13）应由有资质的检测单位按照相关规范对井控设备、设施和工具进行定期检测。

（14）各口井之间或开次之间需要拆除井口防喷器组时，应清洗防喷器内腔，并检查各胶芯完好情况，有变形或损伤必须更换。

（15）远程控制台安装要求：

①安装在面对井架大门左前方 45°、距井口不少于 25m 的专用活动房内，并在周围留有宽度不少于 2m 的人行通道，周围 10m 内不得堆放易燃、易爆、腐蚀物品。"三高"（高压、高含硫、高产）油气井及风险探井远控台安放在距井口 30m 以外的地方。

②液控高压软管应具有耐火性能，安装前应逐根检查，确保畅通。防喷器井口组合液控管线安装专用弯头，排放整齐，不允许有急弯。液控管线上不允许堆放杂物或在其上进行割焊等其他作业，管线接头处不允许遮盖。

③远程控制台的液控管线不允许埋在地下，穿越道路处应安装过桥盖板。气管束应沿管排放置在其侧面的专门位置上，剩余的管线盘放在靠近远程控制台附近的管排架上，不得强行弯曲和压折。

④远程控制台三位四通换向阀转动方向应与防喷器开关状态一致。

⑤远程控制台电源线应从发电房或配电房总开关处用专线引出，使用单独开关控制，并有标识。

⑥远程控制台气泵连接完好，总气源从气源房单独接出，应与司钻控制台气源分开连接，气源压力为 0.65~0.8MPa，并配置气源排水分离器。严禁强行弯曲和压折气管束，冬季施工时对气泵进行保温。

⑦远程控制台处于待命状态时，储能器压力为 18.5~21MPa，管汇及控制环形防喷器的压力为 8.5~10.5MPa，储能器气囊充氮压力为 7.0MPa±0.7MPa。

⑧远程控制台使用 10$^\#$ 航空液压油或性能相当的液压油。非工作状态下，液压油油面在油标上限附近（或距油箱顶面 200mm）；工作状态下，液压油油面高于油标下限（或距油箱底面不小于 200mm）。

⑨待命状态下远程控制台三位四通换向阀手柄位置：备用换向阀手柄置于中位，环形防喷器换向阀手柄置于中位，闸板防喷器、液动平板阀换向阀手柄在工作位。全封闸板防喷器换向阀手柄应安装防止误操作的防护罩，剪切闸板防喷器换向阀手柄应安装防止误操作的限位装置。

⑩远程控制台液控管线备用接口应使用金属丝堵封堵，管排架液控管线备用接口应戴上保护盖。

⑪推荐安装防喷器/钻机提升系统刹车联动防提安全装置，其气路与防碰天车气路并联。

（16）司钻控制台安装在有利于司钻操作的位置，并固定牢靠。全封闸板、剪切闸板控制按钮应安装防护挡板。司钻控制台与远程控制台上的储能器压力仪表读数差值不大于1MPa，管汇压力及环形压力仪表读数差值不大于1MPa。

（17）遥控或远程辅助关井系统应安装在井场大门附近，或安装在平台经理或工程师值守的值班房，并有按钮保护。

（18）井控装置的试压、检验：

①下列情况井控装置必须进行试压检查（节流阀不做密封试验）：井控装置从井控车间运往现场前、现场组合安装后、拆开检修或重新更换零部件后、特殊作业前。钻开油气层前距上一次试压间隔15d以上、钻开油气层后距上一次试压间隔25d，要求对井口装置再次试压。

②防喷器控制系统试压介质为其所用液压油。井控装置试压介质为清水，冬季使用防冻液体，试完压后应该清空。

③试压时间与压降要求：

井控装置额定压力和高压试压稳压时间不少于15min。内防喷工具试压稳压时间不少于5min，允许压降不大于0.7MPa，密封部位无可见渗漏为合格。

低压密封试压稳压时间不少于10min，密封部位无可见渗漏，压降不超过0.07MPa为合格。

④井控车间试压：

对防喷器、四通、防喷管线、内防喷工具和压井管汇等分别进行低压密封试验（1.4~2.1MPa）和额定压力试压。节流管汇按各控制元件的额定压力分级试压。

井口装置、防喷管线及内控闸阀等须每半年一次送回井控车间检修试压，防喷器控制装置、节流管汇、压井管汇等须每年一次送回井控车间检修试压。因实钻周期长不能送回井控车间检修试压的，可由专业人员按照SY/T 6160—2019《防喷器检验、修理和再制造》进行检修并试压。

送井设备应附带井控车间试压合格证。

⑤井控装置安装后试压：

表层套管固井后，井口装置按其额定压力和表层套管抗内压强度80%两者中的最小者试压；技术套管和油层套管固井后，在不超过对应套管头上法兰额定压力的前提下，环形防喷器封闭钻杆试压到额定压力的70%，闸板防喷器（剪切闸板不做现场试压）、防喷管线试压到额定压力。

压井管汇试压到额定压力，节流管汇按各控制元件的额定压力分级试压；放喷管线试验压力不低于10MPa，试压用堵塞器或试压塞。反循环压井管线额定压力值不小于35MPa，现场试压值为额定工作压力的70%。防喷器控制系统安装调试好后，对其液控管路进行21MPa压力试验（环形防喷器液控管路试10.5MPa）。

现场试压结束后，应用专用扳手对高压法兰连接螺栓逐个紧固，现场试压必须由专业试压队伍及设备试压，完整记录每次试压资料。现场试压记录应由钻井队队长（或技术负责人）、安全监督和试压队队长三方签字。排气管线安装好后，现场进行压力不低于0.6MPa的试压，试压介质为空气，稳压时间10min，确保管线连接处不刺不漏。

⑥欠平衡钻井装备安装完成后，旋转防喷器或旋转控制头，以及节流管汇的试压：在不超过套管抗内压强度80%和井口其他设备额定工作压力的前提下，静压试压到额定静

密封压力的70%，动压试压不低于额定动密封压力的70%。稳压时间不少于10min，最大压降不超过0.7MPa为合格。

三、滩海地区的防喷器组合

在滩海人工岛的钻井作业中，要落实SY 6984—2014《滩海陆岸石油钻井设施安全规范》和SY/T 5964—2019《钻井井控装置组合配套、安装调试与使用规范》的要求，参考SY/T 6432—2019《浅海石油作业井控规范》的有关要求，从技术套管固井后直至完井、原钻机试油的全过程，还会安装剪切闸板防喷器。剪切闸板防喷器压力等级、通径应与其配套的井口装置的压力等级和通径一致。剪切闸板防喷器和全封闸板防喷器应单独配套。剪切闸板防喷器在现场不做剪切功能试验。使用复合钻具钻井时应配备与钻具尺寸相匹配的半封闸板或变径闸板。

我国环渤海滩海地区地质环境较差，人工岛上如果出现井控事故会对工作人员与环境造成严重的影响，因此一直以来井控问题都备受重视，以大港CH1-1人工岛为例，井控设备配备如下：

（1）配备了2FZ35-35、FH35-35、钻井四通、套管头组成的井口防喷器组。

（2）配备了与防喷器额定工作压力相一致的JG/S2-35、YG-35节流压井管汇。

（3）配备了一台远程控制台、一台司钻控制台、一个遥控操作台。

（4）配备了钻井液液气分离器，以及上下旋塞、顶部驱动安全阀、钻具回压阀、投入式止回阀、钻头浮阀等钻具内防喷工具。

（5）安装了一套自动灌钻井液系统和钻井液罐液面监控装置，节流压井管汇、钻井液液气分离器安装在钻台上随钻机移动，平台电路标准安装，控制台电路要求专线接到发电房。

滩海地区海油陆采作业的井口装置基本组合形式如下文所述，防喷器组合中的双闸板可以与两个单闸板相互替代。

（一）35MPa压力级别组合形式

35MPa压力级别的防喷器组合一般有两种形式：

（1）套管头+四通+双闸板防喷器（半封、全封）+单闸板防喷器（半封或剪切）+环形防喷器（图9-2-6）。

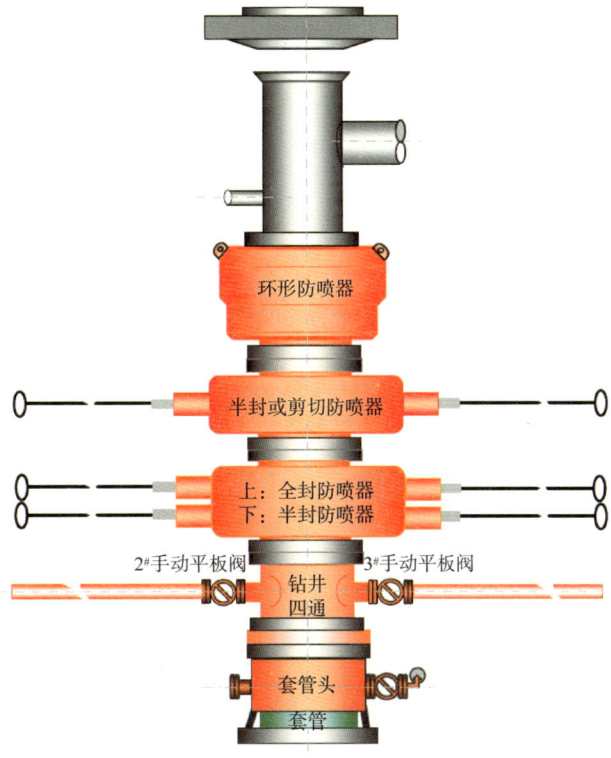

图9-2-6　35MPa防喷器组合形式一（有两个半封闸板）

（2）套管头+四通+双闸板防喷器（半封、全封）+环形防喷器（图9-2-7）。

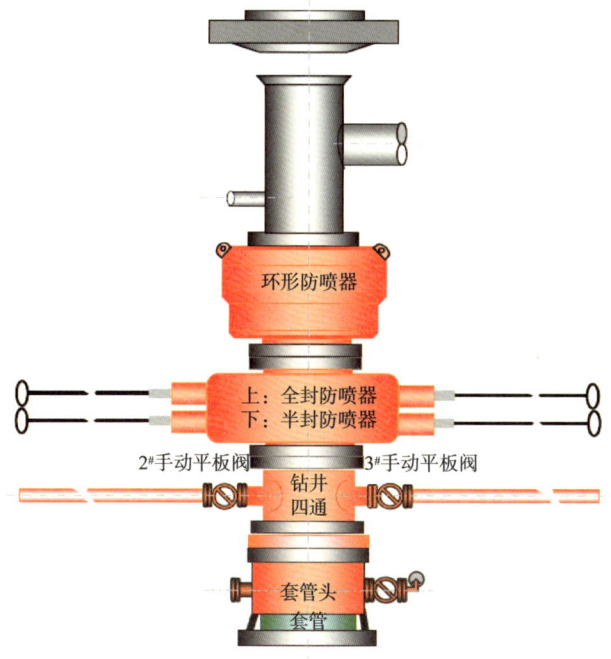

图 9-2-7　35MPa 防喷器组合形式二（只有一个半封闸板）

（二）2FZ53-21 或 2FZ54-14 防喷器组合形式

套管头+四通+双闸板防喷器（半封、全封）（图9-2-8）。

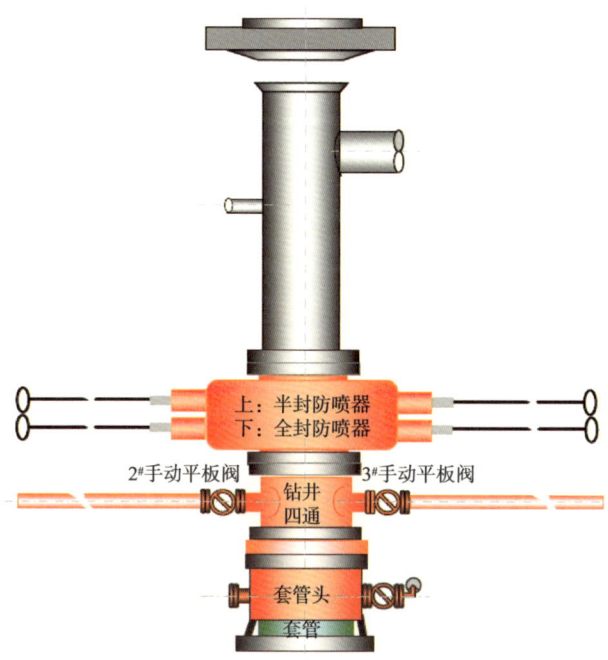

图 9-2-8　14MPa 或 21MPa 防喷器组合形式

第三节　井控要求

井控即油气井压力控制，是指采取一定的方法和装备控制钻井流体当量密度和井口压力，使井筒压力维持一定的系统平衡关系，保证钻完井施工顺利进行的工艺技术。井控作业要从钻井的目的和一口井今后整个生产年限来考虑，既要完整地取得地下各种地质资料，又要有利于保护油气层，有利于发现油气田，提高采收率，延长油气井的寿命。因此，井控技术已从单纯的防止井喷发展成为保护油气层、防止资源破坏、防止环境污染的重要技术保障，已成为钻井技术的重要组成部分和实施近平衡（或欠平衡）压力钻井的重要保证。在钻完井施工过程中，应严格执行 Q/SY 02552—2022《钻井井控技术规范》和 SY/T 5964—2019《钻井井控装置组合配套、安装调试与使用规范》的要求。

一、钻井井控设计要求

井控设计作为钻井工程设计的关键环节，应践行地质工程一体化原则。地质设计过程中需要进行地层压力的预测、考虑特殊流体等井控风险要素；工程设计针对井控风险，制定风险消减措施，在确定井位时应统筹考虑区域整体开发方案配套、周边环境、地形地貌、应急需求、安全环保要求等[4]。

（1）井身结构和套管程序应满足以下要求：
①预探井、高温高压井、复杂井的井身结构设计宜备用一层套管。
②同一裸眼井段内不应有两个及两个以上压力梯度差值较大的油气水层。
③同一裸眼井段内不应有易产生喷漏矛盾的不同油气水层。
④技术套管鞋宜置于致密或渗透性低的岩层中。
⑤套管下深应满足下一井段最高循环当量钻井液密度和井涌余量的要求。
⑥含硫化氢、二氧化碳等腐蚀性流体的井段，其套管、套管头和井控系统的材质，以及连接方式和强度设计应满足防腐及作业安全要求，气井的生产套管的螺纹和强度设计应满足作业安全要求。
⑦当油井的气液比大于 350m^3/t 时，应按照气井进行设计。

（2）钻井液密度设计以预测的或实测的各裸眼井段最高地层孔隙压力当量钻井液密度值为基准，另加一个安全附加值：油井、水井为 0.05~0.10g/cm^3 或控制井底压差 1.5~3.5MPa；气井为 0.07~0.15g/cm^3 或控制井底压差 3.0~5.0MPa。

（3）地层压力当量密度安全窗口较窄的高温高压井，应以不压漏地层为原则，合理选择钻井液密度的安全附加值。

（4）井控装置的额定工作压力应高于相应井段的最高地层孔隙压力，用于探井的井控装置额定工作压力等级不应低于 70MPa。

（5）气井和大位移井的尾管悬挂器总成应配回接筒，宜带封隔器。

（6）封固气层井段的水泥浆应具有防气窜性能。

（7）平台应配用 18°斜坡接头的光滑钻杆。在钻杆下端接近钻头位置安装钻具浮阀，高压井在钻杆上部应再安装一个浮阀。

（8）钻具内防喷工具的额定工作压力应不小于井口防喷器额定工作压力。钻台应备有钻杆内防喷工具、可满足快速下钻的变扣接头。下套管作业时，还应备有套管循环接头。

（9）油气层井段施工时应设计剪切+全封闸板防喷器组。

（10）顶驱中心管或方钻杆下方应安装旋塞阀。

（11）钻开储层前，钻井平台加重材料的储备量应满足该井段1.5倍的井筒容积，钻井液密度按需要提高至少 0.20g/cm³ 的要求储备，或按照常压井加重材料储备量不少于80t、高压气井加重材料储备量不少于150t 的要求储备。

（12）应在平台储备足够的堵漏材料。

（13）含有硫化氢气体的井，应储备和使用除硫剂及其他处理剂，并安装点火装置。

（14）调整井的地质设计中应明确邻近注水、注气（汽）井分布及注入情况，提供分层动态压力数据。钻井设计中明确钻开油气层之前应采取的相应停注、泄压和停产等措施。

（15）固井泵及连接至钻台的高压管线的额定工作压力，应不低于井口防喷器的额定工作压力。

（16）固井设计应有井控技术措施，分别对下套管、注水泥、候凝等各环节的井控风险制定控制措施和应急程序。

①钻井过程中发生过溢流、井漏的井，满足固井安全的条件下再进行下套管固井作业。

②下套管、注水泥、候凝过程中，要求钻井队、录井队安排专人坐岗，观察并记录灌入、返出量，及时发现井漏、井涌等异常情况。

③固井施工设计中，坚持"三压稳"原则，即固井前压稳、固井过程中压稳和候凝过程中压稳。

④表层套管下深不小于600m 的井，一开井眼测井径，表层套管固井测 CBL（声幅测井）、VDL（声波变密度测井）。固井质量影响井控安全的井，要采取水泥挤封或井口环空打水泥帽等有效措施进行补救。

（17）各次开钻井口装置要严格按照设计安装，表层井段有浅层气的井应安装导流器，溢漏同存、高气油比的井应安装旋转控制头，防喷器闸板尺寸应与作业钻具或套管的外径相匹配。要保证四通出口高度始终不变；防喷器通径中心与转盘、天车的中心三点在一条垂线，偏差不大于10mm；用 ϕ16mm 钢丝绳在井架底座的对角线上将防喷器绷紧固定。

（18）防喷器安装、校正和固定应符合 SY/T 5964—2019《钻井井控装置组合配套、安装调试与使用规范》中的相应规定。防喷器四通两翼应各装两个闸阀，紧靠四通的闸阀为手动，应处于常开状态。防喷器主体安装时要遵循上全下半的原则，使液控管线安装在同一面。钻井闸板防喷器推荐采用液压锁紧机构。配备手动锁紧装置时，手动锁紧杆尽可能接出钻机底座外，手轮上要标明开、关方向和到底圈数，靠手轮端应支撑牢固，操作杆与锁紧轴中心线的偏斜角不大于30°，并安装计数装置。手动锁紧杆离地面超过 1.6m 应搭操作台。井控管汇上所有闸阀都应挂牌编号并标明其开关状态。

（19）防喷器控制系统控制能力应与所控制的防喷器组合及管汇等控制对象相匹配。防喷器远程控制台安装要求：

①安装在面对井架大门左前方 45°角、距井口不少于 25m 的专用活动房内，距放喷管线或压井管线应有 2m 以上距离，并在周围留有宽度不少于 2m 的人行通道，周围 10m 内不得堆放易燃、易爆、腐蚀物品。

②液控管线排架（管排盒）与放喷管线的距离不少于 1m，车辆跨越处应装过桥盖板保护；不允许在管排架上堆放杂物和以其作为电焊接地线或在其上进行焊割作业。

③远程控制台和司钻控制台气源用专线分开连接，并配置气源排水分离器，严禁强行弯曲和压折气管束。气源压力为 0.6~0.8MPa，并保持压缩空气干燥，储能器压力值为 18.5~21MPa，管汇和防喷器开关控制压力值分别为 8.5~10.5MPa，司钻控制台与远程控制台储能器压力值的误差不超过 1MPa，管汇和防喷器开关控制压力值的误差不超过 0.5MPa。

④远程控制台电源线应从发电房总开关处直接引出，并用单独的开关控制。

⑤在液控管线处应设立警示标志；液控高压软管必须具有耐火性能，液控高压软管线直径为 25mm，额定耐压 35MPa，不允许有急弯，根据需要两端安装专用弯头。

⑥远程控制台使用 10# 航空液压油或性能相当的液压油，液压油油面在无压力时应达到油箱上刻度线，待命工况时油箱中剩余油不低于油位计低限。

⑦远程控制台三位四通换向阀转动方向与防喷器开关状态应一致。待命状态下，远程控制台三位四通换向阀手柄处于工作位，备用换向阀手柄置于中位。全封闸板防喷器控制换向阀应装罩防止误操作。远程控制台上剪切闸板防喷器控制换向阀应安装限位装置。

（20）四通、套管头的配置及安装应符合 SY/T 5964—2019《钻井井控装置组合配套、安装调试与使用规范》中的相应规定。

（21）钻井液液气分离器的安装应执行 Q/SY 1665—2014《液气分离器现场使用技术规范》要求：

①液气分离器摆放在节流管汇外侧，至少用 3 根直径不小于 12.7mm 的钢丝绳固定牢靠。

②液气分离器进出口管线采用法兰连接。进液管为内径不小于 103mm 的高压密封钢管，当使用高压耐火软管（压力等级不小于 14MPa）时，使用安全链（保险绳）、卡子和基墩固定。

③排液管应设置"U"形管，接到振动筛进口槽上；现场安装时宜满足液柱液封面高度不小于 3m。

④安全阀泄压出口应指向井场外侧，每年需经专业检测部门校验一次。

⑤排气管线内径不小于进液管的内径，用专用卡子固定在井架大腿上，上端高出天车台 2~3m。

⑥排气管线出口安装自动点火装置，并配有手动点火装置。出口位于季节风的下风方向时，安装防回火装置。点火口高出地面 3m，至少用 3 根 ϕ4mm 钢丝绳绷紧固定，点火筒距放喷管线出口至少 3m 以上。

⑦液气分离器排气管线安装好后，现场要进行压力不低于 0.6MPa 的现场试压，试压介质为空气，确保管线连接处不刺不漏。

（22）除气器安装在钻井液回收管线出口下方的循环罐上，排气管线可以使用橡胶管线，出口设置距钻井液罐 15m 以外的安全地带。使用要求：

①按设备使用说明书进行安装调试和维护,确保设备工作正常。

②钻进高气油比地层或钻井液发生气侵时,使用除气器,有气侵时设备开动率必须达到100%。

③在工作时,要随时查看除气器工作状态,确保除气效率。

(23)防喷管线、放喷管线应使用经探伤合格的管材。

(24)钻井井口间距宜不小于2.5m。若安全距离不能满足上述要求,由建设单位组织进行安全与环境评估,按其评估意见处置,经建设单位井控主管领导批准后方可实施。

(25)至少配备两套综合电子钻井液监测系统终端,一路设在司钻房内,一路设在生活区内,液量超过预设范围时报警。

二、钻井过程中的井控作业要求

(1)初探井钻开油气层3m内应停钻,采取循环、短起下钻或再循环等方式观察井中钻井液气侵情况,在确认满足油气层安全钻井的情况下方可恢复钻进作业。

(2)发生卡钻需泡油、混油等或因其他原因导致钻井液密度降低时,应确认井筒液柱压力不小于裸眼井段中的最高地层孔隙压力。

(3)下列情况应进行短程起下钻检查油气侵和溢流:

①钻开油气层后第一次起钻前。

②溢流压井后起钻前。

③钻开油气层井漏堵漏后或尚未完全堵住起钻前。

④钻进中曾发生严重油气侵但未溢流起钻前。

⑤需长时间停止循环进行其他作业(电测、下套管、中途测试等)起钻前。

(4)短程起下钻的基本做法:循环至少一周,气测全量值小于10%(高温高压井小于5%)且处于下降的趋势,观察无溢流后,则可起钻;否则,应循环排除受侵钻井液内气体,并适当调整钻井液密度后再起钻。

(5)起下钻作业的技术措施:

①起钻前应循环井内钻井液,使其性能均匀,进出口密度差不超过$0.02g/cm^3$。

②起钻前,应确认气测全量值小于10%,并计算油气上窜速度。

③起钻时用计量罐连续向井内灌入钻井液,检查和确认灌入量,并填写起下钻灌钻井液记录,下钻时应记录钻井液返出量。

④钻头在油气层中和油气层顶部以上300m井段内起钻速度应小于0.5m/s,裸眼内下钻速度应小于0.5m/s。

⑤在疏松地层,特别是造浆性强的地层,遇阻划眼时应保持足够的流量,防止钻头泥包。

⑥起钻完应及时下钻;检修设备时应保持井内有一定数量的钻具。

(6)钻进中应监测钻井液出口流量、钻井液池液面或总量、钻井液性能,探井还应监测气测全量气体含量及组分和DC指数的变化。

(7)发现气侵应及时排除,气侵钻井液未经排气不得重新注入井内。若需对气侵钻井液加重,应在对气侵钻井液排完气后停止钻进的情况下进行,不应边钻进边加重。

（8）钻进中发生井漏应将钻具提离井底，监测漏失速度和漏失量，注意观察，并采取防止井涌的措施。

（9）电测、下套管及固井作业的技术措施：

①电测或下套管等作业前，钻台立柱排放应便于应急抢下光钻杆作业。

②若电测时间长，不能满足油气上窜的安全条件时，应中途通井循环。

③电测期间，应通过计量罐闭路循环以监测井内溢流情况。

④下油层套管前，闸板防喷器宜换装与套管尺寸相匹配的闸板芯子。

⑤下套管作业中途或结束，循环钻井液之前应先将套管内灌满钻井液。

⑥下套管、固井作业过程中应保证井内压力平衡。

（10）对于已钻开油气层的裸眼井，当预计受台风或其他恶劣环境影响需中断钻井作业而暂时撤离时，井眼处理应满足以下要求：

①对常规井，将钻具下入井内的适当位置，并在油气层及以上井段注入一段凝胶塞，关闭半封闸板防喷器并手动锁紧。

②对已钻开高压层、含硫化氢地层的井，根据具体情况，可在套管鞋处坐封一只可钻桥塞，并在其上注长度不小于 100m 的水泥塞并试压合格。

③恢复作业时，打开防喷器前应先确认井口无压力。

（11）高温井在高温井段作业中，下钻时应进行分段循环，检测钻井液性能变化情况。

（12）在钻开油气层或设计提示的注水层，前 100~150m 开始，以下但不限于以下情况要进行低泵冲试验：

①钻井液性能、钻具组合、井眼尺寸或钻井泵缸套直径等发生较大变化时。

②连续钻进 300~500m。

③每只新入井的钻头开始钻进前。

④每日白班开始钻进前。

低泵冲试验，即以 1/3~1/2 钻进排量检测循环压力，并做好井深、缸套直径、泵冲数、排量、泵压、钻井液密度等参数记录。试验排量调整若受钻机限制，以钻机可以达到的最低排量进行试验。

（13）钻进过程中的井控要求：

①油气层钻进作业中发生放空、钻井液出口流量增大等异常情况应立即关井检查。发现钻时明显加快、蹩跳钻、循环泵压异常、悬重变化、初始气侵、气测异常、氯根含量变化、钻井液密度和黏度变化、气泡、气味、油花等情况应停钻观察。

②进入气层、油气层和提示气油比大于 400 的层位前，应改善钻井液脱气性能，施工中发现气侵应及时排除，气侵钻井液未经排气不得重新注入井内。

③若需对气侵钻井液加重，应先停止钻进，对气侵的钻井液循环除气一周后进行加重，严禁边钻进边加重。

（14）测井井控要求：

①测井前，应对现场作业人员进行技术交底，就井控风险防控、硫化氢防护提出具体要求，明确应急处置程序。

②测井前，井筒内情况应正常、稳定，若测井时间过长，不能满足油气上窜的安全条件时，应中途通井循环。

③"三高"（高压、高含硫、高产）油气井测井前，测井队应与钻井队联合开展相应的防喷、防硫化氢演习。

④测井前钻井队准备带止回阀的防喷单根，以备有条件时抢下钻具。测井队配备剪断电缆的工具。

⑤测井施工时，测井队应督促钻井队设专人观察井口，及时灌满钻井液，有异常情况立即报告。

⑥带压测井防喷装置压力等级应满足井口控制压力要求，带压测井期间应观察记录套压，发现异常及时报告。

⑦测井时发生溢流停止电测，尽快起出井内电缆，若条件不允许，应立即剪断电缆，按空井工况的关井操作程序关井，不允许用关环形防喷器的方法继续起电缆。若钻具传输测井，应剪断电缆，按起下钻工况的溢流关井程序关井。

（15）中途测试井控要求：

①中途测试施工设计中应有井控要求，含硫油气井应进行风险评估，制定应急处置程序。

②测试前应调整好钻井液性能，保证井控安全。

③作业前观察一个作业期时间。

④起下钻杆或油管应在井口装置符合安装、试压要求的前提下进行。

⑤封隔器解封前应压稳地层，如钻具内液柱已排空，应打开反循环阀，进行反循环压井。

⑥"三高"油气井测试时，应提前连接压井流程，准备充足的压井材料、设备和水源，以满足压井需要。

（16）固井井控要求：

①固井设计应包含井控技术措施。下套管及注水泥前，均应进行技术交底，明确职责分工、井控风险控制措施和应急程序。

②下套管前，配备相应的循环接头，换装与套管尺寸相同的半封闸板（下尾管作业可不换装套管闸板，但应准备好相应的防喷单根或立柱），下套管过程中发生溢流，按起下钻杆工况发生溢流进行处理。

③更换防喷器闸板后应按要求（防喷器组）进行试压，试压标准在不超过套管抗内压强度 80% 前提下试压到额定工作压力，并在钻台上配备与套管连接螺纹相符的内防喷工具以便应急时使用。

④固井作业全过程（下套管、固井、候凝）保持井内压力平衡，防止井漏和水泥候凝失重造成井内压力失衡进而导致井喷。

⑤下套管、注水泥过程中，钻井队、录井队安排专人坐岗，观察并记录灌入、返出量，及时发现井漏、溢流及其他异常情况。

⑥油层套管候凝期间，一般不应拆卸井控装备。拆卸井口装置时间按固井设计要求执行。

⑦表层套管封固浅层气，要对表层套管固井质量进行检测。

⑧对于固井质量不合格，威胁到井控安全、影响到后续施工的井，应采取有效措施进行处理。

（17）定向钻井、钻井取心井控要求：

①若测斜过程中发生溢流，危及井控安全时应立即关井。

②在井口操作取心工具和岩心出心过程中发生溢流时，立即停止出心作业，快速抢接防喷钻杆单根（或立柱）或将取心工具快速提出井口，按程序控制井口。

（18）录井作业井控要求：

①录井队应按照设计要求安装录井仪器，并定期校正。

②综合录井队在含硫化氢区域或新探区，应安装固定式硫化氢监测声光报警系统，配备便携式气体检测仪、呼吸器等。

③录井要定期测量出口钻井液密度、液面变化量、气测值、氯根含量等，计算油气上窜速度和高度，并向钻井队提供后效显示记录。

④录井监测系统中液面（总池体积）报警值的设置不超过 $1m^3$，发现溢流或硫化氢显示应立即报告当班司钻。

⑤认真落实井控坐岗制度，填写坐岗观察记录。发生溢流险情时，应持续坐岗观察。

第四节 钻完井安全管理

一、安全事故类型及防治措施

钻井、完井过程中的安全事故主要包括溢油、火灾、爆炸等[5]，其主要危害、污染物和影响见表 9-4-1。

表 9-4-1 钻井、完井过程中的风险类型及危害

风险类型	主要危害	主要污染物	影响
溢油	对环境造成重大污染，引发火灾、爆炸	石油类污染物	油品挥发，造成大气污染；原油覆盖地表和渗入地下后，堵塞土壤孔隙，使土壤板结，通透性变差，不利于植物生长，若溢油发生在地表水体，则会形成油膜，阻碍水体溶氧，使水质变坏
火灾、爆炸	井口装备损毁、有害气体、热辐射、抛射物等污染环境，损害人身健康及财产安全	有害气体	污染大气；破坏植被

（一）溢油

溢油是指因操作失误、人为破坏或意外事故等原因导致的油品大规模外溢，是石油储运系统中出现概率较高的事故之一，也可能发生在钻井、完井作业中。溢油会对环境造成重大污染，还可能会引发爆炸、火灾。溢油的危害类型和程度主要取决于溢出油品的性质和数量、发生溢油的设备情况、溢油发生区域（陆上、海上、港口、河道等）及其环境特征、区域气象及水文情况等。海上溢油是尤其严重的事故，需重点关注，进行预防。

溢油的工程防治措施主要包括溢油监测、防止扩散措施、回收和处置措施，以及正确的钻完井井涌关井和压井措施。

（1）溢油监测。定期检查设备、管线重点部位及施工、检修部位；设立油探头、自控及信号设施，重点检查设备、管道周围排放系统；在贮存或管道输送中加入标识物，如卤代芳烃、CO、放射性同位素等，以检查泄漏源和扩散情况。

（2）陆上溢油的防治扩散。油罐材质的选择要符合要求，保护、防腐措施要符合标准，注意油罐运行维护、检查、监测；防火堤容量、干舷、储备水的设置等符合标准要求，材料要防渗、防塌，要保证建造质量，并定期检查、监测；管道要保证材质和安装质量，要防腐、防塌，建立监测和报警机制；保证地表排水系统的畅通，要防止溢油源，同时做地表铺砌；要做地下防护，开沟渠作屏障以阻止油水平移动，设置屏障墙延伸至地下水位之下以阻止油水移动，采用水动力学保护（如从含水层抽水、向含水层回注水等）以控制地下水流态，并监测地下水污染。

（3）水上溢油防止扩散的措施。设置帘式、围墙式拦油栅和撇油设备；使用活塞膜化学药剂，可以迅速扩散包围油膜，把油驱向集油设备；用直升机喷洒油聚集剂；利用药剂反应捕捉，如喷洒聚异氰酸酯和聚酰胺，可与油产生聚合物，形成胶冻，防止油扩散；使用空气帘，即将空气通入穿孔水龙带或管道，组成气泡屏障。

（4）回收和处置措施。对于陆上溢油污染地下水的情况，可利用自然地下水梯度或人工改造后的地下水梯度将游离油集中，然后用单泵或双泵抽油水混合物，贮存于贮罐中，后用油水分离器分离；可通过改善充氧、翻地、掺入新土等措施减少水蒸发，施加氮肥，溢油处播撒氧化剂等来恢复污染现场的环境。对于水上溢油，可通过加吸附剂，如稻草、黏土、羽毛等天然材料，然后挤压吸附材料来回收油；使用撇油器将油收集上岸处置；加燃烧剂把油燃烧；施加分散剂将油乳化并溶解于水；使用高密度材料将油吸附沉降至水底后掩埋。

溢油发生时的应急措施是：紧急切断近油阀门，紧急关闭防火堤内排水等有可能漏油的阀门，采取防火措施，收集溢出的油品等。

此外，在钻完井阶段发生溢流、井涌关井时，要控制好最大关井套压，一定不能压破表层套管或技术套管鞋处的地层，否则又可能导致油气从套管鞋处上窜到地面或海平面造成污染。在后续的压井过程中，也要注意采用合适的压井方法，保证不压破套管鞋处的地层，这一点很重要。

（二）火灾及爆炸

以 NP1-3 人工岛为例，岛上存放有大量的原油、天然气等易燃易爆物质，各井组周围有注气采油井及相关工艺管线、设备、阀组等，在钻井作业中易对生产井及管线造成损害，从而引发火灾事故。现场还存在电气设备设施，其防爆性能不合格或受到破坏时可能导致出现不防爆的情况，从而成为点火源，增加了火灾爆炸的风险程度。在生产过程中，当气举采油、注气管线压力较高时，发生火灾的后果较严重，两方面相互影响，显著增加了火灾爆炸风险。

（1）火灾的四种类型。

①池火。燃料池内或油罐及管道中的可燃物质泄漏至地面或水面发生的大面积燃烧，即为池火。油田生产设施中储油罐一般都设有防火堤，油罐因爆炸等原因泄漏的原油等可燃液体往往在防火堤内发生燃烧，形成池火；集输管道发生可燃液体泄漏，遇火种燃烧，也属池火。

②喷射火。喷射火是指可燃物质从燃烧的喷嘴中喷出的火。井喷失控发生的火灾多为

喷射火，火焰高，热辐射强，喷射方向多变，而且会发出巨大的响声，危害极大。

③突发火。弥散气雾的突发性延迟燃烧即为突发火，一般不会造成冲击波损害。

④气爆。过热的压力容器在火种的作用下，内压急剧增大，发生爆炸，内容物瞬间释放，形成一个能量强大的火球，此即为气爆。储油罐等设施发生爆炸时往往伴随气爆。

（2）爆炸的几种形式。

爆炸是指突发性的能量释放，在大气中形成具有强破坏性的冲击波，并且容易引发火灾。爆炸一般有以下几种形式：

①无限气雾爆炸，即分散的可燃性蒸气的突然燃烧或缓慢燃烧；

②无限气雾的燃爆或震荡波燃烧；

③有限空间内混合可燃气体的爆炸；

④反应失控或其他工艺反常所造成的压力容器爆炸；

⑤不稳定的固体或液体爆炸。

对火灾、爆炸的工程防治措施及应急措施见表9-4-2。

表9-4-2 火灾、爆炸的工程防治措施及应急措施

	工程防治措施	应急措施
燃料管理	（1）根据各种油品性能加以安全控制； （2）采用通风等方法，去除油品蒸气； （3）加强检测，将油品蒸气控制在爆炸下限之内	（1）采取紧急工程措施防止火灾扩大； （2）报告上级管理部门，并向消防系统报警，消防救火； （3）紧急疏散附近人群，紧急救护伤员
火源管理	（1）防止摩擦、撞击等机械引火源； （2）控制高温物体着火源、化学及电气着火源	
防爆	（1）油罐顶设安全膜等防爆装置； （2）设置防爆检测和报警系统	
抗静电	（1）油罐设备接地要良好，要设永久性接地装置，油罐内禁止安装金属突出物； （2）燃料中添加抗静电剂，增加其导电性； （3）油罐进出油时要限制流速，禁止使用空气搅拌，要采用惰性气体，禁止在静电时间进行检查作业； （4）作业人员要穿戴抗静电工作服和导电性能好的工作鞋	
安全自动管理	运用计算机技术，进行油品储运、装卸作业等的自动监测和控制	

二、人工岛应急与安全生产设施

在 CH1-1 人工岛和 CH2-2 人工岛建设中，都采用了桶基防波堤和消防储水罐组合结构。

东南侧防波堤和消防储水罐如采用传统的斜坡式防波堤结构，则抛石量和断面宽度过大，将影响南侧船舶临时停靠点的有效使用长度；如采用桩基防波堤结构，不仅工程量大，而且需开挖航道和港池以满足打桩船进入和施工的要求。同时，打桩施工对海洋环境有较大干扰，并易对周边软土地基形成扰动，致使土体承载力下降，对已建工程结构的稳定性造成影响。

为此，在设计中防波堤创新性采用了桶形基础结构，解决了上述问题，并可与南侧围堰的桶形基础结构有效连接，避免了因基础结构不同而可能出现的不均匀沉降。

依据开发方案，需要在岛内建两座 $600m^3$ 储水罐，以保证 $1200m^3$ 消防用水要求。为节约人工岛使用面积，在东侧防波堤桶形基础上浇筑钢筋混凝土桶形罐体，兼作防浪墙体

和消防储水罐。一般情况下，可就地取海水作消防水源以满足消防需要[6-7]。

桶形基础是一种成熟的新型浅基础技术，在水下负压桩和桶形基础导管架平台上均有应用，但用于人工岛岛体结构仍属创新。

（一）岛上消防取水井

人工岛位于浅水水域，冬季易发生冰冻，从海中取水受到影响。为保障冰期消防需要，除设置消防储水罐外，在人工岛上创新性设置了消防取水井。

消防取水井结构由集水井和两侧布置的集水箱涵组成。集水井结构为预制混凝土箱体结构，其底板上预埋有型钢架，用于支撑消防水泵。

消防取水井的水源是海水。在正常潮位下，潮水可以通过围埝堤的抛石体孔隙进入集水井中，水源充足；在极端低潮位时，则利用围埝抛石体中的孔隙存留水作为水源。

在CH1-1人工岛建设经验的基础上，对集水井技术进一步加以完善，在CH2-2人工岛建设时，于南侧围埝东、西两端各设置了一个消防取水集水井（图9-4-1）。

集水井结构的预制混凝土箱体结构边长4.0m，壁厚0.40m，底板厚0.6m。在底板上1.0m高度的侧壁四周设有透水孔，透水孔宽0.2m，中心间距0.6m。

集水井结构为预制件，安放于抛石基床上。施工时现场开挖土坑，先将集水井结构安装处的泥面开挖至−6.0m高程，然后铺设1.0m厚的中粗砂垫层，打入塑料排水板，在砂垫层顶面铺设2层土工布后，再铺设1.0m厚的二片石，平整后，在其上安放预制的集水井结构。

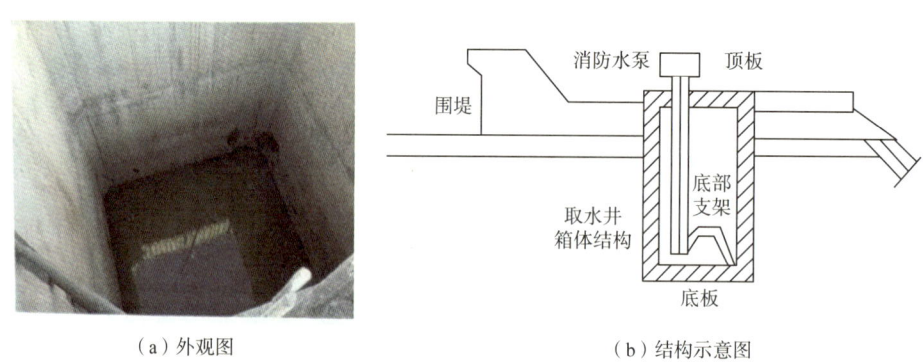

（a）外观图　　　　　　　　　　（b）结构示意图

图9-4-1　岛上的消防取水井

预制好的构件在现场安装后，上部浇筑混凝土接高，抛填集水箱涵顶部块石及集水井周围堤心石至设计标高。最后，浇筑混凝土顶板，在集水井结构的底板预埋支架上装消防水泵，确保在极端低水位时满足1200m³/6h连续供水要求。

（二）船舶应急停靠点

为确保安全和紧急逃生需要，人工岛须设船舶应急停靠点。

CH1-1人工岛船舶应急停靠点采用桶形基础结构和"H"形空心方块建造，CH2-2人工岛也选用相同的结构。

船舶应急停靠点采用了两组钢箱桶基结构，南北长46.3m，东西宽22.8m，顶面高程+3.5m，南侧和西南侧墙供船舶停靠。南侧围埝及应急停靠点结构断面及工程全貌如图9-4-2所示。在其西北侧墙上，预埋海底管线上岸构件。

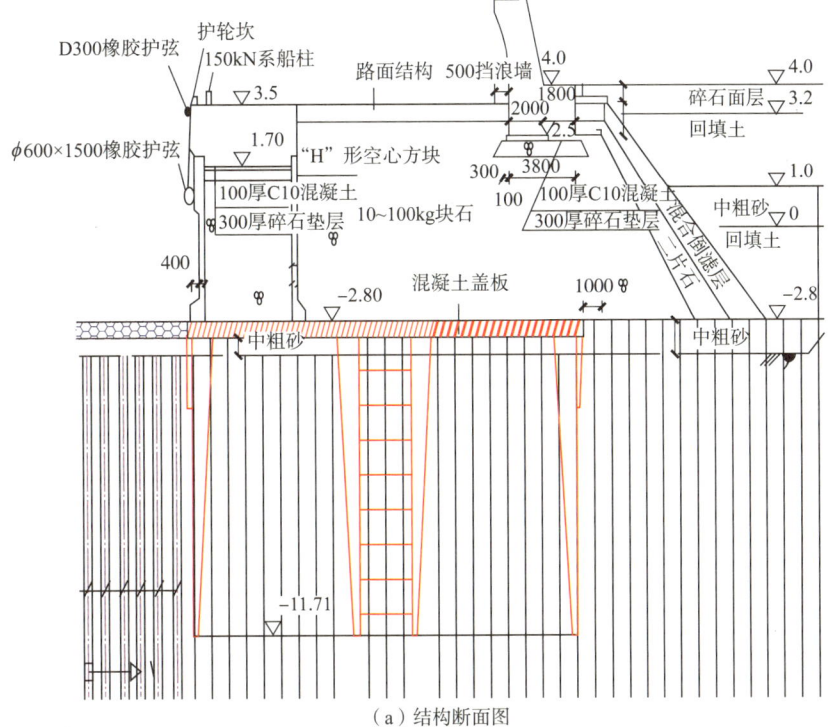

(b) 工程全貌

图 9-4-2　CH2-2 人工岛船舶应急停靠点及南侧围埝

桶形基础结构由 4 个下部开口和带顶盖板的钢质圆桶体成矩形排列构成，顶板和桶体间通过侧板连接并组成基础结构。基础圆桶直径 9.0m，高 8.5m，桶体上部 3m 段的壁厚为 12mm，下部 5.5m 段的壁厚为 10mm，桶壁内外均设有竖向肋板，通过两侧带肋梁的钢板连接。每组钢圆桶上所形成的基础结构长、宽均为 22.8m，相邻结构的安放间距为 1.5m，在该间距内插入混凝土挡板。

在箱桶形基础上方安放"H"形混凝土空心方块，空心方块内填 10~50kg 的块石，上部现场浇筑 1.0m 厚的混凝土盖板，后侧回填块石并在内侧设混合倒滤层（图 9-4-3）。待沉降基本稳定后，在箱桶形基础结构上方后侧的抛石棱体上浇筑混凝土挡浪墙。挡浪墙顶标高 +6.5m，在挡浪墙前的抛石棱体上浇筑宽 18.2m 的顶面面层，并完成船舶应急停靠点及南侧围埝结构。

（a）"H"形空心构件　　　　　（b）现场安装填石

图 9-4-3　人工岛船舶应急停靠点建造

（三）地面生产装置和设备的高效化和一体化

选用高效和一体化的地面生产装置与设备可以简化生产系统、提高系统效率、节省占用空间，是海洋油田开发地面生产系统集约化设计的基本原则之一。在 CH1-1 人工岛设计中，选用了高效三相分离器及一体式污水处理系统等，收到良好效果。

污水处理工艺中采用的一体式含油污水处理装置集斜板除油、核桃壳改造和改性纤维球过滤于一体，自带 PLC 自控系统和自动反冲洗装置，自动化程度高，结构紧凑，适合于滩海油田海上生产需要。

该污水处理系统中另一项优化措施是，经一体式污水处理装置处理后的净化水直接进入柱塞泵的进口，取消注水泵前的喂水泵，简化了流程，提高了效率（图 9-4-4）。

（a）一体式含油污水处理装置

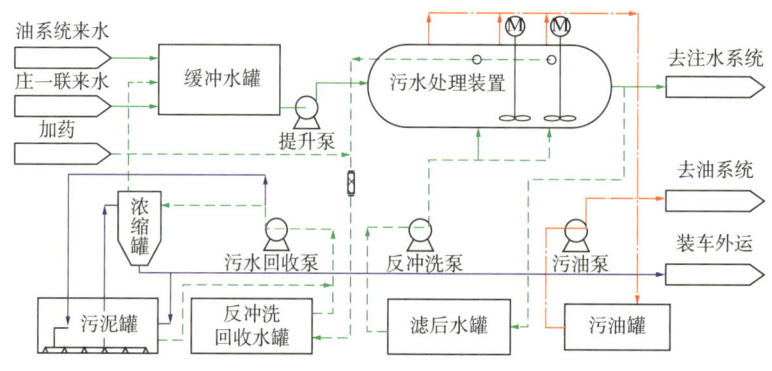

（b）污水处理工艺流程

图 9-4-4　一体式含油污水处理装置和污水处理工艺流程

(四)人工岛地面生产装置和设备的模块化、橇装化

模块化、橇装化装置和设备具有结构紧凑,占地面积小,现场安装方便,易于搬迁维护,以及可实现工厂预制,现场安装调试工作量显著减少等特点,CH1-1人工岛地面生产系统中的三相分离器、三相计量装置、污水处理装置、热媒炉,以及厢式配电室等大型设备,均采用模块化、橇装化结构,使得整个地面生产系统的生产、运行和维护更为便利,同时显著缩短了建设周期(图9-4-5)。

图9-4-5 人工岛地面生产装置和设备模块化和橇装化的生产设施

(五)装置和设备立体化布置

人工岛的面积有限,为满足地面生产系统布置需要,并同时为滚动开发预留必要的地面生产系统扩展空间,需要对岛上生产面积加以精细规划和高效利用。

CH1-1人工岛在地面生产设施模块化和橇装化的基础上,对岛上地面生产系统采取了立体化的双层布置方案,显著节约了占地面积(图9-4-6)。

图9-4-6 CH1-1人工岛生产设施和生产装置的立体布置

(六)消防泵的安置

消防泵的数量应根据人工岛的类别和用途及保护区域大小综合确定。消防泵应设备用泵,宜采用与主消防水泵不同的动力驱动(用电或柴油)。

消防泵最小排量应小于11.4L/s。用两支直径19mm的水枪喷水时,其消火栓的出口压

力不应低于 0.35MPa。若安装泡沫系统，消防泵出口压力不应低于 0.7MPa。

消防泵的排量应能满足消防防护区中的任何一个防护区一次火灾所需的 100% 的水量并随时可投入使用；消防泵应安装在受火灾损坏可能性最小的地方，宜远离外部的燃料源或火源；消防泵应设手动或自动及远控启动装置，与相连的进出口管线应设远控阀门；采用海水或类似介质作为消防水源时，消防和所有附件应采用抗海水腐蚀的材料。

消防水管网应布置成环状，并应避开危险区域。消防水管应装设隔离，其设置应能保证管的任何部位发生机械损坏时，管网仍能正常输水，两个隔离阀之间的消火栓数量不应多于 5 个。管道及附件材料应考虑抗腐蚀性、耐火能力、使用寿命，与系统中其他部件的兼容性等因素。

消火栓及消防水龙带应选择在安全方便的地点设置。消火栓的布置应确保任一处所发生火灾，保证有两个消火栓的水枪同时到达。每一消火栓应配两条长度不大于 25m 的消防水龙带和一支分水器。消防水龙带应选用耐油、耐化学变质发霉和腐烂并能暴露在海洋环境下的材料。

每条消防水龙带应根据不同场所，配备一支喷水、喷雾两用的标准口径为 $\phi 13mm$、$\phi 16mm$ 或 $\phi 19mm$ 的消防水枪，生活楼采用 $\phi 13mm$ 消防水枪，石油生产、处理工艺区等露天场所使用较大口径的消防水枪。消防水枪和消防水龙带应共同存放在同一部位的专用箱内，该专用箱应设置在消防栓旁 3m 以内。

（七）救生装置

至少应设有两个尽可能远离的便于到达露天和救生装置处的逃生通道。但在考虑到有关场所的性质和部位，以及经常居住或工作的人数后，经发证检验机构同意，可免除其中一个逃生通道；应以钢质或混凝梯道作为逃生通道；每个逃生通道应便于通过并且没有障碍，沿通道的所有出口门应易于开启；逃生通道应设有供白天和夜晚能够识别的明显指示标志；逃生通道上和登乘地点（如救生艇筏存放处、直升机甲板）都应有足够的照明和应急照明；升降机不应作为逃生措施；在钻井区和油（气）生产区失火情况下，应有一个免于受到火的热辐射危害且易于到达救生装置处的逃生通道；应编制逃生路线图，注明逃生路线及救生、逃生器材所在位置，并张贴在明显的地方，便于井场的每个作业人员熟识。

人工岛逃生及救生装置包括救生艇、救助艇、救生筏、救生圈、救生衣、抛绳设备、救生索和救生软梯、两栖救生设备等。

逃生和救生装置的选用应适应人工岛所处海域的环境条件，并满足作业人员逃生和救生的需要，救生装置的技术要求应符合 SY 5747—2008《浅（滩）海钢质固定平台安全规则》中的规定。

根据人工岛所在水域的自然环境条件及人员驻守情况，确定逃生及救生装置的种类和数量：

（1）起居处内按定员人数 100% 配备救生衣。

（2）紧急集合点按生产区域实际在岗工作人数 100% 配备救生衣。

（3）寒冷地区的平台应按额定作业人员 100% 配备保温救生服。

应配备 12 个符合 GB/T 31072—2014《科技平台 统一身份认证》要求的红光降落伞信号、2 支符合 GB/T 31078—2014《低温仓储作业规范》要求的橙色烟雾信号；岛上应设置能容纳人工岛总人数的紧急避难所；紧急避难房的设计应符合 SY/T 6634—2022《滩海陆岸石油作业 安全规程》的规定；紧急避难所内储存的食物和饮水应满足岛上全部人员 5d 的需要。

第五节　环境保护

环境保护是我国的一项基本国策。保护环境、防治污染，对于保障人体健康、促进我国的现代化建设、实现可持续发展有着非常重要的意义。钻井、完井是油气田勘探开发过程中的重要环节，在石油工业中有着非常重要的地位。然而，在钻井、完井过程中不可避免地会产生各种废物和噪声等，如果管理、处置不当，则将对环境造成污染和危害。国内外在钻井、完井的环境保护方面进行了大量的研究和实践，取得了许多卓有成效的成果。近年来的实践证明，清洁钻井、完井作业是可以逐步实现的。由于滩海地区的自然环境比较特殊，钻井、完井过程中的环境保护问题涉及很广，本章简要介绍海油陆采钻井完井过程中环境保护的基本知识。

一、滩海地区施工对环境的影响

滩海地区施工包括钻井、测井、井下作业等，在这些具体的开发生产活动中，不同工艺和不同开发阶段，其排放的污染物及构成的环境污染源是不同的。

（1）钻井阶段的污染源主要来自钻井设备和钻井施工现场。钻井过程中不仅会产生废气、废水，还会产生废渣和噪声。废气主要来自大功率柴油机排放的废气和烟尘；废水主要由柴油机冷却水、废钻井液、洗井液及井场生活污水所组成；废渣主要有钻井岩屑、废弃钻井液及钻井污水处理后的污泥。

（2）测井过程中，由于有时使用放射性辐射源和放射性核素，因此，其污染源主要是放射性三废物质，以及因操作不慎而溅、洒、滴入外环境的活化液、挥发进入空气中的放射性气体、被污染的井管和工具等。

（3）井下作业过程中，由于其工艺复杂、施工类型多，故其形成的污染源也较为复杂。在酸化施工中，酸化液与硫化物积垢作用后可产生有毒气体 H_2S，造成大气污染；酸化排出的污水中含有各种酸液或酸液添加剂等。在注水和洗井施工中，会产生洗井污水；注水泵组会产生较强的噪声。

在石油勘探开发全过程中，由于各环节工作内容多、工序差别大、施工情况多样、设备配置不同，所形成的污染源类型和源强也不同，而其中最主要的污染源是在钻井过程、井下作业过程和原油集输储运中形成的。从图 9-5-1 滩海勘探开发主要污染源构成图可以看出，滩海勘探开发污染源主要可分为六大类：污油、污水类；钻井液类；施工作业类；有毒有害气体类；事故类；生活垃圾类。

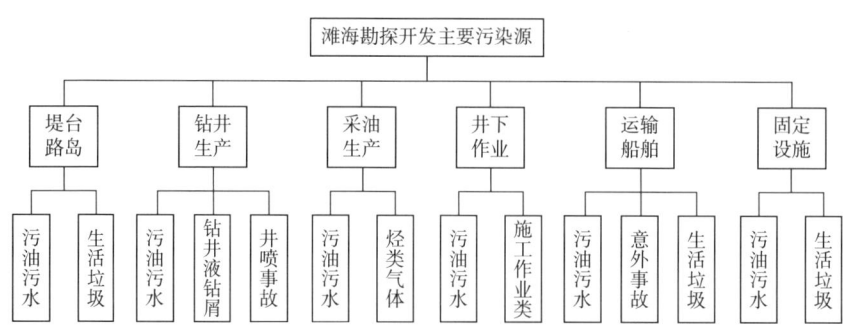

图 9-5-1 滩海勘探开发主要污染源构成图

污染物进入海洋环境后,对附近海域水质、底质及海洋生态产生影响,海洋中生物种类繁多,生态结构复杂,水体遭污染后海洋中的浮游植物、浮游生物、小型底栖动物、潮间带生物及各种海洋鱼类都会受到影响。

二、滩海地区环境污染治理技术基本要求

石油进入海洋后,会发生极其复杂的物理、化学及生物过程。通过海面分散、运移、蒸发、溶解、光分解、生物降解、乳化、悬浮物的吸附和沉积等过程,可以减轻一些污染程度。但这一过程很慢,并且一些残留物仍一时无法消除,所以,必须加强对海洋污染的防治。

首先,应对滩海钻井、试油、采油等工作人员加强环保法规教育,提高环保意识和环保守法自觉性。

在滩海钻井阶段,人工岛上要进行环保检查,符合环保要求才能开钻;混油钻井液要回收;钻井废水要循环利用。

试油阶段,环保工作要层层把关,专人负责,严格按海上特殊规定执行。试油管线要试压,防止刺漏;井口要焊接油漏斗,使起下油管时带出的原油通过漏斗返回井筒;防止井喷;应在井口安装防喷盒,以免造成水体污染;经分离的天然气,要在放空口充分燃烧,严禁直接外排;试油驳船与原油运输船的管线连接要严防跑、冒、滴、漏现象。

人工岛上所产生的各类生产、生活固体废弃物要运回陆地处理,不可直接抛入大海。

如果发生了溢油事故,首先应采取措施限制扩散,并抓紧时间回收浮油,通常使用的设备是污油泵和撇油器,通过动力系统将浮油抽进舱内等待处理。回收了大量浮油后,海面原油污染大大减轻,但仍有少量原油残留污染区,为了彻底清除污染,可使用化学分散剂把剩余原油消除,直至海面无油。这样就可以彻底有效地清除海面余油,收到治理污染、保护环境的效果。

三、环境管理措施及要求

加强钻井、完井过程中的环境管理,使工程产生的环境影响控制在可接受的范围内,并严格控制新的污染,加强工程的环境管理与监督,以保证工程在整个阶段的各项工作都受到有效的环境管理和环境监控。

(一)管理措施

(1)环境保护管理制度。

钻井、完井工程项目管理部门应对施工期间的污染源进行调查,弄清和掌握污染状况,建立污染源档案,定期开展环境监测;编制环境保护的规划和计划,纳入施工生产中;制定符合环保要求并便于考核的污染物排放指标、环境设施运转指标,进行考核;加大对环保的投入、对污染源的治理,从资金上给予保证;加强环保管理,采用防治污染的新工艺、新技术、新设备;加强环境检测工作,对污染物的排放要定期进行检测,以控制污染物的达标排放;经常检查环境保护工作,开展环保教育和技术培训,推动环境保护工作。

(2)环境保护管理机构。

建设方应设专人负责施工作业 HSE 的贯彻执行,其主要职责在于监督承包商履行承包合同,监督施工作业进程,制定施工作业的环境保护规定。根据施工作业合同中有关环保要求和各作业特点,分别制定各项环保措施。如在施工线路的踏勘与清理中,要求在保证安全和顺利施工的情况下,尽量限制作业带的宽度,减少对土地的征用。挖掘出的土石方堆放要选择合适场所,不能堵塞自然排水沟,并修筑必要的挡拦设施以防止水土流失。在车辆运输中,要事先确定路线,防止车辆油料及物料装运的泄漏等。

(3)环境保护责任制度。

建设方对项目施工环保、水土保持工作负责任,其职责在于监督检查各部门环保工作措施的落实情况,检查环保措施是否有效、全面,是否存在隐患,并进行宏观控制。各相关部门负责制定具体的施工保护措施、工作制度,并检查各施工队的执行情况,及时上报环保工作动态和指导下级部门的工作。各施工队环保负责人负责执行各项环保措施的落实工作,检查环保工作是否到位,效果是否满足措施需求。

(4)环境保护检查制度。

环境保护工作的检查由建设方牵头,由工程技术部、物资设备部、工地实验室等人员共同实施。要明确检查内容、检查方法、检查周期频次及检查人员。检查要有记录,有总结,有污染物超标排放的限制整改措施和跟踪整改报告。

(5)环境保护工作的奖惩制度。

工程开工前,各专业施工队同项目管理部门签订环保合同,建议向项目管理部门缴纳环境保护保证金,作为施工环保、水土保持措施落实到位的保证金,通过每月的环保工作检查,对其保证金按合同要求进行奖惩。

(6)环境监督和审查制度。

①施工全过程的监督。

施工过程中应经常对施工单位及施工状况进行监督核查,保证所制定的环保规划的实施和对潜在问题的预防,评估环境保护计划实施的效果。

②环境保护审查。

在施工完成后,提出施工中的环境影响报告,对工程进行环境保护审查。

③施工期开展环境工程现场监督建议。

在钻井过程中,环境保护工作的监督工作可由 HSE 人员兼职,确保环保措施得到全面具体、合理有效的落实。

（7）应急管理计划和培训。

制订切实有效的应急管理计划和方案，并进行宣传和培训，主要包括以下几个方面：应急情况分类；紧急情况报告程序、联系人员和联系方法；现场应急报警程序；火灾及爆炸应急程序；油料、燃料及其他有毒物质泄漏应急措施；井漏、井涌、井喷应急措施；放射性物质危害应急措施；现场急救医疗措施；恶劣天气应急程序；其他应急措施和程序。

主要的培训有：国家和当地政府的健康、安全与环境方面的法律、法规；作业者的健康、安全与环境方针、规定和要求；健康、安全与环境管理委员会的规定和实施方案；健康、安全与环境管理小组实施计划；人员急救、自救和人身保护；设备、工具和仪器操作使用；水、电、通信设备设施安全使用规定；油料、化学药品及其他有害物质安全处理方法；井控及防硫化氢知识；应急程序及演练；健康、安全与环境预防措施及记录和汇报程序；其他需要的培训内容。

（二）环境管理要求

（1）工程承包。

在施工承包合同中，应该包括有关环境保护条款，如生态保护措施、水土保持措施、施工设备排放的废气及噪声控制措施和环境保护目标、环境监测和监控措施、环保专项资金的落实等。

（2）环境保护工作计划。

①在施工前制定环境保护规划。

收集施工地区现有的自然生态环境、社会环境状况，以及当地政府有关环境保护的法规等，作为制定规划的依据。

②进行环境保护培训。

在施工前需对全体员工进行环境保护知识和环保意识培训，并结合施工计划提出具体的环保措施。环境保护培训必须在钻井准备阶段完成，并在钻井期间通过监督辅导、补修、例行会议等多种形式继续进行。

环境保护培训包括但不限于以下内容：所在国、地方政府的环境保护方面的法律、法规、政策、标准和规定及对作业者的要求；实施环境保护规章制度及环境保护工作计划；了解附近土地和水域利用情况，熟悉当地文化背景及保护区域；减少、收集和处理废弃物的方法；危险品、燃油、机油、钻井材料、设备的管理和存放。

③紧急情况处理计划。

紧急情况处理计划中要考虑施工中可能出现的紧急情况，并明确处理紧急情况的协调及提交相关的恢复措施报告。

④施工结束后的恢复计划。

施工前必须制订恢复计划，主要包括：收集所有的施工材料废弃物和生活废弃物，填实污水坑并用土压实，尽量恢复工区内的自然排水通道，营地拆除后不留废弃物品，并对现场作业环境和营地环境恢复情况进行回访等。

（3）钻前工程。

钻前工程的环境管理要求为：在修建通往井场的公路时，避免堵塞和填充任何自然排水通道；井场应设污水处理系统，包括污水沟、污水池和污水处理设备。污水沟和污水池应进行防渗漏垮塌处理。

（4）设备器材搬迁。

设备器材搬迁的环境管理要求是：利用现有公路、小路，执行"无捷径"原则；制订合适的工作计划和车辆加油计划，减少沿线行驶的次数和油料泄漏机会，定期检查所有车辆的泄漏情况，被污染的土壤要清除，并进行适当处理，不要向车外乱扔废弃物；在靠近水域行驶时，应注意减少对水生生物的危害，低速行驶以减少对岸边侵蚀并防止燃油泄漏；过河时，必须注意不要造成自然环境的永久性破坏，不增加水中沉积物，不堵塞鱼类回游通道，不破坏岸边植被，不改变河道或水流量。

（5）钻井、完井施工。

钻井、完井施工期间的环境管理要求为：钻井材料和油料要集中管理，减少散失或漏失，对被污染的土壤应及时妥善处理；减少或避免钻井液对地下水的污染；钻屑、废弃钻井液应分开处理，在处理过程中产生的污水应排入污水处理系统；钻井施工过程中产生的污水应进行处理和利用，需要外排的污水应达到排放标准；防止井喷、油料泄漏、污水池垮塌，避免发生污染事故；采取措施，减轻噪声污染。

（6）施工完成。

钻井、完井施工完成后的环境管理要求为：施工完成后，做到井场整洁、无杂物；剩余污水、污泥应妥善处理。

（7）环境管理报告。

环境管理报告是对钻井、完井施工全过程环境保护措施进行评估，应包括但不限于以下内容：环境保护计划完成情况；污染防治设施运行情况；固体废物处理情况；井场和营地清理情况；环境影响程度；存在的问题及解决措施。

（三）大港油田滩海人工岛防污染系统

（1）生活污水处理系统。

使用ST-10型生活污水处理装置。该装置由曝气室、沉淀室、消毒室（氯化接触室）、空气压缩机、排放泵、控制箱、供氧器及其他附件等组成。所有设备组装在一起成为一个整体（图9-5-2）。

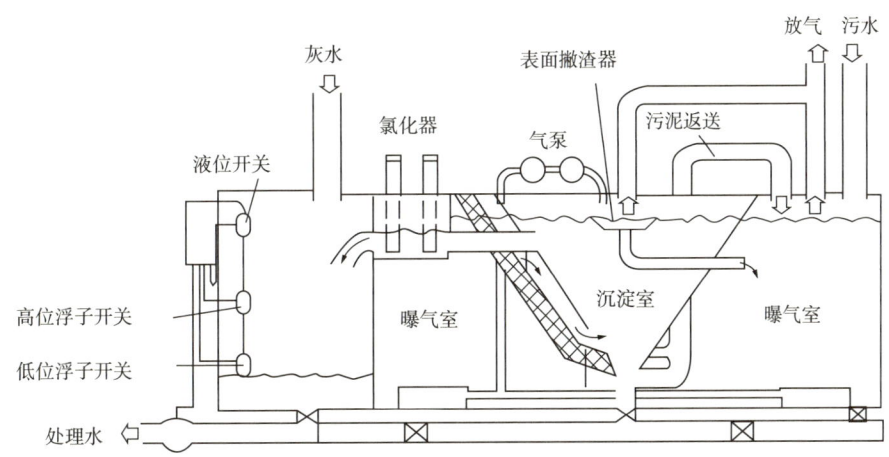

图9-5-2　ST-10型生活污水处理流程图

该装置采用两级生化法处理生活污水，即利用污水中的好氧菌吸附污水中的有机物及空气中的氧，经生化反应后，一部分生成二氧化碳和水，另一部分成为活性污泥继续进行生物降解污水中的有机物。利用这种方法处理生活污水，能有效地除去污水中溶解的和不溶解的有机物，并能减少污泥量。生活污水处理流程为：污水首先进入曝气室，在此室内，由空气压缩机提供的空气通过空气扩散元件均匀地散布在污水中。活性污泥吸收空气中的氧气进行有机物的降解，由此产生的絮状物随同污水经过滤网一起进入沉淀室沉淀，澄清水经氯化器进入消毒室杀菌。当消毒室（氯化接触室）内的澄清水达到高液位时，排放泵便自动工作，将处理水排放至舷外。当消毒室内澄清水降至低液位时，排放泵便自动停止工作。沉淀室内的污泥及浮渣通过污泥返送装置返回曝气室，进入下一次处理流程。如此循环，使污水处理连续进行。一般经过 2~3 个月可将沉淀污泥一次排入公海或陆上接收设备，然后送至焚烧炉焚烧。其处理能力（指人数）为 100~105，处理水的主要技术参数见表 9-5-1。

表 9-5-1 生活污水处理主要技术参数

生化需氧量（BOD_5）	<50mg/L
悬浮固体（SS）	<50mg/L
大肠菌群	<200 个/100mL
电源	380V 50Hz 或 440V 60Hz
消毒药剂耗量	0.25kg/d

（2）含油污水处理装置。

使用 CYF-5B 型船用舱底油污水分离系统。该装置由油水分离器、专用泵、电气控制箱及其他附件组成。其主要技术参数见表 9-5-2。

含油污水包括：机房污水、井口槽含油污水、含有油的排放污水、甲板冲洗水、雨水、雪水等。

表 9-5-2 含油污水处理技术参数

处理能力	5.0m³/h
排放标准	<15mg/L
工作压力	<0.25MPa
专用泵	电动往复泵，电动机功率 1.1kW
电控箱电源	AC 380V 50Hz
排油控制方式	自动和手动
集油室加热方式	电加热或蒸汽加热

参考文献

[1] 李新福，郭焯民，蒋宗达. 滩海油田海油陆采安全环保体系研究与探讨 [J]. 科技创新导报，2008（35）：49-50.

[2] 兰新阳.安全控制系统可靠性分析与设计[J].中国海上油气（工程），2001，13（1）：57-60.
[3] 焦志斌，冯京海，史贤志，等.滩海人工岛工程安全监测预警模式[J].中国港湾建设，2012（4）：10-12.
[4] 程丙方，刘传清，袭润祥，等.渤海湾滩浅海石油勘探井控安全技术[J].石油工程建设，2021，47（S2）：202-205.
[5] 曹德国，聂炳林.油井安全控制技术在埕岛浅海油田的应用[J].中国海洋平台，2022，17（4）：29-32.
[6] 覃亚.井控安全管理保障措施[J].化工设计通讯，2019，45（7）：269-270.
[7] 王伟，吕西民，杨波，等.井控安全管理保障具体措施分析[J].石化技术，2016，23（7）：248.

第十章 技术展望

随着超高压输变电和交流变频技术等逐渐成熟，以及以物联网、大数据、云计算和人工智能的有力支撑，钻完井技术与装备正在朝着电动化、自动化、数字化和智能化方向快速发展。而随着滩海地区勘探开发对钻完井工程要求的不断提高，先进的装备和技术必将在海油陆采中率先应用。

第一节 滩海地区钻井装备

海油陆采作业与常规陆采和海洋钻井的主要区别体现在人工岛平台的建立和特殊钻井设备的应用。而推动海油陆采技术的进步与革新，离不开对海油陆采的钻井设备进行升级和突破。本节从钻机、控压装备、导向装备出发，对滩海地区钻井技术装备近期发展进行展望，为滩海地区实现降本增效、高效开发提供新思路。

一、钻 机

目前钻机存在新度系数低，大钻机不足，电动化、自动化、数字化、智能化程度低，适用性不强，可靠性不高，能耗高，效率差等问题[1]。随着人工岛长水平段水平井的大幅增加，近期钻机性能的变化主要体现在四个方面：

（1）鉴于以电动机加变频器为主的变频技术已经很好地满足了各种钻井工况的需要，转盘、绞车和钻井泵都将实现交流变频电动机直接驱动。

（2）二层台配备机械手，实现自动排管，无人操作；钻台配备铁钻工、自动卡瓦、自动吊卡和自动扶手，实现无内外钳工操作；借鉴海洋深水钻机的经验，钻机在钻进时可以接卸钻具、配立柱，从而提高钻井工作效率；场地配备自动猫道、多功能机具，减少人拉肩扛情况；井场控制系统更加集成、简单，液控和气控逐步向电控转变；顶驱和控压钻井装备成为深井钻机标配，除专用设备外，其他设备与钻机配套装备实现共用；不断适应工厂化钻井需要，提高钻机运移性，实现配套设施易拆装，并且井架底座、井控系统、钻井液循环系统、井场钻具系统在轻量化、橇装化、可移动性和软连接等方面不断改进。

（3）为确保安全，大钻机司钻房内配备两个控制台，正副司钻分工协作；司钻控制台能够监控和操作井场上的绝大部分设备（动力、提升、旋转、循环、固控、井控等系统），并根据工况优化使用设备，从而实现节能减排；配套司钻导航仪，根据井下情况和二线远程指令进行决策和操控，同时通过输入数据进行更多操作。

（4）绞车实现低位安装，自动识别，自动刹车，自动送钻；在无人干预下自动钻进、循环、起下钻；自动测量钻井液参数，并根据要求自动加重或配液；将钻井液固控系统配套负压振动筛和可调速离心机，简化为两级净化即可满足工程需要；井控系统快速感知和预警，实现操作可视化、自动化、智能化。

二、控压装备

在环渤海滩海地区，面临的技术挑战包括降低钻井成本和减少窄密度窗口风险。这些挑战可以通过使用控压钻井技术来解决，该技术已成为深井钻机的重要配套装备。控压钻井技术的使用减少了技术套管层次，有效降低了钻井成本。中国石油集团研制的精细控压钻井系统（pressure control drilling system，PCDS），集恒定井底压力控制与微流量控制于一体，可实现欠平衡、近平衡、过平衡精细控压钻井，能满足多种复杂地质条件与工程需求[2]。

为了提高效率、降低成本，将回压泵与钻井泵系统进行整合，形成一个合并的、高效的系统。控压过程中的高压管汇与节流管汇也被合并，形成共享机制，进一步提升操作效率。此外，为了提高钻井的准确性和安全性，结合井口实测的钻井液密度和井下 PWD 随钻测量，使得井下 ECD（当量循环密度）与地层压力系数的吻合度得到提高。这一举措将有助于提高井漏井喷的预测精准度，进一步降低了风险。

三、导向装备

旋转导向技术需立足当前，努力解决当前突出问题，实现工具规格化、系列化，满足 4~17$\frac{1}{2}$in 井眼需要；提升工具稳定性、耐温性、可靠性；增加工具行程钻速和进尺。旋转导向技术变成一项常用技术代替弯马达滑动导向技术，被广泛应用在滩海大位移定向井上，大幅提质、提速、提产、提效。

着眼长远，需要攻关指向式旋转导向工具、测量控制方式、随钻测量和测井系列、双向通信传输技术、井下动力源驱动方式和满足工程地质需求的软件，推进国产旋转导向系统向多参数、高性能、多功能、易操作、集成化、数字化、可视化、智能化和井下智能闭环方向发展[3-4]。

在不远的将来将实现如下目标：钻头在随钻测量（MWD）、随钻测井（LWD）的控制下按照设计轨道钻进，同时根据实测参数，随时调整井眼轨迹，以保证最高的油气层钻遇率，整个操作实现实时闭环。MWD、LWD 参数也越来越多，LWD 不仅可以探测井眼周围地层，还可以探测钻头前方地层，并快速随时上传、处理和下传指令，真正实现"钻头油气智能导航"。

第二节　钻井信息数字化与智能化钻井技术

在物联网、大数据、云计算时代，"万物互联"，大数据共享。工程装备与工程技术高度融合的一体化软件是急需的重点，也是攻关开发的难点[5-6]。目前导向钻具、测试工具和作业控制都日趋智能化，监控系统正由单一工具的智能化向整套系统智能化的方向发展。

一、钻井信息数字化

钻井过程是一个工具的位置、状态，流体的水力参数、地层特征参数的实时测试、传输、分析和控制指令的反馈、执行、再修正的过程。随着钻井信息技术日益数字化，钻井过程逐步由人为的经验性监控转变为数字化的确定性监控。目前所使用的三维成像技术就是钻井信息数字化的一个典型例证。

国际互联网和区域网络的互联，实现了井场数据与后方钻井、地质、油藏及管理部门间的双向通信，从而在钻井过程中及时获得后方的技术指导与支持，进一步实现准确、优质、高效、安全钻井。

（一）数字化钻井系统的信息资源

钻井信息资源广义上是指在钻井过程中，与钻井工程有关的（地面或地下的）物理参数、图像和声信等数据的集成，包括钻井参数、地质数据、生产运行和管理数据等。

这些参数作为钻井工程主要的信息资源，一方面反映了钻井的目前工作状态，另一方面反映了钻井的过程状态。例如钻井泵的信息资源，反映了钻井泵属性的参数，包括钻井泵的冲次、泵压力、吸入流量、排出流量、轴承温度和机油温度等。数字化钻井系统信息资源的元参数是指各类钻井参数、地质数据、生产运行和管理数据等，并且种类和数量较多，获取、集成、管理和应用这些信息资源是钻井信息资源应用系统设计需要解决的问题。因而，钻井信息资源应用系统设计可遵循以下思路：

（1）数字化钻井系统由若干单元模块组成，元参数来自单元模块，因而在进行单元模块的设计时应采用机电一体化技术，将元参数的获取作为数字信息组件模块进行设计，设计出数字信息组件模块参数输出的标准接口，并作为数字化钻井系统钻井信息资源集成的一个网节点。

（2）以现场设备信息模块参数输出作为数字化钻井系统钻井信息资源集成的一个网节点，采用工业控制局域网组网技术，建立数字化钻井系统钻井信息资源局域网，实现钻井信息资源集成。

（3）采用网络互联技术，将钻井信息资源局域网与企业网和 Internet 网互联，实现钻井信息资源的传送和共享。

（4）建立钻井信息资源数据库，涉及钻井工程、固井工程、完井工程和钻井生产的工程应用软件、钻井知识和专家决策应用软件、优化钻井技术应用软件、井场操作与管理软件等，提高钻井信息资源的利用。

（二）现场设备信息模块

（1）信息模块划分。

如果将成套全自动化钻机作为一个系统，则可将系统划分为循环、起升、旋转、传动、电气、信息等子系统模块。钻机八大件是子系统下的单元模块，如钻井泵，泵头、泵体、空气包等则属于钻井泵的组件模块，提供钻井泵钻井参数属性的硬件则是钻井泵的组件模块，也称数字信息组件模块或现场设备信息模块。需要清楚划分系统各层次的模块，对模块功能和接口进行明确定义，才能实现模块化全自动钻机开发研究与设计，开发设计出可靠实用的现场设备信息模块。钻井参数是主要的钻井信息资源，来自反映现场设备组件模块属性的对应数字信息组件模块，因此，可将由钻井参数确定的现场设备信息模块按图10-2-1进行划分。

从图10-2-1中可以看出，钻井参数最终指的是代表现场设备信息模块的各项参数。设备信息模块的设计目的就是获取、集成、管理由这些元参数生成的各类钻井工程数据，从而为优化钻井所利用。

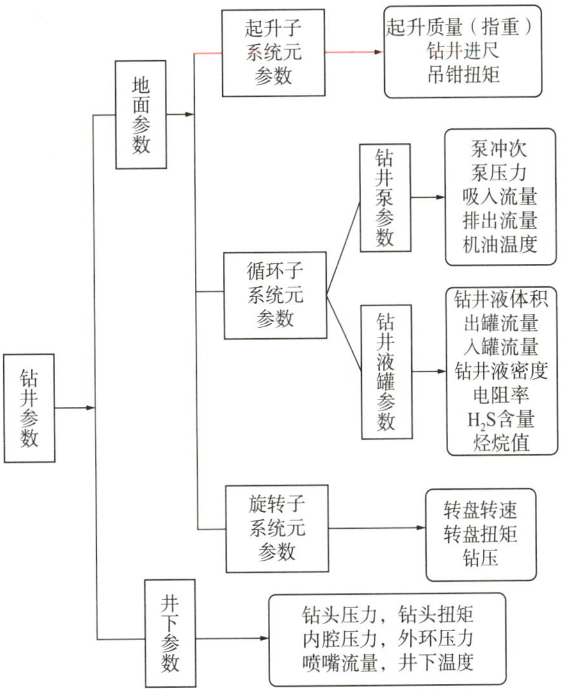

图10-2-1 现场设备信息模块规划

（2）信息模块设计准则。

①模块划分应确保模块间相互作用最小，模块功能独立性最大。

②在决定模块组件时，应使模块所含的构件（零件、子模块）针对某种功能达到最佳，而不是提供多种、分散的功能。

③恰当确定模块数量和大小，既要考虑功能、重量、尺寸，也要考虑通用化、系列化和互换性，在电气和机械上切实可行。

④模块间机械和电气接口简单，模块可单独拆卸。

⑤相同模块在结构和功能上应具有互换性。

⑥在进行系统设计时，性能和结构各异而功能相同的模块也可互换使用，从而创造出系列化产品。

⑦模块的组合应具有明确的目的性、较大的灵活性和良好的经济性。

（3）信息模块设计内容。

遵照现场设备信息模块的设计准则，信息模块设计内容如下：

①系统解决方案设计：系统解决方案是指采用哪一种现场总线技术，目前可选择的现场总线不下10种，如CAN总线（控制器局域网）、FROFIBUS总线（用于现场层的国际标准总线）、RS-485总线等，根据钻井现场的特点，系统解决方案设计的基本原则是可靠性高、抗干扰强、组网简单、成本低廉。

②模块接口设计：模块接口设计重点考虑接口的通用性和互换性。

③参数测量方法及传感器选配设计：参数测量方法要力求简单，传感器在满足精度的条件下对可靠性和稳定性提出更高要求，同时还应满足环境适应性的特殊要求，输出为标准信号。

④模块电气设计：电气设计重在安全性要求，能够适应工业电源的宽幅波动。

⑤模块应用软件设计、模块测试与产品化设计。

在后续研究中还可以通过大数据分析建立模型，从而实现卡钻等复杂事故自动预警。

二、智能化钻井技术

自动化钻井的全过程分为以下六个环节：
（1）地面实时测量，主要使用综合录井仪；
（2）井下随钻测量，目前主要用 MWD、LWD、FEWD、EM-MWD 等仪器；
（3）数据实时采集，由相关计算机（井下或地面）来完成；
（4）数据综合解释并发出指令，采用人工智能优化钻井措施；
（5）地面操作自动化，由铁钻工、自动排管机完成；
（6）井下自动控制，实现井眼轨迹自动控制，由井下旋转导向系统完成。

在以上六个环节中，井下随钻测量和井下自动控制是关键环节，也是关键技术，二者结合起来就是井眼轨迹自动控制技术[7]（自动导向钻井技术）。

（一）智能钻机

智能化钻机具有高度自动化的控制系统，可以实现钻台无人化操作、钻井过程与钻井参数的自动化精准控制，有利于大幅提高钻井效率，降低钻井风险和人力成本。1991 年，德国 Bentec 公司为挪威 Norsk Hydro 公司研制了自动化钻机，采用现代钻井控制数据采集系统对钻井作业进行远程控制和管理，可节省 20% 人力。英国 Strachan and Henshaw 公司研制了一种轻型自动化海上钻机，采用自动化技术及安全可控的方式，通过操作台上的按钮和指示器控制钻井作业，从而大幅节省了人力，提高了作业效率。2001 年，美国 Phoenix Alaska Technology 公司研制了适用于美国阿拉斯加 North Slope 地区钻井的自动化智能钻机，其自动化程度高，仅需 1 人操作，且能够适应复杂环境。2014 年，我国宝鸡石油机械有限责任公司为研制钻深不超过 3000m 的小型智能钻机，开展了管柱自动处理系统、井口自动化工具、远程电子司钻及其集成技术等研究工作，其井口控制系统——双集成司钻系统如图 10-2-2 所示。挪威国家石油公司基于远程控制技术，研发了无人智能钻井平台，钻井专家在公司总部或地区中心的监控室就可以对钻井全过程进行远程监控。目前，智能钻机仍停留在自动化阶段，真正实现精准控制和智能钻进还需要在钻井智能控制系统和智能分析系统等方面进行攻关。

图 10-2-2　我国小型智能钻机的井口控制系统——双集成司钻系统

（二）智能钻杆

为了满足智能钻井中井下信息的高效传输、供电和钻井过程闭环控制的需求，需要研发智能钻杆。智能钻杆实质上是一种有缆钻杆，把电缆嵌入钻杆内，以实现信息和电能的传输。它最早由美国 Intelliserv 公司提出，并得到了美国能源部的支持。2002 年，该公司研制了能够高效传输井下数据和地面控制信号的智能钻杆，测试数据传输速率高达 2Mb/s。2003 年，M.J.Jellison 等成功研制了能够高效传输井下数据和地面控制信号的钻杆，该钻杆中包含了一个嵌在高压导管内高速传输数据的电缆，钻杆接头处通过磁感应传输信号。2004 年，石崇东等提出了智能钻柱的设计方案，钻杆内安置用特殊绝缘材料包覆的铜导线，接头采用金属面密封连接方式。2006 年，刘选朝等设计了智能钻柱的信息及电力传输系统，钻柱采用有线对接方式，智能钻柱接头采用电力与信息同线同步传输的方式。2010 年，我国海隆石油管材研究所研制了一种电导通钻杆（图 10-2-3），向井下传输电能的功率可达 1kW，适用环境温度为 180℃，循环泵压不低于 40MPa。NOV 公司通过智能钻杆遥测系统构建了一个井下宽带数据传输网络，不仅可以进行井底随钻测量，还能实现全井眼随钻监测。贝克休斯公司研发了一种基于微型中继器的有线智能钻杆，微型中继器放置在每节钻杆和完全封装的双射频谐振天线的盒子中，用于传输数据，并进行了 2 次现场试验。2018 年，挪威 CoreAll 公司推出了一种智能钻杆取心工具，它可以将井下海量数据快速传输至地面，通过数据智能分析，优选井下取心层位，从而提高取心品质。中国石油集团工程技术研究院攻克了磁耦合有缆钻杆的关键技术瓶颈，研制了一种高速信息钻杆，其传输速率达到 100kb/s，具有高速、双向、全天候传输信息的能力，已经在吉林油田、大庆油田等进行了现场试验。目前，国外尤其是美国，智能钻杆已经初步实现了现场应用，国内处于技术跟踪和试验阶段。总体来讲，智能钻杆要具有传输速度快、传输信息量大的特点，作为实现智能钻井的关键，智能钻杆具有非常广阔的发展前景。

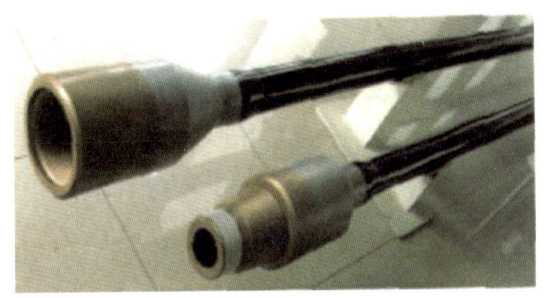

图 10-2-3 我国研制的电导通智能钻杆

（三）智能钻头

智能钻头能实时获取和监测井下信息及其工作状态，并对获取的信息进行处理分析，再根据地层特性和井底环境自动调整自身形态和钻进参数，从而实现高效钻进[8]。2017 年，贝克休斯公司发布了行业内第一款自适应钻头——TerrAdapt 钻头（图 10-2-4），该钻头上有一个调节装置，可以根据地层岩石的情况，自动调节钻头的切削深度，避免切削齿咬入地层过深，从而可以减少钻头的振动、黏滑和地层对钻头的冲击，从而大幅提高钻井速度。同时，哈里伯顿公司也推出了自适应钻头——CruzerTM 深切削滚珠元件钻头，可以根据井下工况自动调整钻进参数，有利于大幅降低扭矩和提高机械钻速。此外，由于该钻头具备较高的抗冲击性、抗研磨性和热机械完整性，具备钻穿复杂地层的能力。国内智能钻头的研究起步较晚，目前主要处于技术攻关和测试阶段。未来智能钻头会朝着复杂环境中自动获取井下信息与实时智能调整钻进参数等方向发展。

图 10-2-4 贝克休斯公司的 TerrAdapt 智能钻头

(四)智能控压钻井系统

智能控压钻井系统主要根据井筒数据自动识别井下工况,并智能调节节流阀开度,从而实现钻井过程中井内压力的智能控制。智能控压钻井系统有助于解决窄密度窗口地层钻进过程中存在的井涌、漏失、坍塌和卡钻等井下故障,确保安全高效钻进。斯伦贝谢公司的动态环空压力控制(dynamic annular pressure control,DAPC)系统,通过高速网络自动调节回压,能实现井下压力的动态控制。威德福公司的 MicrofluxTM 控制系统,可以通过传感器和节流控制装置检测钻井液进出口压力的微小变化并快速改变井口回压,从而满足钻井要求。哈里伯顿公司的控制压力钻井(managed pressure drilling,MPD)系统,可通过钻井液返出井口及回压泵入口的流量计,实现钻井液循环系统出入口流量差和压力差的精确测量与分析,有效预防井下溢漏。威德福公司的 Victus 智能控压钻井系统将全球数千口井的数据进行整合,其分析系统可准确预测井底压力并在数秒内确定所需的井口回压。相较于传统的控压系统,智能控压钻井系统的准确性、安全性和时效性显著提高,并且也是智能控压钻井系统的主要发展方向。

(五)智能导向钻井系统

智能导向钻井系统主要是利用随钻数据的实时获取、传输与处理,通过井下控制元件对钻进方向进行智能调控,从而提高钻井效率和储层钻遇率。斯伦贝谢公司的 PowerDrive 系统已升级至第三代,造斜率达(15°~17°)/30m,工具耐温150℃,不仅能够准确预测侧钻位置,还实现了井下在线实时控制,可在井斜及方位发生偏差时进行自动校正或纠斜。

贝克休斯公司的 AutoTrak™ 系统基于对地层信息的实时获取和评价,并结合基于连续比例控制方法的导向钻井工具,显著改善了井眼的光滑度,实现了更加精准的靶向钻进,在挪威 Jotun 油田的现场应用中,该系统最大机械钻速为 39m/h,单次进尺达到 3400m。

2018年,哈里伯顿公司发布了全球首款智能旋转导向系统 iCruise(图10-2-5),该系统集成了先进的传感器、电子设备及高速处理器,具备了 400r/min 转速和 18°/30m 造斜能力,同时可以智能调控钻井方向,大幅缩短了钻井时间。该系统在北美某地区的薄油藏应用中单次进尺超过 1600m,中靶率达 100%。

图10-2-5 哈利伯顿公司 iCruise 智能旋转导向系统

2015年,中国海油自主研发了旋转导向系统 Welleader,在渤海油田成功进行海上作业,最小靶心距 2.1m。中国石油智能导向 CNPC-IDSH 在国内已经实现水平井一趟钻,进尺 2520m;并且初次走出国门服务就实现了直井段、造斜段、稳斜段、水平段一趟钻,进尺 2298m。总体来说,国内智能导向钻井系统距大规模商业化应用仍有较大距离,需要在高性能智能处理器、智能导向工具等方面取得突破[9-10]。

三、智能钻井软件

近年来,新一代人工智能技术快速发展,全社会掀起了"人工智能+"的研究热潮,石油行业也不例外，但总体来说，人工智能技术在石油行业的应用研究仍处在探索阶段，在钻井领域尚未取得工业应用的实质进展。人工智能的应用场景很多，人工智能算法也很多，因此钻井人工智能技术大有可为。

（一）智能决策分析系统

智能决策分析系统利用仿真模拟系统、大数据分析和人工智能等技术来实现钻井作业的实时优化。

挪威 eDrilling 公司研发的钻井仿真系统涵盖了地层模型、水动力学模型、管柱力学模型、井壁稳定模型、钻柱振动模型和机械钻速模型，能够实现钻前模拟优化、随钻监测与实时优化、钻后分析等。CGG 公司利用大数据技术分析了英国大陆架钻井井段复杂情况，采用趋势分析和相关性分析方法来识别钻井风险，优化钻井参数。Shell 研发了智能定向钻井分析系统，通过采集钻井历史资料，机器自主学习，模拟钻井工程参数，调整钻井参数，实现高效定向钻进。在美国二叠盆地，利用 14 口水平井定向钻井数据，通过当前工具面、钻压、钻井液排量、机械钻速、压差、旋转扭矩，预测未来压差和旋转扭矩等，压差预测误差为 0.21%，扭矩预测误差为 2.72%。随着大数据、云计算、人工智能与钻井工程的不断融合发展，智能决策分析平台的决策能力、精度和可靠性将不断完善。

（二）AI 建模的支撑技术

（1）大数据支撑平台机器学习是基于数据的科学方法，因此首先要把各类数据、海量数据组织起来，并转换成 AI 算法可直接调用的数据集，常规数据管理系统无法完成这一工作。大数据支撑平台主要实现的功能包括：异构数据存储、数据预处理、数据聚合、数据过滤、数据变换、特征提取、特征衍生、特征降维、样本标记和数据服务等。由于涉及异构数据，数据体量大，必须使用 ETL 数据提取工具、Hadoop 分布式存储与计算工具、Spark 大数据计算引擎等流行工具。

（2）AI 建模算法及工具库。成熟的 AI 算法非常多，且还在不断研发出新的 AI 算法。表 10-2-1 列举了钻井工程领域可能用到的算法及其适用场景。我国在 AI 基础方面的研究比较薄弱，尚未形成可用的算法平台。目前，国内研究人员主要使用国外开源的算法库（已经把一些算法进行了程序封装，可直接调用），包括 TensorFlow、Apache SystemML、Caffe、Apache Mahout、OpenNN、PyTorch、Neuroph、Deeplearning4j、Mycroft、OpenCog 等，每个算法库都有其优缺点，需要甄别选用或组合使用。

表 10-2-1 钻井工程领域 AI 应用场景及解决的问题

序号	业务点	应用场景	解决的具体问题
1	机械钻速预测	工程设计	结合大量邻井实钻数据、新井地质与工程设计方案，预测每个井段的机械钻速，进而预测钻井周期、钻井进度及成本
2	机械钻速预测	施工（实时）	结合大量邻井实钻数据及当前正钻井具体参数，预测当前或下一井段的机械钻速，为优化钻压、转速等钻井参数提供依据
3	地层三压力预测	工程设计	根据邻井测录井数据、压力测试数据及研究成果，进行目标井地层三压力预测
4	岩石力学参数预测	工程设计	结合邻井测录井数据、岩石力学试验数据及研究成果，预测目标井各地层的岩石可钻性、弹性模量、黏聚力、泊松比等

续表

序号	业务点	应用场景	解决的具体问题
5	钻头优选	工程设计	结合当前井的地质特征、区域钻井大数据，优选最适合当前地层的钻头
6	钻井液优选	工程设计	结合当前地质环境、区域钻井大数据推荐最适合当前地层的钻井液体系及性能参数
7	卡钻预警	施工（实时）	结合卡钻历史案例数据、当前工程参数变化趋势进行压差卡钻、坍塌卡钻、缩径卡钻的征兆预警
8	井漏预警	施工（实时）	结合井漏历史案例数据、当前工程参数变化趋势进行井漏的征兆预警
9	钻井参数推荐	施工（实时）	结合基于历史数据的钻速预测及风险预警模型，推荐低风险、高钻速的钻井参数
10	钻头磨损监测	施工（实时）	结合历史数据中的工程参数及取出钻头磨损情况记录，对当前钻头进行磨损状况监测及预测，便于确定合理的起钻时间
11	岩屑浓度预测	施工（实时）	基于钻井工况和地质录井相关参数预测当前井筒中的岩屑分布
12	起下钻速度控制	施工（实时）	匹配最相似邻井历史案例，提取邻井无风险起下钻的最优速度，为司钻推荐合理的起下钻速度区间，实现安全提效
13	水力计算模型校正	施工（实时）	利用邻井数据学习获得修正系数，实时校正水力计算模型，提高计算实时响应速度（不进行稳压影响下的复杂迭代计算）
14	摩阻系数监测	施工（实时）	通过大量实时数据与大钩载荷之间的内在关系，预测不同井段的摩阻系数，解决摩阻影响因素复杂、难以建立物理计算模型的难题
15	地层岩性识别	施工（实时）	从历史数据中学习规律，利用随钻测录井数据，实时识别岩性，为现场钻井参数优化提供直接依据

参考文献

[1] JELLISON M J，HALL D R，HOWARD D C，et al. Telemetry drill pipe：enabling technology for the downhole internet[R]. SPE 79885，2003.

[2] 刘永伟，胡磊，于德成，等. 精细控压钻井技术在通探 1 井应用 [J]. 西部探矿工程，2023，35（10）：65-67.

[3] 王丽娜. 新型指向式旋转导向钻井系统设计及动力学分析 [D]. 天津：天津大学，2012.

[4] 陈高杰. 自动导向钻具动力学分析与实验研究 [D]. 北京：中国地质大学（北京），2016.

[5] 王以法. 人工智能钻井系统展望 [J]. 石油钻探技术，2000，28（2）：36-38.

[6] 张鹏飞，朱永庆，张青锋，等. 石油钻机自动化、智能化技术研究和发展建议 [J]. 石油机械，2015，43（10）：13-17.

[7] 李根生，宋先知，田守嶒. 智能钻井技术研究现状及发展趋势 [J]. 石油钻探技术，2020，48（1）：1-8.

[8] 王以法. 新型智能钻头的设计 [J]. 石油学报，2003，24（1）：92-95.

[9] 王敏生，光新军. 智能钻井技术现状与发展方向 [J]. 石油学报，2020，41（4）：505-512.

[10] 杨传书，李昌盛，孙旭东，等. 人工智能钻井技术研究方法及其实践 [J]. 石油钻探技术，2021，49（5）：7-13.